BIM 技术工程应用实践系列

Autodesk
Revit Architecture
建筑设计
快速实例上手

优路教育 BIM 教学教研中心　主编

机械工业出版社
CHINA MACHINE PRESS

本书共 13 章,第 1~2 章,讲解了 Revit Architecture 的基本知识;第 3~7 章讲解了创建各类建筑构件的基本知识;第 8~12 章讲解了 Revit 软件的其他知识,例如立面图与剖面图的设计,尺寸与文字注释的创建等;第 13 章介绍了办公楼项目的创建流程。

图书在版编目(CIP)数据

Autodesk Revit Architecture 建筑设计快速实例上手 / 优路教育 BIM 教学教研中心主编 . —— 北京:机械工业出版社 , 2017.9(2019.1 重印)

(BIM 技术工程应用实践系列)

ISBN 978-7-111-57724-9

Ⅰ . ① A⋯ Ⅱ . ①优⋯ Ⅲ . ①建筑设计—计算机辅助设计—应用软件 Ⅳ . ① TU201.4

中国版本图书馆 CIP 数据核字 (2017) 第 196566 号

机械工业出版社(北京百万庄大街 22 号　邮政编码 100037)

策划编辑:刘志刚	责任编辑:刘志刚
责任校对:刘时光	封面设计:张　静

北京新华印刷有限公司印刷

2019 年 1 月第 1 版第 2 次印刷

184mm×260mm・16.75 印张・459 千字

标准字号: ISBN 978-7-111-57724-9

定价:79.00 元

前　言

🖥 Revit Architecture 软件简介

以 Revit 技术平台为基础推出的专业版软件——Revit Architecture（建筑设计）、Revit Structure（结构设计）、Revit MEP（设备版，即设备、电气、给水排水）三款面对不同专业的设计工具，可以更轻松地帮助用户实现数据设计、图形绘制等多项功能，从而提高设计人员的工作效率。

🖥 本书内容安排

本书是一本 Revit Architecture 建筑设计从入门到精通的软件教程，将软件技术与行业应用相结合，全面系统讲解了 Revit Architecture 2016 中文版的基本操作及在住宅楼设计、办公楼设计中运用 Revit Architecture 进行辅助设计的理论知识、绘图流程、思路和相关技巧，可帮助用户迅速从 Revit 新手成长为建筑设计高手。

篇名	内容安排
第 1~2 章 （基础篇）	介绍了 Revit Architecture 的基本知识以及其与 BIM 模型的结合运用所达到的效果
第 3~7 章 （案例篇）	以住宅楼设计为例，介绍了在 Revit 中创建各类建筑构件的基本知识，包括放置标高，创建轴网，绘制墙体、幕墙，载入门窗族文件，生成楼板、天花板，创建屋顶，绘制楼梯、坡道，放置扶手等内容
第 8~12 章 （提高篇）	讲解了 Revit 软件的提高应用知识，包括立面图、剖面图的设计，创建及编辑尺寸标注与文字注释的方法，建筑场地的设计，渲染参数的设置，族基本知识的介绍等
第 13 章 （实战篇）	以办公楼项目为例，讲解使用 Revit 来创建办公楼项目模型的操作流程，例如放置标高、轴网，创建内外墙体与玻璃幕墙，放置各样式的门窗，创建屋顶等
附录	在附录中提供了常用绘制、编辑工具的快捷键，通过使用快捷键，可以快速地执行命令

🖥 本书写作特色

总的来说，本书具有以下特色。

零点快速起步 绘图技术全面掌握	本书从 Revit Architecture 2016 的基本功能、操作界面讲起，由浅入深、循序渐进，同时结合软件特点和行业应用安排了大量实例，让用户在绘图实践中轻松掌握 Revit Architecture 2016 的基本操作和技术精髓
案例贴身实战 技巧原理细心解说	本书实例包含相应工具和功能的使用方法和技巧。在一些重点和要点处，还添加了大量的提示和技巧讲解，帮助读者理解和加深认识，从而真正掌握绘图要领，以达到举一反三、灵活运用的目的
常见图纸类型 建筑综合设计全面 接触	本书涉及的建筑项目包括住宅楼、办公楼这两种常见的建筑项目类型，使广大用户在学习 Revit Architecture 的同时，可以从中积累经验，了解和熟悉不同领域的专业知识和绘图规范

讲解实战案例 绘图技能快速提升	本书的每个案例经过作者精挑细选，具有典型性和实用性，以及重要的参考价值，用户可以边做边学，从新手快速成长为 Revit Architecture 绘图高手
高清视频讲解 学习效率轻松翻倍	本书提供网络资源下载服务，收录实例的视频教学文件，让用户享受专家课堂式的讲解，成倍提高学习兴趣和效率

本书创建团队

本书由优路教育 BIM 教学教研中心主编，具体参与编写和资料整理的有：李杏林、董栋、董智斌、冯净松、付凤、何辉、黄聪聪、黄玉香、姜娜、居雪梅、李慧丽、李佳颖、李婧、李雨旦、刘静、刘叶、罗超、罗银花、孙志丹、吴乐燕、肖丽、杨枭、张范、张琳青、张梦娇。

由于编者水平有限，书中疏漏与不妥之处在所难免。在感谢您选择本书的同时，也希望您能够把对本书的意见和建议告诉我们。

编 者

2017 年 7 月

目 录

第三篇 提高篇

第8章 视图设计 ………………………………… 151

第9章 尺寸标注与注释 ………………………………… 177

第 10 章 场地设计 ··· 196

第 11 章 建筑表现 ··· 210

第 12 章 族的概述与协同设计 ··································· 228

第四篇 实战篇

AUTODESK
REVIT

第1章

计算机辅助设计与 BIM 模型

计算机辅助设计，指通过以计算机来表现设计思维与设计效果的现代设计方式。随着电子计算机技术的发展，许多行业使用计算机来辅助生产工作，有效地提高了办事效率。

在建筑行业，Revit Architecture 是近年来被广泛使用的三维参数化设计软件平台，本章简要介绍计算机辅助设计与 Revit Architecture 软件的一些基本知识。

1.1 计算机辅助设计概述

电子工业飞速的往前发展，影响到社会的方方面面。将计算机纳入建筑设计的范畴既是社会发展趋势所推，也是行业发展的需要。通过运用计算机技术，可以在不同的阶段记录建筑师的思想，并可随时返回修改，节约了材料，也节约了人力。

在以往的设计工作中，建筑师需要大量的绘制图纸，并且在绘制的过程中对建筑项目进行反复的推敲、修改，直到成果出来为止。而运用计算机来进行建筑设计，虽然也需要绘制大量的工程图纸，但是一改往日手工绘制的弊端（例如需要冗长的时日、烦琐的绘图步骤），而是以计算机屏幕为绘图板，以鼠标为绘图笔，使大量数字格式的图纸在建筑师的手下诞生。

数字格式的图纸可以在电脑上查看、修改，也可打印到纸张上来查看与修改。同时，数字格式使得对图纸进行修改、复制、传递信息更加便利。以往手工绘制图纸往往仅有一份蓝本，假如需要复制，则必须再手工绘制一遍，费时费力。拥有了数字格式的工程图纸，可以轻松解决上述烦恼。

建筑设计师经过专业的训练来获得共同的专业知识、背景知识，在绘制工程图纸时运用线条与符号即可表达设计思想，并与同行交流，还可跨越国界与语言障碍，让图纸说话。因此得以保证了设计工作、交流的顺畅进行。

早期的计算机辅助设计主要专注于二维方式，即二维辅助设计。运用二维辅助设计，可以使建筑师方便、直观地表达建筑的平面设计，而且改动也相当方便。随着二维辅助设计的深入运用，其弊端也逐渐凸显。如只能在平面上表达设计效果，不能窥见其立体效果；改动了其中某个地方，与之相关的各个细节也要逐一修改，稍有遗漏，则有可能造成不可避免的错误或者损失，等。

计算机技术的深入发展，三维辅助设计技术应运而生。如今的二维设计软件内都镶嵌了三维设计技术，使得用户可以结合运用二维及三维设计技术来表达设计思维。

AutoCAD、AutoCAD Mechanical、AutoCAD Architecture 是目前运用的较多的计算机辅助设计软件，如在装饰行业、服装工业、机械工业、建筑行业等领域中被广泛地运用。

1.AutoCAD

2.AutoCAD Mechanical

3.AutoCAD Architecture

1.2 建筑信息模型（BIM 模型）

建筑信息模型，英文名称为 Building Information Model，简称 BIM，指以三维数字为基础，集合建筑工程项目各种相关信息的工程数据模型，如图 1-1 所示。

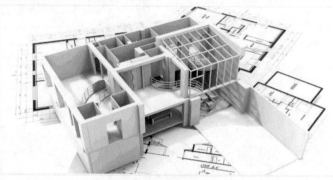

图 1-1　BIM 模型

　　BIM 可以为建筑设计和施工提供协调的、内部保持一致的并且可进行运算的信息。以使用 Revit Architecture 设计软件为例，通过使用软件，可以在计算机中建立三维模型，并在模型中存储了建筑师所需要的各类建筑设计的信息，如建筑平面图纸、建筑立面图纸、建筑剖面图纸、明细表、工程说明文字、项目施工清单等。这些信息不需要建筑师逐个去创建，在创建模型的同时即可同步生成，并且在修改模型的过程中可以自动更新各类设计信息，不需要手动修改。

　　如图 1-2 所示为在软件中显示所铺设地面的相关信息。

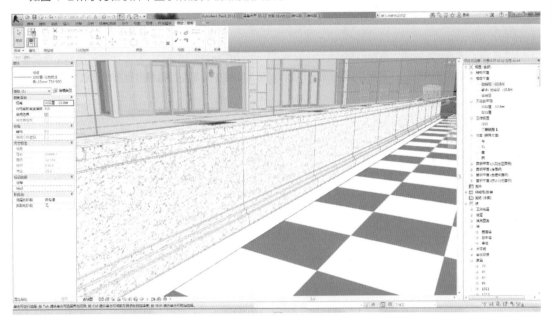

图 1-2　BIM 模型

　　BIM 模型可以反映建筑项目真实的情况，并与施工现场逐一相对应，如图 1-3 所示。因此，可以通过查看 BIM 模型来时时观察施工现场的项目进展。通过在 BIM 模型中发现项目的各类问题，如出现的错误、遗漏、碰撞、缺失等情况时，可以及时修改，避免造成成本浪费，提高设计效率。

图 1-3　与施工现场相对应

　　在建筑行业内有一种说法，即"综合项目交付（IPD）"。美国建筑师学会（AIA）给该概念所下的定义为"一种项目交付的方式，即将人员、系统、业务结构和实践全部集成到一个流程中。在该流程中，所有的参与者都将充分发挥自己的智慧与才华，在设计、制造和施工等所有阶段优化项目成效，以为业主增加价值，减少浪费并最大限度地提高效率"。

由 BIM 模型提供支持的综合项目交付战略是跨职能项目团队以基于模型的协作方式技术作为平台，针对建筑设计、施工各生命周期管理进行协作，从而达到为业主优化成效的目的。

1.3 Autodesk Revit Architecture 概述

Revit 是 Autodesk 公司一套系列软件的名称，如图 1-4 所示为软件的欢迎界面。Revit 系列软件是专为建筑信息模型（BIM）构建的，可帮助建筑设计师设计、建造和维护质量更好且能效更高的建筑。

图 1-4　软件的欢迎界面

Autodesk Revit Architecture 全面创新的概念设计功能带来易用工具，帮助建筑师进行自由形状建模和参数化设计，并且还能够让建筑师对早期设计进行分析。借助这些功能，建筑师可以自由绘制草图，快速创建三维形状，交互地处理各个形状。

还可以利用内置的工具进行复杂形状的概念澄清，为建造和施工准备模型。随着设计的持续推进，Autodesk Revit Architecture 能够围绕最复杂的形状自动构建参数化框架，并为设计师提供更高的创建控制能力、精确性和灵活性。从概念模型到施工文档的整个设计流程都在一个直观环境中完成。

1.3.1　项目样板

项目样板文件在实际设计过程中起到非常重要的作用，它统一的标准设置为设计提供了便利，在满足设计标准的同时大大提高了设计师的效率。

项目样板提供项目的初始状态。每一个 Revit 软件中都提供几个默认的样板文件，也可以创建自己的样板。基于样板的任意新项目均继承来自样板的所有族、设置（如单位、填充样式、线样式、线宽和视图比例）以及几何图形。样板文件是一个系统性文件，其中的很多内容来源于设计中的日积月累。

Revit 样板文件以 .rte 为扩展名。使用合适的样板，有助于快速开展项目。国内比较通用的 Revit 样板文件，例如 Revit 中国本地化样板，有集合国家规范化标准和常用族等优势。

1.3.2　族库

Revit 族库就是把大量 Revit 族按照特性、参数等属性分类归档而成的数据库。相关行业企业或组织随着项目的开展和深入，都会积累出一套自己独有的族库。

在以后的工作中，可直接调用族库数据，并根据实际情况修改参数，便可提高工作效率。Revit 族库可以说是一种无形的知识生产力。族库的质量，是相关行业企业或组织的核心竞争力的一种体现。

1.3.3 参数化构件

参数化构件（亦称族）是在 Revit 中设计使用的所有建筑构件的基础。它们提供了一个开放的图形式系统，让用户能够自由地构思设计、创建外形，并以逐步细化的方式来表达设计意图。可以使用参数化构件创建最复杂的组件（例如细木家具和设备），以及最基础的建筑构件（例如墙和柱）。最重要的是无须使用任何编程语言或代码。

1.3.4 兼容 64 位支持

Revit 支持 Citrix® XenApp™ 6，因此，可以通过本地服务器，以更高的灵活性和更多的选项进行远程工作。Revit 还提供原生 64 位支持，可以帮助提升内存密集型任务（例如渲染、打印、模型升级、文件导入导出）的性能与稳定性。

任何一处变更，所有相关内容随之自动变更。在 Revit 中，所有模型信息都存储在一个位置。因此，任何信息的变更可以有效地传播到整个 Revit 模型中。

1.3.5 设计特性

1. 多材质建模

Autodesk Revit 和 Autodesk Revit Structure 包含许多建筑材料，例如钢、现浇混凝土、预制混凝土、砖和木材。鉴于设计的建筑需要使用多种建筑材料，Revit 支持使用所需材料创建结构模型。

2. 结构钢筋

在 Autodesk Revit 和 Autodesk Revit Structure 中可以快速轻松地定义和呈现钢筋混凝土，与施工现场相对照，并通过检查设计项目得以及时发现施工中的问题。

3. 设计可视化

能够生成高质量的渲染效果图，并且用时更短。可以提供照片级真实状态的设计创意，以方便设计师或者业主了解设计项目的最终呈现效果。

1.3.6 分析特性

1. 分析模型

Autodesk Revit 中的工具可帮助创建和管理结构分析模型，包括控制分析模型以及与结构物理模型的一致性。其中增强的分析模型工具如下所述。

1）设计可视化，如图 1-5 所示。

2）在分析模型图元中包括分析参数。

3）向地板、楼板与墙体分析模型添加曲面。

4）向物理模型图元添加"启动分析模型"参数

5）更加轻松地确定线性分析模型端部。

6）面向分析调节的全编辑模式。

7）模型调整功能支持通过节点与直接操纵工具来完成编辑。

8）支持使用投射与支撑行为，调整线性分析模型。

9）自动侦测功能，用于保存物理连接件与附件。

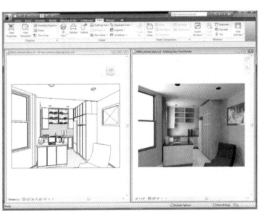

图 1-5 设计可视化

2. 双向链接

Autodesk Revit 软件中的分析模型可以与 Autodesk® Robot ™ Structural Analysis 软件进行双向链接。利用双向链接，分析结果将自动更新模型，如图 1-6 所示。

参数化变更技术能够在整个项目视图和施工工程图内协调这些更新。Revit 还能够与第三方结构分析与设计程序建立链接，从而优化结构分析信息的交换流程。

可共享以下类型的信息。

1）版本和边界条件。

2）负载和负载组合。

3）材质及剖面属性。

3. 冲突检查

使用冲突检查功能来扫描 Revit 模型，以查找元素间的碰撞，可以实时检查项目的施工现场，方便发现问题并及时做出调整。

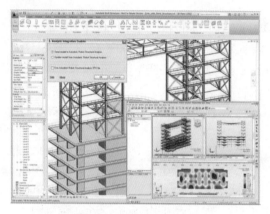

图 1-6　与分析软件的双向链接

1.3.7　文档编制

1. 建筑建模

新的建模工具将帮助用户从设计模型中获得更多的工程信息。运用分割和操纵对象（如墙体层与混凝土浇筑等），来更加精确地表现施工方法，以便更加轻松地绘制施工图。

2. 结构详图

通过附加的注释从三维模型视图中创建详图，或者使用 Revit 二维绘图工具新建详图，或者从传统 CAD 文件中导入详图。为了节省时间，可以从之前的项目中以 DWG ™格式导入完整的标准详图。使用专用的绘图工具，可以对钢筋混凝土详图进行结构建模。

如图 1-7 所示为在 Revit 中创建或者导入详图的结果。

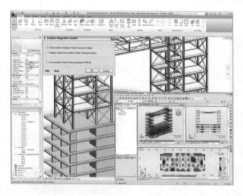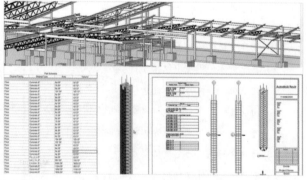

图 1-7　结构详图

3. 材料算量

材料算量是一种 Revit 工具，可以帮助用户计算详细的材料数量，以及在成本估算中追踪材料数量。参数变更引擎可以帮助用户进行更加精确的材料算量。

1.3.8　其他特性

Revit Building Maker可将概念形状无缝转换为功能设计,并选择面来生成墙、屋顶、楼层和幕墙系统。可以使用相关工具提取重要建筑信息,例如每个楼层的表面面积或体积。

在 Autodesk Revit Architecture 中可以创建概念模型,或者可以从 AutoCAD、form-Z、Rhino、SketchUP 或其他基于 ACIS 或者 NURBS 的应用软件中将概念模型导入 Autodesk Revit Architecture 软件中作为基本对象。

Autodesk Revit Architecture提供的一致且可计算的数据、性能分析的广泛应用以及Autodesk Ecotect Analysis提供的实用反馈信息有助于建筑节省成本、缩短能耗建模和分析时间。建筑师与其他用户可以根据这些分析工具所提供的反馈信息,在早期设计流程中优化建筑设计的能效,完善与碳中性(英文名称为Carbon Offset,也称碳补偿)。

1.4　入门实例——创建轴网与墙体

与使用 AutoCAD 绘制建筑图形相同,在 Revit Architecture 中同样可以沿袭先绘制轴网再创建墙体的绘图步骤。

由于绘制轴网与创建墙体是建筑制图重要的基础知识之一,因此关于这两个知识点的详细内容会在后面的章节进行介绍,在本节中仅简要介绍在 Revit Architecture 中如何创建轴网与绘制墙体的操作方法。

1.4.1　绘制轴网

通过使用"轴网"工具,可以在建筑设计制图中创建轴网。轴网是绘制各类建筑构件的参考,可以是直线的,也可以是弧线的。

⭐01　打开 Revit Architecture2016 应用程序,在左上角的"项目"列表下单击"建筑样板"选项,新建一个"建筑样板",如图 1-8 所示。

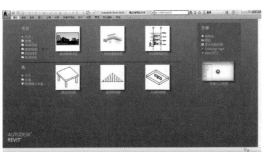

图 1-8　单击"建筑样板"选项

⭐02　在"建筑"面板的右侧单击"轴网"按钮,如图 1-9 所示。

图 1-9　单击"轴网"按钮

⭐03　根据命令行的提示,分别指定轴线的起点和终点,如图 1-10 所示。

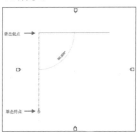

图 1-10　单击起点和终点

⭐04　单击鼠标左键,绘制轴线的结果如图 1-11 所示。

图 1-11　绘制轴线

⭐05 选中轴线，单击"修改|轴网"面板上的"复制"按钮 ，如图 1-12 所示。

图 1-12 单击"复制"按钮

⭐06 向右移动鼠标，指定位移距离为"7000""7000""8000""8000"，向右移动复制轴线，结果如图 1-13 所示。

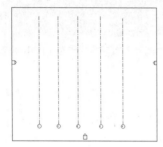

图 1-13 复制轴线

⭐07 单击"轴网"按钮，创建水平轴线如图 1-14 所示。

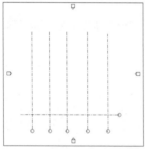

图 1-14 绘制水平轴线

⭐08 双击水平轴线的轴号，输入字母"A"，在绘图区域空白处单击鼠标左键，修改轴号的结果如图 1-15 所示。

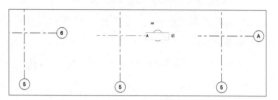

图 1-15 修改轴号

⭐09 选中轴线，单击"复制"按钮 ，指定位移距离分别为"6000""8000""7000""5000"向上移动复制轴线，结果如图 1-16 所示。

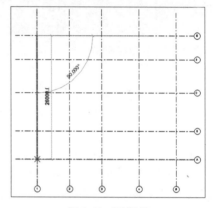

图 1-16 复制轴线

1.4.2 创建墙体

墙是重要的建筑构件，承担围护和承重作用，与此同时也是门窗、墙柱等构件的承载主体。

⭐01 单击"建筑"面板上的"墙"按钮 ，如图 1-17 所示。

图 1-17 单击"墙"按钮

02 在左侧的"属性"选项板中单击"基本墙"选项，在弹出的列表中选择墙体的宽度为"300mm"，如图 1-18 所示。

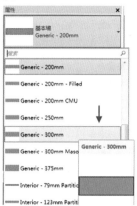

图 1-18　设置墙体宽度

03 在轴线交点上单击指定墙体的起点，如图 1-19 所示。

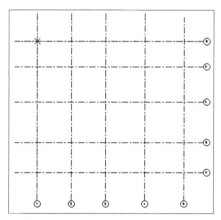

图 1-19　指定起点

04 向下移动鼠标，指定轴线交点作为轴线的第二点，如图 1-20 所示。

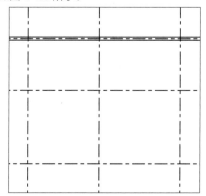

图 1-20　指定终点

05 接着继续指定各轴线交点，绘制外墙结果如图 1-21 所示。

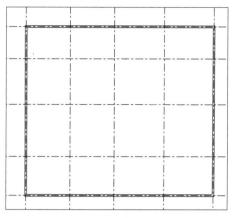

图 1-21　绘制外墙

06 重新单击"墙"按钮，在"属性"选项板中设置墙宽为"200mm"，绘制内墙的结果如图 1-22 所示。

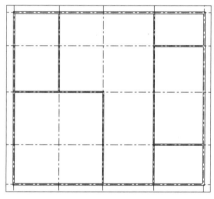

图 1-22　绘制内墙

07 单击快速启动工具栏上的"默认三维视图"按钮，如图 1-23 所示。

图 1-23　单击"默认三维视图"按钮

⭐08 此时转换至三维视图，实时查看墙体的三维效果，如图 1-24 所示。

⭐09 单击绘图区下方状态栏上的"视觉样式"按钮 ⬡ ，在调出的列表中显示了视图显示的各种样式，如图 1-25 所示。

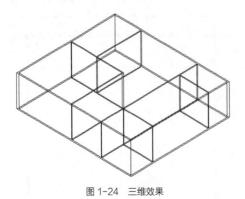

图 1-24　三维效果

图 1-25　样式列表

⭐10 例如在列表中分别选择"隐藏线"和"一致的颜色"选项，视图样式会相应地发生改变，分别如图 1-26、图 1-27 所示。

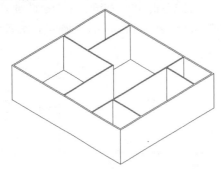

图 1-26　"隐藏线"样式

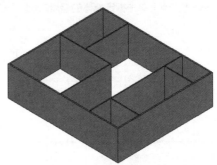

图 1-27　"一致的颜色"样式

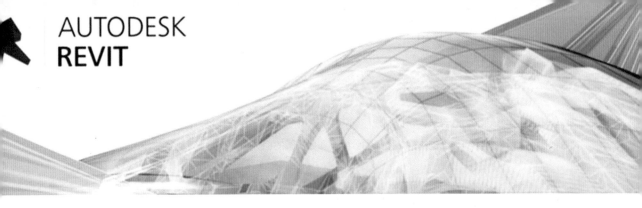

AUTODESK
REVIT

第2章

Revit Architecture 基础操作

本书主要介绍使用 Revit Architecture 软件来进行建筑设计制图的方法。用户应该对 Revit Architecture 软件有一个基本的了解，本章将介绍 Revit Architecture 软件的相关操作。

2.1 Revit Architecture 环境概述

使用 Revit Architecture 软件可以创建和编辑图元，创建及编辑操作均通过面板上的命令来完成或者使用命令代码。了解软件工作界面的构成、图元的分类、项目视图的相关知识，为学习软件的使用储备知识。

2.1.1 Revit Architecture 启动

正确安装 Revit Architecture 软件后，可以启动软件并开始绘图工作。

启动 Revit Architecture 软件的方式如下：

👆选择电脑桌面上的 Revit Architecture 软件图标📇。

👆点击"开始"菜单→"所有程序"→ Autodesk → Revit2016 → Revit2106。

执行上述任意一项操作，系统执行打开 Revit Architecture 软件的操作，如图 2-1 所示为启动界面。

当启动界面被隐藏后，系统显示如图 2-2 所示的欢迎界面，表示已成功地启动了 Revit Architecture 软件。

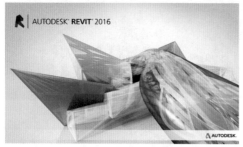

图 2-1　启动界面

图 2-2　欢迎界面

2.1.2 Revit Architecture 欢迎界面

Revit Architecture 欢迎界面由"项目"选项组和"族"选项组构成，本节介绍这两个方面的知识，以期读者能大致了解这两部分内容作用。

1. "项目"选项组

如图 2-2 所示，单击左上角的"项目"选项组下的系列按钮，如"打开""新建""构造样板"等，可以打开或者创建项目样板。

单击"打开"按钮，调出如图 2-3 所示的【打开】对话框，在对话框中选择项目文件，单击"打开"按钮可以打开指定的文件。

单击"新建"按钮，调出如图 2-4 所示的【新建项目】对话框。在对话框中单击"样板文件"选项，在列表中显示样板文件的类型，如"构造样板""建筑样板""结构样板""机械样板"，单击选择其中的一项，单击"确定"按钮，可以创建指定类型的样板。

在"新建"选项组下，可以选择创建"项目"或者创建"项目样板"。

图 2-3　【打开】对话框

图 2-4　【新建项目】对话框

单击右上角的"浏览"按钮，调出如图 2-5 所示的【选择样板】对话框。在列表中显示了软件当前所包含的各类样板文件，单击选择其中的一项，可以在右上角的预览区中显示该样板的样式，单击"打开"按钮，可以新建指定的样板。

分别单击"构造样板""建筑样板""结构样板"及"机械样板"选项按钮，可以依次创建指定类型的样板。

图 2-5　【选择样板】对话框

单击"建筑样例项目"选项，系统可以打开目前存储的建筑项目实例，供用户参考，如图 2-6 所示。

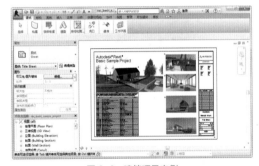

图 2-6　建筑项目实例

单击"结构样例项目"选项，打开如图 2-7 所示的结构样例以供阅读。

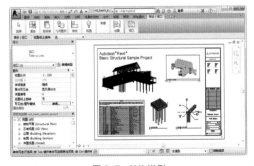

图 2-7　结构样例

单击"系统样例项目"选项，打开如图 2-8 所示的项目实例，在绘图区中单击选择图形，可以在左侧的"属性"列表中显示该图形的基本信息。

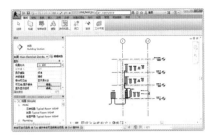

图 2-8　系统实例项目

2."族"选项组

单击"族"选项组下的"打开"按钮，调出【打开】对话框，选择族项目，单击"打开"按钮，可以完成操作。

单击"新建"按钮，调出如图 2-9 所示的【新族-选择样板文件】对话框，选择族样板文件，在对话框右上角的预览区域中可以显示该样板模式的效果。

图 2-9　【新族-选择样板文件】对话框

单击"新概念体量模型"按钮，调出如图 2-10 所示的【新概念体量-选择样板文件】对话框，在对话框中选择样板文件，通过预览区预览文件，单击"打开"按钮完成新建样板文件的操作。

图 2-10　【新概念体量-选择样板文件】对话框

单击"建筑样例族"选项，系统弹出如图 2-11所示的界面，其中为建筑样例族中类型之一，家具族文件。

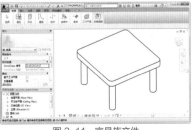

图 2-11　家具族文件

单击"结构样例族"选项，调出如图 2-12 所示的工作界面，显示了族文件中的类型之一——结构族文件。

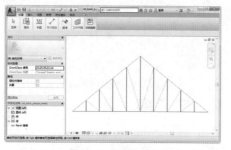

图 2-12 结构族文件

单击"系统样例族"选项，软件界面转换至如图 2-13 所示的样式，其中显示的图元类型为风管末端，属于族文件中的类型之一——系统样例族文件。

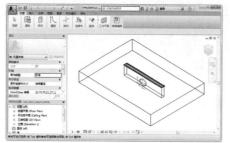

图 2-13 系统样例族文件

在软件界面右侧的"资源"列表中，显示了关于当前版本软件的系列信息，如图 2-14 所示。如单击"新特性"选项，系统可以列举当前软件版本的一系列新功能。

单击"帮助"选项，调出帮助文件，用户可在其中阅读与软件相关的内容。单击"基本技能视频"选项，调出的视频窗口会介绍基础绘图及编辑功能的使用方法。

单击"快速入门视频"选项，可以通过视频内容来快速了解 Revit Architecture。

图 2-14 "资源"列表

2.1.3 设置欢迎界面的显示

通常情况下，在打开 Revit Architecture 时会显示欢迎界面，但是通过设置系统参数，可以启用或者关闭欢迎界面。

单击欢迎界面左上角的"应用程序"图标按钮 ，在调出的列表中单击"选项"按钮，如图 2-15 所示。此时系统弹出如图 2-16 所示的【选项】对话框。

单击左侧列表中的"用户界面"选项，在其右侧的选项界面中取消选择"启动时启用'最近使用的文件'页面"选项，如图 2-17 所示。单击"确定"按钮退出设置，在下一次启动软件时，可以忽略欢迎界面，直接进入空白界面，如图 2-18 所示。

图 2-15 系统样例族文件

图 2-16 【选项】对话框

图 2-17 "用户界面"选项　　　　图 2-18 空白界面

2.1.4 Revit Architecture 工作界面

在空白界面上单击左上角的"应用程序"图标按钮，在弹出的列表中选择"新建"→"项目"选项，如图 2-19 所示。在调出的【新建项目】对话框中选择"建筑样板"选项，如图 2-20 所示。

图 2-19 列表菜单

图 2-20 【新建项目】对话框

单击"确定"按钮，创建新的建筑样板文件的结果如图 2-21 所示，工作界面由应用程序按钮、快速访问工具栏、选项卡、功能区面板、绘图区等部分组成。

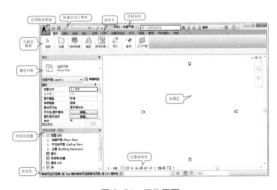

图 2-21 工作界面

1. 应用程序菜单

单击应用程序按钮 🔺，在弹出的列表中可以执行"新建""打开""保存""另存为"等操作。单击左下角的"关闭"按钮 🔲，可以关闭当前的样板文件，返回空白工作界面。假如将"最近使用的文件"页面

设置为显示，则返回该页面，反之则返回空白界面。单击"退出 Revit"选项，可以直接关闭软件。

● 新建

在应用程序菜单中将鼠标置于"新建"选项上，在弹出的右侧列表中显示了各类 Revit 文件（如图 2-19 所示），如项目文件、族文件、概念体量文件等，在文件类型选项上单击鼠标左键，可以通过调出的相应对话框来创建不同类型的 Revit 文件。

● 打开

在"打开"列表中显示了各类 Revit 兼容文件的类型，如图 2-22 所示，在选项上单击鼠标左键，调出【打开】对话框，在对话框选择将要打开的文件，单击"打开"按钮，可以完成打开文件的操作。

图 2-22 "打开"列表

● 保存

单击"保存"按钮，调出【另存为】对话框，在其中设置文件名称与存储路径，单击"保存"按钮，可以完成保存图形文件的操作。

● 另存为

在"另存为"列表中，可以保存当前项目或者族文件，如图 2-23 所示。还可将当前项目另存为样板，将所有族、组或者视图保存到库中去。

图 2-23 "另存为"列表

●导出

在"导出"列表中，显示了创建交换文件的类型，如图 2-24 所示。可将当前文件导出为各种格式，如 CAD 格式、DWF/DWFx 等。

图 2-24 "导出"列表

●打印

在"打印"列表中提供了打印文件、打印预览、打印设置三项，如图 2-25 所示。选择"打印"选项，可以将当前文件打印输出；选择"打印预览"选项，可以预览当前文件的打印效果。选择"打印设置"选项，调出【打印设置】对话框，在对话框中设置打印参数值，如打印机的类型、纸张类型、页面位置、打印方向等。

图 2-25 "打印"列表

2.【选项】对话框

单击应用程序菜单中的"选项"按钮，调出【选项】对话框，该对话框由"常规""用户界面""图形"等选项卡组成。

●"常规"选项卡

系统默认显示"常规"选项卡，如图 2-26 所示，在该选项卡中可以设置文件保存的间隔时间、用户名

称，日志文件的清理频率及工作共享更新的频率等。通常情况下默认系统的设置参数即可，但是用户也可根据自己的需要来更改系统参数的设置。

图 2-26 "常规"选项卡

●"用户界面"选项卡

在"工具和分析"选项列表中，如图 2-27 所示，被选中的工具选项可以显示在工作界面上，未被选中的工具选项，则不会显示在工作界面上。有的用户为保持界面的整洁，可以通过该选项卡将没有使用到的工具选项隐藏。

Revit Architecture 提供了两种活动主题，"暗"样式或者"亮"样式，系统默认选择"亮"选项。

图 2-27 "用户界面"选项卡

单击"快捷键"选项后的按钮，调出如图 2-28 所示的【快捷键】对话框，在列表中显示各类命令与其相对应的快捷方式。在列表中选择其中一项命令，在列表下方的"按新键"文本框中键入快捷方式字母代码，单击"指定"按钮，可以为选中的命令指定快捷方式。在制图或者编辑时通过键入该快捷方式的代码来执行命令。

图 2-28　【快捷键】对话框

单击"双击选项"后的"自定义"按钮，调出如图 2-29 所示的【自定义双击设置】对话框，在对话框中分别显示了图元类型以及对其执行双击操作后的结果。单击"双击操作"表列下的选项，在调出的列表中提供了三种双击操作后的结果，如"不进行任何操作""编辑类型""编辑图元"选择适用的选项，单击"确定"按钮，关闭对话框完成设置操作。

图 2-29　【自定义双击设置】对话框

在"工具提示助理"选项中，设置工具提示的类型，有"无""最小""标准""高"四种类型可以选择。

在"选项卡切换行为"选项组中，设置选项卡清除选择或者退出后的显示方式，或者设置在选择时是否显示上下文选项卡。

● **"图形"选项卡**

在"图形"选项卡中，可以设置"图形模式""颜色""临时尺寸标注文字外观"的参数，如图 2-30 所示。在"图形模式"选项组中，通过选择各选项，来指定图形的显示方式。在"颜色"选项组中，在各选项后分别指定了颜色的种类，单击颜色选项卡，调出如图 2-31所示的【颜色】对话框，在其中可以更改颜色类型，并提供了"原始颜色"与"新

建颜色"的对比。

在"临时尺寸标注文字外观"中，可以设置标注文字的大小及背景样式，有"透明"与"不透明"两种类型。

图 2-30　"图形"选项卡

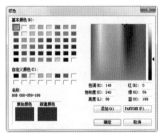

图 2-31　【颜色】对话框

● **"文件位置"选项卡**

在该选项卡中，显示了各类文件的存储路径，例如样板文件、用户文件及族样板文件等，如图 2-32 所示，单击"浏览"按钮，在调出的对话框中可以查找到相关的文件。

如单击"构造样板"选项后的矩形按钮，在如图 2-33 所示的【浏览样板文件】对话框中显示各类可以使用的样本文件。

图 2-32　"文件位置"选项卡

图 2-33　【浏览样板文件】对话框

3. 快速访问工具栏

通常将经常使用到的命令按钮置于快速访问工具栏中，如图 2-34 所示。从左至右，快速访问工具栏默认包含"打开"按钮、"保存"按钮、"同步并修改设置"按钮、"放弃"按钮、"重做"按钮、"测量两个参照之间的距离"按钮、"对齐尺寸标注"按钮、"按类别标记"按钮、"文字"按钮、"默认三维视图"按钮、"剖面"按钮、"细线"按钮、"关闭隐藏窗口"按钮、"切换窗口"按钮。

图 2-34 快速访问工具栏

单击"切换窗口"按钮右侧的向下箭头 ，调出如图 2-35 所示的列表。其中，带勾号的选项为当前快速访问工具栏所包含的选项，单击其中一项，取消"勾号"的显示，可以将其从快速访问工具栏上撤销。

图 2-35 选项列表

或者在工具上单击鼠标右键，弹出如图 2-36 所示的列表，选择第一项"从快速访问工具栏中删除"选项，可以将选中的工具删除。

从快速访问工具栏中删除(R)

添加分隔符(A)

自定义快速访问工具栏(C)

在功能区下方显示快速访问工具栏

图 2-36 列表

4. 选项卡

选项卡包含了 Revit Architecture 所有的类型，

例如建筑、结构、系统、插入等，如图 2-37 所示。单击选择其中的一项，可以显示相应的命令面板，通过单击面板中的命令按钮来执行相应的操作。

图 2-37 选项卡

单击"修改"选项右侧的"完整显示功能区"按钮中右侧的向下实心箭头，在调出的列表中显示了选项卡的显示方式，如图 2-38 所示。系统默认选项卡的显示方式为"最小化为面板按钮"，"最小化为选项卡"与"最小化为面板标题"显示方式可以最小化显示选项卡，如图 2-39 所示，以此可以增大屏幕空间。

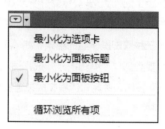

图 2-38 显示方式列表

最小化为选项卡

最小化为面板标题

图 2-39 显示结果

在【选项】对话框中选择"用户界面"选项卡，如图 2-40、图 2-41 所示。在"选项卡切换行为"选项组中，用来设置清除选择对象或者退出后选项卡的变化，可以分别在"项目环境"及"族编辑器"选项中设置项目或者族编辑器中功能区的变化。

图 2-40 【选项】对话框

图 2-41 选项列表

5. 功能区面板

系统默认将功能区以"最小化为面板按钮"的方式来显示，如图 2-42 所示。面板上的图标按钮都包含若干子命令，如将光标放置在"构建"按钮上，可以显示其子命令列表，单击列表中的命令按钮，可以调用命令。

图 2-42 命令列表

单击命令按钮中的实心向下箭头，在调出的列表中显示该命令所包含的其他类型的子命令。例如单击"墙"命令按钮，在调出的列表中显示"墙：建筑""墙：结构""面墙"等选项，如图 2-43所示。

图 2-43 子菜单

单击"完整显示功能区"按钮，可以完成地显示功能区，如图 2-44 所示。以该种方式显示功能区，可以显示各选项卡下所包含的内容。

图 2-44 完整显示功能区

功能区中各面板的位置可以自由移动。如将鼠标置于"房间和面积"面板下方的标题位置，按住鼠标左键不放，移动鼠标，可以移动面板的位置，如图 2-45所示。

图 2-45 移动面板

单击活动面板右上角的"将面板返回功能区"按钮，如图 2-46 所示，可以将面板恢复至原始位置。

图 2-46 返回动能区

2.1.5 Revit Architecture 项目

Revit项目是个设计信息数据库，在项目为文件中包含了建筑设计的所有信息，包含从几何图形到构造数据。这些信息包括用于设计模型的构件、项目视图和设计图纸。

通过在单个项目文件中修改设计数据，所有关联区域，如平面视图、立面视图、剖面视图、明细表等可以同步反映这些修改。

Revit Architecture 新建项目的后缀名称为".ret"，该格式的文件称为样板文件。新项目样板文件包含了系统为其赋予的原始参数，例如项目默认的度量单位、楼层数量的设置、层高、线型等。

2.1.6 Revit Architecture 图元

Revit Architecture 图元组成各个不同类型的项目，了解图元的结构、分类、属性，对于运用 Revit Architecture 制图有很大的帮助。

1. Revit Architecture 图元结构

Revit Architecture 软件中的设计项目是由很多个模型图元构成的，且图元与图元之间相互关联。如图 2-47 所示的 Revit 图元结构示意图。

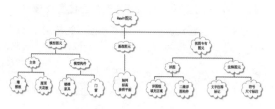

图 2-47 Revit 图元结构示意图

● **模型图元**

模型图元由主体图元与模型构件组成。

（1）主体图元。

主体图元一般在构造场地在位构件，墙、楼板、屋顶以及天花板是常见的主体图元。

（2）模型构件。

模型构件是建筑模型中其他所有类型的图元，楼梯、门窗、家具是模型构件。

● **基准图元**

基准图元为绘制图形提供参考，轴网、标高、参照平面为基准图元。

● **视图专有图元**

视图专有图元有两种类型，分别为注释图元与详图。

（1）注释图元。

注释图元是对模型进行归档并且在图纸上保持比例的二维构件，文字注释、标记、符号、尺寸标注是注释图元。

（2）详图。

详图是在指定的视图中提供有关建筑模型详细信息的二维项，即详图线、填充区域、二维详图构件。

2. 图元分类

在Revit Architecture中，按照类别、族、类型和实例对图元执行分类操作，分类示意图如图 2-48 所示。

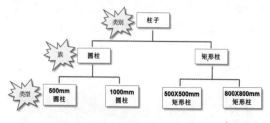

图 2-48 Revit 图元分类示意图

● **类别**

类别图元是用来对建筑设计建模或者归档的一类图元，例如模型图元类别包括墙、楼板等，注释图元包括文字注释、尺寸标注等。

● **族**

族是指某一类别中图元的分类。族根据属性集的共用、使用上的相同、图形表示的相似来对图元进行分组。一个族中不同图元的部分或者全部属性可能有不同的值，但是属性的设置，即名称与含义是相同的。如现代风格的沙发可以视为一个族，虽然构成此族的沙发会有不同的尺寸和材质。

● **类型**

各族可有不同的类型，类型可以是特定尺寸的族，如一个尺寸为 1200mm×800mm 的书桌。类型可以是样式，如桌子有圆桌与方桌。一个族可以拥有多个类型。

● **实例**

实例是放置在项目中的单个图元，其在建筑或者图纸中都有特定的位置。

3. 图元属性

Revit Architecture 中的大部分图元都有两组属性，用来控制图元的外观以及内部参数，分别是类型属性以及实例属性。选择图元，在功能区的左上角会显示图元属性图标，如图 2-49 所示。

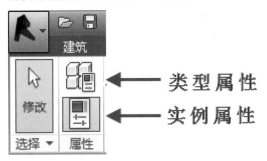

图 2-49　属性图标

● 类型属性

类型属性是族中许多图元的公共属性，可以影响项目中族的所有实例，即各个图元，以及任何将要在项目中放置的实例。

如选择墙图元，单击"类型属性"按钮，调出如图 2-50 所示的【类型属性】对话框。在对话框中显示族的类别为墙，类型为"Generic-200mm"，在"类型参数"表格中显示图元的基本信息，单击"预览"按钮，可在左侧的预览框中预览图形。

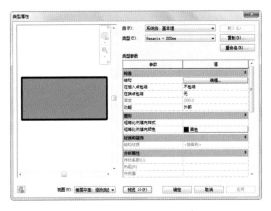

图 2-50　【类型属性】对话框

在【类型属性】对话框的右上角单击"复制"按钮，可以复制该族类型，并同时调出如图 2-51 所示的【名称】对话框，在其中可以设置族类型的名称，也可沿用系统随机赋予的名称。

图 2-51　【名称】对话框

单击"确定"按钮，可以在"类型"选项中查看新创建的族类型，如图 2-52 所示。单击"重命名"按钮，在如图 2-53 所示的【重命名】对话框中分别显示了旧名称与新名称，通过修改新名称来完成重命名操作。

图 2-52　新建族类型

图 2-53　【重命名】对话框

单击"值"表列下的"编辑"按钮，在编辑列表中修改参数，如修改"厚度"为"500"，如图 2-54 所示。单击"确定"按钮关闭对话框，在绘图区中可以观察到该族墙体的宽度均发生了改变。

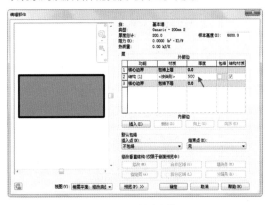

图 2-54　修改参数

● 实例属性

单击"实例属性"按钮，可以显示或者隐藏用来查看和编辑实例属性的选项板。在选项板中显示当前视图、选定图元或者正放置图元的实例属性，如图 2-55 所示。

图 2-55 实例属性选项板

选择图元，单击鼠标右键，在调出的快捷菜单中选择"属性"选项，如图 2-56 所示，可以显示实例属性选项板，取消选择该项，可以暂时关闭实例属性选项板。

图 2-56 快捷菜单

2.1.7 Revit Architecture 项目视图

Revit Architecture 可以从多个不同的视角来观察项目，了解视图的创建以及视图属性的设置，可以更好地学习如何运用该软件来制作项目。

1. 创建视图

在项目浏览器中的视图栏目上会显示当前项目的所有视图，如图 2-57 所示，双击视图名称，可转换至该视图。单击"视图"选项卡，在其面板中单击"视图样板"选项，如图 2-58 所示，在弹出的列表中单击"从当前图形创建样板"选项，可以创建新视图。

在视图名称上单击鼠标右键，调出如图 2-59 所示的快捷菜单，通过该菜单，可以对视图执行复制、删除、重命名等操作。

图 2-59 快捷菜单

2. 视图属性

在视图属性选项板中可以设置所选视图的参数。单击工作界面左下角的项目浏览器图标右侧的"属性"按钮（图 2-60），可以显示视图属性选项板，如图 2-61 所示。

图 2-57 视图栏目图

2-58 "视图样板"选项卡

图 2-60 单击"属性"按钮

图 2-61　"属性"面板

● 视图设置

通过移动鼠标滚轮来缩放视图以方便查看。视图比例在图纸中用来表达对象的比例系统，可以为项目中的每个视图指定不同的比例，也可以自定义视图比例。

在"属性"面板中单击"视图比例"选项，在列表中提供了各种视图比例以供选择，如图 2-62 所示。

图 2-62　比例列表

● 模型图形的显示样式

模型图形的显示样式有三种，分别是标准（系统默认）、半色调、不显示，单击"显示模型"选项，在列表中更改显示方式，如图 2-63 所示。

图 2-63　显示样式列表

模型图形显示的详细程度分为三类，分别是粗略

（默认方式，通过减少内存的占用来提高系统运行速度）、中等、精细，单击"详细程度"选项，在列表中选择模型显示的详细程度，如图 2-64 所示。

图 2-64　"详细程度"列表

● 隐藏图元

选择单个图元，单击鼠标右键，在调出的右键菜单中选择"在视图中隐藏"选项，在调出的子菜单中显示了隐藏的图元的方式，如隐藏单个图元（"图元"选项）、隐藏一个类别的图元（"类别"选项），或者按照过滤器的设置参数来隐藏图形（"按过滤器"选项），如图 2-65 所示。

图 2-65　右键菜单

在【属性】选项板中单击"可见性 / 图形替换"选项后的"编辑"按钮（图 2-66），调出如图 2-67 所示的【可见性 / 图形替换】对话框。

图 2-66　单击"编辑"按钮

图 2-67 【可见性/图形替换】对话框

在"可见性"表列下显示了各类图元的名称，被勾选的图元在视图中可见。单击选项前的"+"，展开选项列表，其中包含了该图元的子类别，可以分别控制其在视图中显示或者隐藏，如图 2-68 所示。

图 2-68 子类别列表

● 基线设置

在"属性"选项板中的"基线"选项，可以设置当前视图的基线位参照楼层，如图 2-69 所示。在选项列表中选择某一楼层平面作为参考时，参照楼层会以灰线显示在当前视图中，且不能被修改，仅为绘图提供参照作用。

图 2-69 "基线"列表

● 视图范围

建筑平面及天花板平面都有可见范围，又称为视图范围，是可以控制视图中对象的可见性和外观的

一组水平平面。这一组水平平面又可分为"顶部平面""剖切面""底部平面"。其中，顶部平面和底部平面表示视图范围的最顶部和最底部的部分，剖切面则用来确定视图中某些图元可视剖切高度的平面。

通过设置这三个平面的参数可以定义视图范围的主要范围。在处理屋顶平面和总平面时用到视图范围功能的可能性较大。

在"属性"选项板中单击"范围"选项组下的"编辑"按钮，如图 2-70 所示，调出【视图范围】对话框，如图 2-71 所示。

图 2-70 "视图范围"选项

图 2-71 【视图范围】对话框

在选项类别中显示了标高的类型，如"相关标高""标高之上""无限制"，如图 2-72 所示。通过设置标高的类型以及"偏移量"值，可以定义视图范围的大小。

在"视图深度"选项中，用来设置主要范围之外的附加平面参数。通过设置视图深度的标高，来显示位于底裁剪平面下面的图元。在默认情况下，该标高与底部重合。

图 2-72 标高类型

2.1.8 创建视图样板文件

视图样板包含视图的各项属性，例如视图比例、规程、详细程度、可见性等，这些属性属于视图类型（平面、立面、剖面）来说属于公共属性，可以由某一个视图生成视图样板，也可以将原来所有的视图样板应用到其他视图中去。

1. 通过视图样板文件创建新视图样板

单击"视图"选项卡，在面板下单击"视图样板"按钮 ，在子菜单中选择"管理视图样板"选项，如图 2-73 所示。接着调出【视图样板】对话框，如图 2-74 所示。

图 2-73　"视图样板"菜单

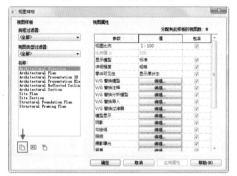

图 2-74　【视图样板】对话框

分别在"规程过滤器"选项以及"视图类型过滤器"选项中设置视图样板的类型，接着在"名称"列表中选择一个视图样板，单击列表左下角的"复制"按钮 □，在如图 2-75 所示的【新视图样板】对话框中键入样板名称。

接着根据实际情况在"视图属性"列表中修改样板参数，单击"确定"按钮可以完成新视图样板的创建。

图 2-75　【新视图样板】对话框

2. 利用现有视图创建视图样板

在"项目浏览器"选项板中选择要应用视图样板的视图，接着单击"视图"选项卡，在面板下单击"视图样板"按钮，在子菜单中选择"将样板属性应用于当前视图"选项，调出如图 2-76 所示的【应用视图样板】对话框。

图 2-76　【应用视图样板】对话框

在"规程过滤器"选项以及"视图类型过滤器"选项中选择视图样板的类型，在"名称"列表中选择视图样板名称。假如需要使用另外一个项目视图属性作为视图样板，则单击列表右下角的"显示视图"选项后可在"名称"列表中显示可供使用的视图样板名称，单击可选用。

单击对话框中的"确定"按钮完成操作。

2.2　项目设置

在 Revit Architecture 中可以使用系统默认的样板文件来创建项目文件，也可自定义参数来设置样板文件。通过指定项目信息、设置其位置和方向以及设置填充样式等操作，可以创建许多具有特色的项目。

2.2.1　设置样板文件

在 Revit Architecture 中执行"新建项目"命令，可以使用项目样板中定义的默认设置来创建样板文件，也可以使用自定义样板来开始设置样板文件。通过预先设置样板文件，可以通过利用自定义样板文件来快速地创建项目。

单击菜单浏览器按钮，在弹出的菜单中单击"选项"按钮，调出如图 2-77 所示的【选项】对话框。在对话框中选择"文件位置"选项卡，可以通过修改参数来设置样板文件的类型。

图 2-77　【选项】对话框

在【选项】对话框中的"项目样板文件"列表中，系统默认定义了各类样板文件的路径以及类型。在"建筑样板"表列中单击文件路径名称后的矩形按钮，调

出如图 2-78 所示的【浏览样板文件】对话框。在对话框中显示了当前建筑样板的存储路径以及系统指定的样板类型。

图 2-78　【浏览样板文件】对话框

假如在【浏览样板文件】对话框中选择其他类型的样板文件，并单击对话框右下角的"打开"按钮，可以完成更改样板文件类型的操作。

完成样板文件类型的设置后，当执行新建项目命令时，系统会按照所设定的样板文件类型来创建新样本文件。

2.2.2　创建样板文件

启动"新建"→"项目"命令，在【新建项目】对话框中可以按照所设定的样板文件类型来新建样本文件。

Revit Architecture 提供复制项目标准的操作。即可将源项目的相关标准，例如线宽、材质、视图样板、对象样式以及族类型（包括系统族，不是载入的族）迁移至目标项目中。

单击"管理"选项卡，在面板上单击"传递项目标准"命令按钮，如图 2-79 所示。

图 2-79　"管理"选项卡

调出如图 2-80 所示的【选择要复制的项目】对话框，在其中设置需要迁移复制的项目类型，接着单击"确定"按钮。系统在执行迁移的过程中弹出如图 2-81 所示的【重复类型】对话框，用户可以选择是执行覆盖操作还是仅传递新类型。

图 2-80　【选择要复制的项目】对话框

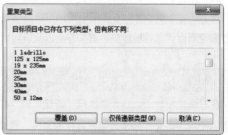

图 2-81　【重复类型】对话框

2.2.3　指定项目信息

通过指定项目信息，如组织名称、组织描述、建筑名称、作者等，可以记录项目的数据，并与其他项目相区别。

单击"管理"选项卡下的"项目信息"命令按钮 ，调出如图 2-82 所示的【项目属性】对话框。在对话框中的"实例参数"选项表中显示了各类实例参数，如标识数据、能量分析以及其他类型的数据。

图 2-82　【项目属性】对话框

在参数名称后的空白单元格内单击鼠标左键，可以在此键入文本内容。在"能量设置"选项后显示有"编辑"按钮，在此不能直接键入文本内容，单击"编辑"按钮，调出如图 2-83 所示的【能量设置】对话框，通过修改对话框中的参数来完成参数的设置。

图 2-83　【能量设置】对话框

在"其他"选项列表下，可以将原始参数删除，键入新的文本内容。在"项目地址"选项中不能直接

修改参数，需要单击选项后的矩形按钮，在如图 2-84 所示。单击"确定"按钮关闭对话框可以完成参数的设置。

图 2-84　【编辑文字】对话框

【能量设置】对话框中的参数用来指定第三方软件应用程序在计算机能量消耗时使用的参数值。在将建筑模型导出为".gbXML"文件以使用能量分析应用程序之前，需要在对话框中设置相关的参数值。

1. 建筑类型

在如图 2-85 所示的选项列表中提供了多种建筑类型，例如办公室、博物馆、停车场等，单击选择其中的一项来设置建筑物的类型。

图 2-85　"建筑类型"列表

2. 地平面

在"地平面"选项中，指定使用建筑地面标高参照的标高，在此标高值下的表面被视为地下表面，系统默认的标高值为"0"。

3. 工程阶段

在"工程阶段"选项中提供了两种阶段类型，分别为"Existing（现有）""New Construction（新构造）"。

4. 小间隙空间允差

通过设置选项参数来指定将视为小间隙空间的区域的允差。

2.2.4 设置项目位置及方向

在 Revit Architecture 中创建项目时，通常选择距离最近的主要城市，或者通过指定经度或者纬度来确定项目的位置。

在【能量设置】对话框中单击"通用"选项列表下的"位置"选项，此时选项后显示矩形按钮，单击此按钮，调出如图 2-86 所示的【位置、气候和场地】对话框。

图 2-86 【位置、气候和场地】对话框

在"城市"列表中显示了全世界各地的主要城市，从中选择一个即可。在选择了城市（如上海、中国）后，可以显示该城市的纬度以及经度值，如图 2-87 所示。或者通过在选项中输入经度及纬度值来确定项目位置。

选择"使用夏令时"选项，可以使阴影反映出指定位置的夏令时。单击"确定"按钮关闭对话框完成位置的设置。

图 2-87 选择项目位置

通过旋转项目视图，使其北方向与实际正北方向一致，可以为日光研究、漫游和渲染图像产生正确的阴影。

在"属性"选项板中，单击"方向"选项，在选项列表中选择"正北"选项，如图 2-88 所示。可以将视图方向设置为正北。或者单击"管理"选项卡，在"项目位置"面板中单击"位置"选项，在列表中选择"正北"选项，如图 2-89 所示。可将项目旋转至正北。

图 2-88 选择"正北"

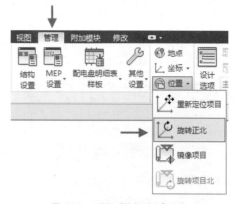

图 2-89 选择"旋转正北"选项

2.2.5 设置填充样式

填充样式用来控制填充图案的显示效果，模型填充图案用来表示建筑物的外观，如墙上墙砖的铺贴效果。填充图案的比例跟随模型一同缩放，只要改变视图比例，模型填充图案的比例就会相应改变。

单击"管理"选项卡,在"设置"面板中单击"其他设置"命令按钮 ,在选项列表中选择"填充样式"选项,如图 2-90 所示。在如图 2-91 所示的【填充样式】对话框中可以修改样式参数。

图 2-90　选择"填充样式"选项

图 2-91　【填充样式】对话框

单击"新建"按钮,在如图 2-92 所示的【新填充图案】对话框中可以设置新样式参数。在"主体层中的方向"选项中,系统默认选项"定向到视图"选项,也可在列表中选择"保持可读"或"与图元对齐"选项。

图 2-92　【新填充图案】对话框

图案的类型有"简单"及"自定义"两项,选择"自定义"选项,通过导入图案及设置参数来完成设置。在"名称"选项中设置新填充图案的名称,在

"线角度"和"线间距"选项中分别设置图案参数。简单图案有"平行线"与"交叉填充"两种类型。单击"确定"按钮完成参数的设置。

单击"编辑"按钮,在如图 2-93 所示的【修改填充图案属性】对话框中修改样式参数。选择"自定义"选项,单击"导入"按钮,在【导入填充样式】对话框中选择样式图案,单击"打开"按钮可以完成导入样式的操作。也可选择"简单"选项来执行修改参数的操作。

图 2-93　【修改填充图案属性】对话框

单击"删除"按钮,系统调出如图 2-94 所示的信息提示对话框,提醒用户是否需要删除选中的图案。在"填充图案类型"选项组中选择"模型"按钮,可以转换图案类型,并在预览区中预览图案,如图 2-95 所示。

图 2-94　信息提示对话框

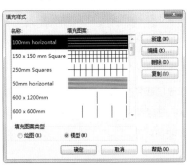

图 2-95　转换图案类型

2.2.6 线型设置

单击"管理"选项卡，在"设置"面板中单击"其他设置"命令按钮，在列表中选择"线样式"选项，如图 2-96 所示。调出如图 2-97 所示的【线样式】对话框，在其中可以创建或者修改线样式。

图 2-96 选择"线样式"选项

图 2-97 【线样式】对话框

在"列表"选项列表中，单击"线"前面的"+"，展开类别列表，在其中分别列出了各种类型的线，如中心线、已拆除轮廓线、房间分隔线等。在"线宽/投影""线颜色""线型图案"列表中分别显示了各项线样式参数，通过修改参数来控制线的显示效果。

在"新建子类别"选项下单击"新建"按钮，在如图 2-98 所示的【新建子类别】对话框中设置新样式的名称，单击"确定"按钮返回【线样式】对话框，在其中修改线样式参数。

值得注意的是，只能在项目环境中创建线样式。在族编辑器中，不能新建新样式，但是可以修改线宽、线颜色和线型图案。

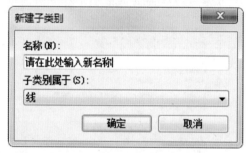

图 2-98 【新建子类别】对话框

2.3 视图基础

在 Revit Architecture 中，掌握查看项目文件的方法，可以全方位多角度地对项目文件进行检查、修改等操作。本节介绍在 Revit Architecture 中查看项目模型的方式。

2.3.1 使用项目浏览器

项目浏览器选项板默认位于工作界面的左侧，在其中包含了当前项目的所有信息，如项目中所有视图、明细表、图纸、族、组、链接的 Revit 模型等项目资源。在项目浏览器选项板中按照逻辑关系层次来组织这些项目资源，方便搜索及管理。

单击选项前的"+"，如图 2-99 所示，展开列表以显示该层级所包含的内容，如图 2-100 所示。系统默认打开项目浏览器选项板，将其关闭可以得到更多的屏幕空间。

图 2-99 项目浏览器选项板

图 2-100　展开列表

单击"视图"选项卡，在"窗口"面板中单击"用户界面"命令按钮，在选项列表中勾选"项目浏览器"复选框，如图 2-101 所示，可以重新显示项目浏览器选项板。

在项目浏览器上按住鼠标左键不放，移动鼠标，可以移动选项板，并为其指定新位置。如将选项板靠近面板下的边界时，选项板会自动吸附于该边界的位

置并固定下来，如图 2-102 所示。也可以按照自身的使用习惯指定选项板的位置，或者将选项板关闭。

图 2-101　选择选项

图 2-102　移动选项板位置

2.3.2　使用视图导航

通过使用视图导航工具，可以对视图执行多种控制，例如缩放、移动等。在绘图区内向下滚动鼠标滚轮，可以缩小视图，向上滚动鼠标滚轮，可以放大视图。

按住鼠标滚轮不放，移动鼠标可以实现移动图形的操作，松开滚轮可以结束移动图形的操作。按住键盘上的 <Shift> 键不放，同时按住鼠标滚轮不放，移动鼠标可以旋转图形。

通过借助绘图区右上角的导航栏，如图 2-103 所示，可以对视图执行各项控制操作。单击二维控制控制盘图标，二维控制盘被分离出来，跟随鼠标移动，如图 2-104 所示。

← 控制盘
← 缩放控制
← 控制选项表

图 2-103　导航栏

图 2-104　二维控制控制盘

单击"缩放"选项，来回拖动鼠标，可以放大或者缩小图形。单击"回放"选项，可显示如图 2-105 所示的缩略图窗口，用来表示该图形的历史操作记录。将鼠标移至其中一个窗口上，可以显示该图形的状态示意图。

图 2-105　缩略图窗口

单击控制盘右下角的向下实心箭头，在调出如图 2-106 所示的列表中选择"选项"，在调出的【选项】对话框中可以设置控制盘的外观参数，如尺寸大小、透明程度等，如图 2-107 所示。

图 2-106   选择"选项"

图 2-107   【选项】对话框

在快速访问工具栏上单击"默认三维视图"按
钮 ，将当前视图转换为三维视图。单击界面右上
角的查看对象控制盘按钮 下方的实心三角形，在弹
出的列表中选择"全导航控制盘"选项，如图 2-108
所示。弹出如图 2-109 所示的全导航控制盘，在其
中包含了多项控制视图的命令，例如缩放、动态观察、
平移、回放等。用鼠标单击其中的选项，可以对视图
执行相应的操作。

图 2-108   选择"全导航控制盘"选项

图 2-109   全导航控制盘

单击导航盘右下角的实心箭头，通过选择列表中
的选项，可以执行控制导航盘的样式或大小，转换视
图、撤销视图方向修改、保存视图等操作，如图 2-110
所示。

图 2-110   导航盘选项表

单击"区域放大"按钮 下的实心箭头，调出如
图 2-111 所示的列表，通过选择其中的选项，可以
放大、缩小或者平移视图。

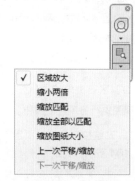

图 2-111   缩放选项表

2.3.3   使用 View Cube

绘图区右上角的 View Cube 工具，可以用来定
位视图的方向，可将视图方向定位为左视图、俯视图、
西南轴侧视图等，如图 2-112 所示。

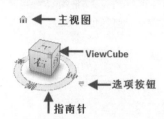

图 2-112   View Cube 工具

单击 View Cube 立方体或者指南针各部位顶点，可以在各个方向视图中切换，如图 2-113 所示。单击 View Cube 左上角的"主视图"按钮🏛，可以将视图恢复至主视图显示。

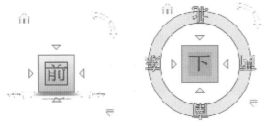

图 2-113　切换视图

单击 View Cube 右下角的"选项"按钮，调出如图 2-114 所示的列表，选项列表中的第一项，可以转换至主视图。还可以执行保存视图、设定当前视图方向、显示指南针等操作。选择"选项"，调出如图 2-115 所示的【选项】对话框。在 View Cube 选项卡中，通过设置参数来控制 View Cube 的外观、拖曳或者单击 View Cube 时需要发生的操作等。

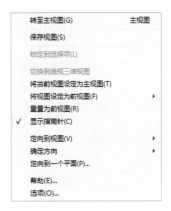

图 2-114　选项表

图 2-115　【选项】对话框

2.3.4　使用视图控制栏

绘图区左下角的视图控制栏，用来控制视图的显示状态，包含视图比例、详细程度、视觉样式等工具，如图 2-116 所示。

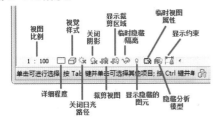

图 2-116　视图控制栏

单击"详细程度"按钮 □，在列表中显示了三种详细程度的类型，分别为粗略、中等、精细，如图 2-117 所示，选择粗略方式所占用电脑的内存最小，系统运行的速度也最快，这是最常用的详细程度模式。

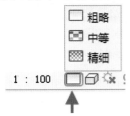

图 2-117　"详细程度"列表

单击"视觉样式"按钮 □，在弹出的列表中显示了视觉样式类型，分别为线框、隐藏线、着色、一致的颜色、真实，如图 2-118 所示。由上至下，图形的显示效果逐渐增强，在刷新图形显示时所占用的计算机资源也愈多，其运算速度也变慢。通常情况下选择"线框"样式，以提高运行速度。

图 2-118　"视觉样式"类别

单击"关闭日光路径"按钮 ⛶，在弹出的列表中可以选择日光路径的关闭或者打开，如图 2-119 所示。

图 2-119 "日光设置"列表

选择"日光设置"选项，在如图 2-120所示的【日光设置】对话框中可以设置日光路径的参数，例如方位角、仰角、地平面的标高等。

图 2-120 【日光设置】对话框

单击"关闭阴影"按钮，则不显示图元阴影。单击"临时隐藏 / 隔离"按钮，在弹出的列表中显示了可以隔离或者隐藏的类型，如图 2-121 所示。选择"隔离类别"和"隐藏类别"选项，可以隔离或者隐藏指定的类型，或者选择"隔离图元"和"隐藏图元"选项，则可以隔离或者隐藏图元。

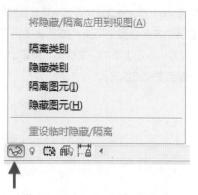

图 2-121 "临时隐藏 / 隔离"列表

隐藏图元后，单击"临时隐藏 / 隔离"，在弹出的列表中选择"重设临时隐藏 / 隔离"选项，如图 2-122 所示，此时可以重新显示被隐藏的图元。假如选择"将隐藏 / 隔离应用到视图"选项，则图元会被永远隐藏，不可恢复。

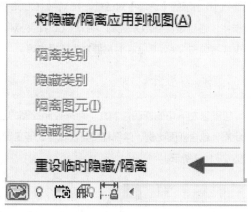

图 2-122 选择"重设临时隐藏 / 隔离"选项

2.4 基本编辑

Revit Architecture 对于图元的基本编辑操作包括选择图元以及编辑图元。选择图元才能对其执行编辑修改操作，Revit Architecture 提供了多种选择图元以及编辑图元的方法。使用快捷键可以提高制图的速度，Revit Architecture 支持用户自定义快捷键。临时尺寸标注在图形被选中的情况下显示，提供了参考作用。

2.4.1 选择图元

在 Revit Architecture 中选择图元最简单且最常用的操作就是在图元上单击鼠标左键，即可选中图元。此外，通过使用窗口选取或者配合键盘上的按键，可达到选择多个图元的操作。

如图 2-123 所示，将鼠标置于图元上，此时系统将显示与图元有关的信息，例如门类别，M_ Simple-A ras 族，0915mm×2134mm（信息显示顺序为，对象类型：族名称：族类别）。图元显示为蓝色，单击鼠标左键，可以选中该图元。

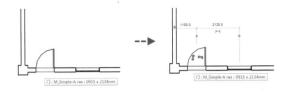

图 2-123　选择图形

在保持门图元被选中的情况下，按住键盘上的 <Ctrl> 键不放，此时在光标箭头的右上角显示"+"，单击其他图元，可以将该图元选中，同时源图元（即门图元）也同样保持被选中的状态。被选中的图元呈蓝色显示，表示这些图元都位于同一个选择集中，如图 2-124 所示。

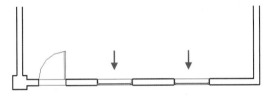

图 2-124　加选图形

按住键盘上的 <Shift> 键，光标箭头的右上角显示"-"，单击图元，则该图元退出被选中状态。依次单击左侧的门图元以及右侧的窗图元，则从选择集中删除这两个图元，如图 2-125 所示。

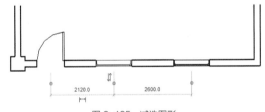

图 2-125　减选图形

在 A 点单击鼠标左键，向右下角拖动鼠标，在 B 点单击以拖出选框，选择结果是全部位于选框内的图元才能被选中。如图 2-126 所示，柱子、门、窗图元全部位于选框中，因此被选中，构成了一个选择集。

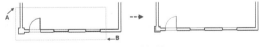

图 2-126　选择结果

从 a 点至 b 点拖出虚线选框，即使部分位于选框外的图元，如墙体，也可被选中，如图 2-127 所示。右侧的墙体因为未与选框相交，因此未被选中。

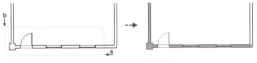

图 2-127　选择图元

在选择图元的状态下，系统显示如图 2-128 所示的"修改/选择多个"选项卡，在"选择"面板上单击"过滤器"命令按钮，调出如图 2-129 所示的【过滤器】对话框。在"类别"列表中显示当前被选中的图元所属的类别，例如墙、柱、窗、门，在"合计"列表下显示了该类别中所包含的图元个数。

单击"放弃全部"按钮，可以取消所有图元的选择。单击"选择全部"按钮，可以全选当前视图中的所有图元。也可单独取消勾选某个类别，则仅该类别的图元取消选择，而不会影响其他类别的图元。

图 2-128　"修改/选择多个"选项卡

图 2-129　【过滤器】对话框

选择单个图元，单击鼠标右键，调出如图 2-130 所示的列表。选择"上次选择"选项，可以恢复至上一次的选择状态。选择"选择全部实例"选项以显示其子菜单，选择"在视图中可见"选项，可以选择当前视图中与被选择图元（如窗）同类型的（窗）图元。

选择"在整个项目中"选项，则不仅当前视图中同类的图元（如窗）被选中，项目中其他相同类型的图元（如窗）也同样会被选中。

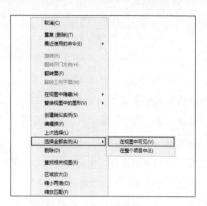

图 2-130　右键菜单

预选图元、选择图元的指示颜色。勾选"半透明"选项后，可以以半透明的方式来显示被选中的图元。

图 2-131　选择"图形"选项卡

调出【选项】对话框，选择"图形"选项卡，如图 2-131 所示，"颜色"选项组中的参数用来设定

2.4.2　编辑修改工具

Revit Architecture 中的修改工具包括复制、移动、旋转、偏移等，选择图元的下一步骤便是对图元执行编辑操作，本节介绍一些常用的编辑工具的操作方法。

选择"修改"选项卡，单击"修改"面板中的"复制"命令按钮，选择门图元，按下空格键，在面板下的选项栏中勾选"约束"选项，如图 2-132 所示。

图 2-132　勾选"约束"选项

单击鼠标左键指定端点，向右移动鼠标，在目标点单击鼠标左键，按下 <Esc> 键退出命令，在水平方向上复制门图元的结果如图 2-133 所示。

图 2-133　复制图元

勾选"约束"选项，是为了限制仅仅允许在水平或者垂直方向上移动鼠标。取消勾选该选项，可以在任意方向移动鼠标，并执行复制图形的操作，如图 2-134 所示。

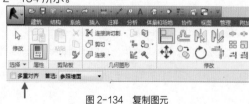

图 2-134　复制图元

在"修改"面板上单击"对齐"命令按钮，取消勾选"多重对齐"选项，如图 2-135 所示。

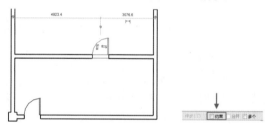

图 2-135　取消勾选"多重对齐"选项

在源对象的右侧单击鼠标左键，引出蓝色虚线，移动鼠标，在目标对象的左侧单击鼠标左键，可完成对齐操作，如图 2-136 所示。执行对齐操作后的图元会显示蓝色的解锁符号，单击则该符号转换为锁定状态，表示系统已在图元间建立了对齐参数关系。在修改具有该对齐关系的图元时，系统会自动修改与之对齐的其他图元。

图 2-136　对齐图元

单击"修改"面板上的"镜像 - 拾取轴"命令按钮，选择"复制"选项，如图 2-137 所示。

图 2-137　选择"复制"选项

选择源图元，按下空格键，单击拾取墙中心线为镜像轴，向右镜像复制图元的结果如图 2-138 所示。

图 2-138　镜像复制图元

单击"修改"面板上的"偏移"命令按钮，在面板左下角的"偏移"选项中输入偏移距离为"3000"，勾选"复制"选项，如图 2-139 所示。

图 2-139　设置偏移距离

单击源图元，系统可按照所设定的偏移距离来偏移复制图元，如图 2-140 所示。

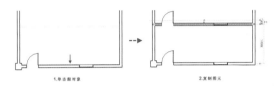

图 2-140　复制图元

2.4.3　快捷键

通过单击面板上的命令按钮可以直接调用命令，或者通过键盘输入与命令相对应的快捷键，也可以执行相应的命令。在绘图区的空白处单击鼠标右键，调出如图 2-141 所示的右键菜单。选择"重复 [上一次命令]"选项，可以执行上一次所执行的命令。选择"最近使用的命令"选项，在弹出的子菜单中显示了最近使用的几项命令，选择选项可以调用相应的命令。

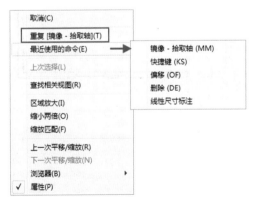

图 2-141　右键菜单

通过在键盘上输入字母代码来执行命令是最常用也是最快捷的执行命令的方法。Revit Architecture 的快捷键命令由两位字母组成，如"OF"（偏移命令）"DE"（删除命令）"CO"（复制命令）等。

将光标置于命令按钮上（如"复制"命令按钮），弹出如图 2-142 所示的提示框，在其中显示了该命令按钮的名称，并在名称后的括号内显示与其相对应的快捷键（如复制 CO）。

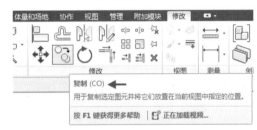

图 2-142　显示提示框

快捷键的字母代码并非一成不变，用户可以自定义快捷键字母的组成。选择"视图"选项卡，单击"用户界面"命令按钮，在列表中选择"快捷键"选项，如图 2-143 所示。

图 2-143　选择"快捷键"选项

调出如图 2-144 所示的【快捷键】对话框。在列表中选择其中的一项（如"类型属性"），在"按新键"选项中输入字母代码，单击右侧的"指定"按钮，可以完成设置快捷键的操作。

图 2-144 【快捷键】对话框

单击"导出"按钮，可以将当前的快捷键设置以xml格式文件导出并保存。单击"导入"按钮，将

".xml"的文件导入，系统将按照文件中所定义的快捷键样式来更新设置。

有时候会出现重复指定快捷方式的情况，此时系统将弹出如图 2-145 所示的【快捷方式重复】对话框。其中的信息显示系统允许重复指定快捷键，在执行命令的时候需要在状态栏中来选择相对应的命令。

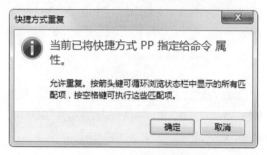

图 2-145 【快捷方式重复】对话框

2.4.4 临时尺寸标注

选择图元，在图元的周围可显示蓝色的尺寸标注。通过识读尺寸标注上的参数，可以了解所选图元与邻近图元之间的关系，为编辑图形提供方便。当取消选择该图元时，尺寸标注便立即消失，因此又将此类尺寸标注称为临时尺寸标注。

临时尺寸标注是可以执行修改，使其符合使用需求的。选择图元（例如窗图元），激活尺寸标注的圆形夹点，如图 2-146 所示。按住鼠标左键不放，向右移动至目标点，如图 2-147 所示。松开鼠标左键，即可完成调整尺寸标注的操作，如图 2-148 所示。

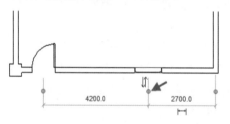

图 2-146 激活夹点

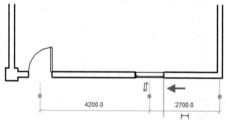

图 2-147 移动夹点

如上所述，临时尺寸标注并非固定不变，是可以进行编辑修改从而为用户所用。通过修改临时尺寸标注，在需要尺寸标注参考时，可以避免使用尺寸标注来绘制，既方便实用，又灵活多变，用户应该掌握这一工具的使用技巧。

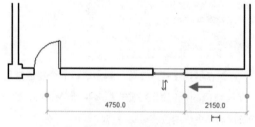

图 2-148 调整夹点的位置

第3章

标高与轴网

Revit Architecture 中的项目模型是由各类建筑构件组成,即墙体、门、窗等。创建信息模型的基本步骤为,首先将各种建筑构件放入模型中,然后分别调整构件的参数。由于每一个建筑构件都是组成建筑信息模型中的主体,因此当某一构件被调入该项目模型时,即可生成一个族的实例。

以调入窗构件为例,首先设置窗的类型属性(例如推拉窗、平开窗),然后设置窗的实例属性(例如高度、宽度),最后指定窗的插入点,这样就完成绘制窗构架的操作。

熟练掌握各类建筑构件的布置方式,是使用 Revit Architecture 制作建筑模型的关键,本章将介绍创建标高与轴网的方法。

3.1 标高

使用 AutoCAD 制图，首先绘制图形，然后绘制标高。而 Revit Architecture 正相反，需要首先绘制标高，再绘制其他建筑构件。标高用来反映各类建筑构件在高度方向上的定位信息，是建筑构件在立面图、剖面图、平面图中定位的重要依据。

3.1.1 绘制标高

单击菜单浏览器按钮，在列表中选择"新建"→"项目"选项，在如图 3-1 所示的【新建项目】对话框中选择"建筑样板"，单击"确定"按钮，创建一个空白项目。

图 3-1 【新建项目】对话框

新建项目默认打开平面视图，此时"标高"命令不可用。单击展开项目浏览器中的"立面"视图类别，双击"南立面"，可转换至南立面图。如图 3-2 所示为系统默认创建的标高，可以在此基础上执行绘制标高的操作。

图 3-2 切换视图

选择"建筑"选项卡，单击"基准"面板上的"标高"命令按钮 ⁻¹◆，如图 3-3 所示，此时系统进入"修改 | 放置标高"模式。

图 3-3 "建筑"选项卡

> **提示**
>
> 在 Revit 的早期版本（2013 版本以前）中，"建筑"选项卡的名称为"常用"选项卡，从 2013 版本开始，更名为"建筑"选项卡。

在"绘制"面板上选择"直线"按钮☑，如图 3-4 所示。在命令面板左下角的选项栏中，勾选"创建平面视图"选项，设置偏移量为"0"，如图 3-5 所示。

图 3-4 选择"直线

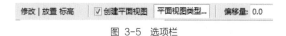

图 3-5 选项栏

> **提示**
>
> 选择"直线"绘制方式，可以创建一条直线或者一连串连接的线段，使所绘制的标高图元位于一条直线上。

在选择栏上单击"平面视图类型"按钮，调出如图 3-6 所示的【平面视图类型】对话框，选择"楼层平面"选项，单击"确定"按钮退出对话框。在"属性"选项板中选择标高的样式，如图 3-7 所示。

图 3-6 【平面视图类型】对话框

图 3-7 "属性"选项板

提示

选择"楼层平面"选项，在绘制标高的时候系统可以自动为标高创建与标高同名的楼层平面视图。其中，按住 <Ctrl> 键可以执行多重选择，按住 <Shift> 键，可以执行减选操作。

将鼠标移至"F2"标高左侧端点的上方位置，随着鼠标的移动，可以显示如图 3-8 所示的蓝色虚线，显示目前为标高的绘制状态。

图 3-8 指定起点

单击鼠标左键确定为标高的起点，水平向右移动鼠标，当鼠标指针的位置与标高"F2"的右侧端点对

齐时，将显示如图 3-9 所示的蓝色虚线。

图 3-9 指定端点

单击鼠标左键确认为标高的端点，按下两次 <Esc> 键退出标高绘制命令。绘制标高的结果如图 3-10 所示，系统将新绘制的标高命名为"F3"，即在原有标高"F2"的基础上加"1"，系统自动创建"F3"楼层平面视图，可以在项目浏览器中的"楼层平面"视图类别中查看。

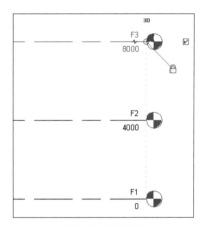

图 3-10 绘制标高

3.1.2 复制标高

选择 F3 标高，切换至"修改|标高"选项卡，单击"复制"命令按钮，在面板左下角的选项栏中勾选"多个"选项，如图 3-11 所示。

图 3-11 单击"复制"命令按钮

提示

选择"多个"选项，可以连续复制多个标高，取消选择该项，当完成复制一个标高的操作后即退出命令。

确认当前为复制标高的状态，如图 3-12 所示。在标高上单击鼠标左键，可以开始执行复制操作。

图 3-12 进入复制状态

向上垂直移动鼠标，输入距离值"3000"，如图 3-13 所示。按下 <Enter> 键，复制得到"F4"标高的结果如图 3-14 所示。系统默认在"F3"的基础上命名下一个标高，即"F4"，通过临时尺寸标注，查看"F3"与"F4"之间的间距为"3000"。

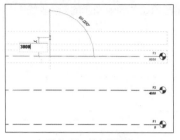

图 3-13　输入距离值

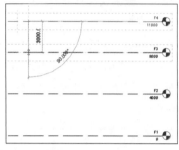

图 3-14　复制标高

继续执行上述操作，向上移动鼠标，输入距离值，按下<Enter>键可以连续执行复制标高的操作，如图3-15所示。最后按下两次<Esc>键退出命令即可。

图 3-15　连续复制

> **提示**
>
> 系统为了表示已生成楼层或者天花板平面视图的标高，使用颜色进行了区分。如图 3-15 所示，F1、F2、F3 的标高标头颜色为蓝色，表示已生成了平面视图、F4、F5、F6 的标高标头为黑色，表示未生成平面视图。

3.1.3　阵列标高

选择"F3"标高，进入"修改|标高"选项卡，在"修改"面板上单击"阵列"命令按钮，在面板左下角的选项栏中取消勾选"成组并关联"选项，设置"项目数"为"3"，选择移动到"最后一个"，取消勾选"约束"选项，如图3-16所示。

图 3-16　单击"阵列"命令按钮

在"F3"标高上单击鼠标左键，如图 3-17 所示，向上移动鼠标，输入距离参数值"8000"，如图 3-18 所示。

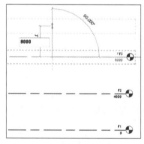

图 3-18　输入距离参数值

按下<Enter>键，完成阵列复制"F3"标高的操作，如图3-19所示。在"修改|标高"选项栏中未选择"成组并关联"选项，因此阵列复制结果不会互相干扰。"F4、F5"标高标头为黑色，表示未生成楼层平面及天花板平面，与"F4、F5"位于同一组的"F3"保持原有设置未变，即标高标头为蓝色，仍然保留了楼层平面及天花板平面。

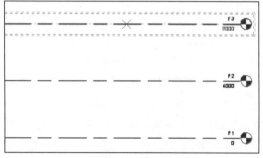

图 3-17　选择源标高

图 3-19　阵列复制标高

双击 F3 进入编辑模式，在绘图区左上角调出"编辑组"面板，如图 3-20 所示，可以对 F3 标高执行添加或者删除等操作，修改完毕，单击"完成"按钮退出编辑操作。

综上所述，"成组并关联"的否定意义是源标高与目标标高被组合为一个组，但是又各自保持其独立性。

在"修改 | 标高"中设置"项目数"为"3"，表示"1（源标高）+2（目标标高）=3"。设置距离值为"8000"，表示 3 个标高之间的距离总和为"8000"，且每个标高之间的间距一致。即"F3"与"F4"之间的距离为"4000"，"F4"与"F5"之间的距离也为"4000"。

图 3-20　"编辑组"面板

3.1.4　编辑标高

在标高线上单击鼠标左键，可以在标高线与标头周围显示如图 3-21 所示的符号，例如临时尺寸标注、3D/2D 切换按钮、标头对齐锁、标头对齐线等。通过利用这些符号，可以对标高执行编辑。

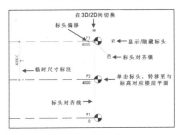

图 3-21　显示符号

1. 修改标高值

在 F3 标高值上单击鼠标左键，进入在位编辑框，按下 <Delete> 键删除原有的标高值，键入"6500"，如图 3 -22 所示。按下 <Enter> 键可以完成修改标高值的操作，同时系统会根据所设置的标高值调整标高线的位置。因为重新设置的标高值为"6500"，比原有的标高值"8000"小，因此标高线向下移，以适应所设置的参数，如图 3-23 所示。

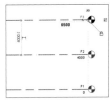

图 3-22　键入新值

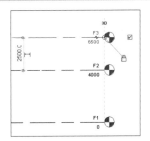

图 3-23　设置新值

2. 调整标头位置

选中标高线，在标头的左侧显示空心圆形，单击激活圆形，水平移动鼠标，可以同时调整所有标头的位置，如图 3-24 所示。单击"标头对齐锁"按钮，使其处于解锁状态，可以单独调整单个标头的位置，如图 3-25 所示，而不会影响其他标头。

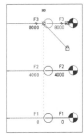

图 3-24　同时调整标头位置

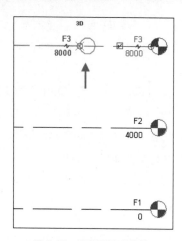

图 3-25　单独调整标头位置

3. 切换 3D/2D

Revit Architecture 的优点就是高效的联动性，可以达到协同修改的目的。如上一小节所介绍的调整标头位置，在立面图中调整标头位置后，可以同步在平面视图中进行联动修改。

当单击标头上方的 3D 符号，使其转换为 2D 符号时，对于标头位置的调整可以仅仅影响当前视图。

4. 显示 / 隐藏标头

单击标头右侧的"显示 / 隐藏标头"按钮 ☑，可以控制标头在视图上的显示（图 3-26）或者隐藏（图 3-27）。

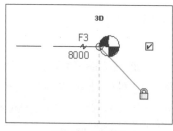

图 3-26　显示标头

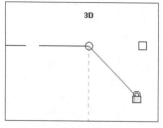

图 3-27　隐藏标头

5. 添加弯头

因为距离过近，使得标高值发生重叠以致不能清晰显示的情况时有发生，如图 3-28 所示。在标高线上单击以选中标高，单击标高值上方的"添加弯头"按钮，可以创建折弯样式，如图 3-29 所示。单击鼠标左键激活蓝色实心圆点，移动鼠标，调整折弯线的位置，以清楚显示标高值，如图 3-30 所示。

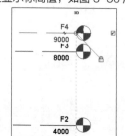

图 3-28　单击"添加弯头"按钮

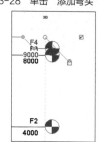

图 3-29　创建折弯样式

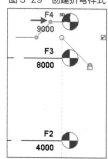

图 3-30　调整折弯线的位置

6. 设置影响范围

对当前视图中的标高进行相应的设置后，可以将其影响至其他视图，避免重复设置。在"修改 | 标高"选项卡下单击"基准"面板上的"影响范围"按钮，如图 3-31 所示。

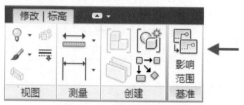

图 3-31　"基准"面板

调出【影响基准范围】对话框，在其中选择待影响的视图，如图 3-32 所示，单击"确定"按钮，可以完成设置影响范围的操作。

图 3-32　【影响基准范围】对话框

3.1.5　实例——绘制住宅楼标高

创建住宅楼项目的第一步是创建标高，以标高为参考，确定各建筑构件的位置及尺寸。本节以空白的项目模板为例，介绍创建住宅楼标高的操作方式。

⭐01　单击 Revit Architecture 的"应用程序菜单"按钮，在列表中选择"新建"→"项目"选项，调出【新建项目】对话框。

⭐02　在对话框中单击"浏览"按钮，选择"资源 / 03/ 项目模板 2016.ret"文件，如图 3-33 所示。

图 3-33　【新建项目】对话框

⭐03　单击"打开"按钮，返回【新建项目】对话框，如图 3-34 所示，单击"确定"按钮，打开项目样板文件。

图 3-34　【新建项目】对话框

⭐04　选择"管理"选项卡，在"设置"面板上单击"项目单位"命令按钮，如图 3-35 所示。

图 3-35　单击"项目单位"按钮

⭐05　在【项目单位】对话框中选择"规程"类型为"公共"，依次设置长度、面积、体积等的单位，如图 3-36 所示。单击"确定"按钮关闭对话框。

图 3-36　【项目单位】对话框

⭐06　在项目浏览器中单击"立面"视图类别前面的"+"，在展开的视图类型类别中选择"南立面"选项，如图 3-37 所示。

图 3-37　选择"南立面"选项

⭐07　在"南立面"选项上双击鼠标左键，转换至南立面图，如图 3-38 所示。

图 3-38　转换至南立面图

因为标高需要在立面图上创建，因此在执行该项操作前，首先要转换至南立面图。

⭐08 选择"建筑"选项卡，在"基准"面板上单击"标高"命令按钮，在"修改|放置 标高"选项栏上勾选"创建平面视图"选项，设置"偏移量"为"0"，如图3-39所示。

| 修改 \| 放置 标高 | ☑ 创建平面视图 | 平面视图类型... | 偏移量: 0.0 |

图3-39 "修改|放置 标高"选项栏

⭐09 将鼠标左键置于标高"F2"标头上，向上移动鼠标，此时显示蓝色虚线，且临时尺寸标注随着鼠标的移动而实时变化,在键盘上键入"2800"，如图3-40所示。

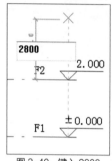

图3-40 键入2800

⭐10 按下<Enter>键，向左移动鼠标，如图3-41所示。

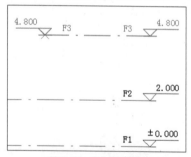

图3-41 向左移动鼠标

⭐11 通过蓝色虚线对齐左侧的标头，如图3-42所示。

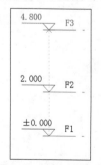

图3-42 对齐左侧的标头

⭐12 单击鼠标左键，完成创建标高"F3"的操作，如图3-43所示。

图3-43 创建标高"F3"

⭐13 重复执行上述操作，设置间距为"2800"，陆续在标高"F3"的上方创建标高"F4~F8"，如图3-44所示。

图3-44 创建标高"F4~F8"

⭐14 设置距离值为"2690"，在标高"F9"的基础上创建标高"F10"，如图3-45所示。

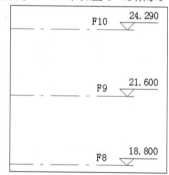

图3-45 创建标高"F10"

⭐15 在"建筑"选项卡中的"基准"面板上单击"标高"命令按钮，在"属性"面板上选择标高标头的样式为下标头，如图3-46所示。

图3-46 修改标高样式

选择标高标头样式为"上标头"，所创建的标高为正值，选择"下标头"样式，所创建的标高为负值。

⭐16　鼠标置于标高"F1"上，向下移动鼠标，引出蓝色虚线，键入距离参数"600"，单击鼠标左键，向左移动鼠标，通过蓝色虚线捕捉标高"F1"左侧标头，单击鼠标左键，完成创建标高的结果如图 3-47 所示。

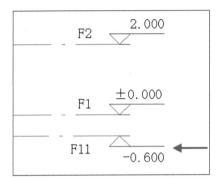

图 3-47　创建标高

⭐17　在标高名称上双击鼠标左键，进入在位编辑框，在其中键入新标高名称，如图 3-48 所示。

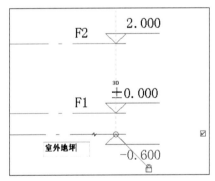

图 3-48　键入文字

⭐18　按下 <Enter> 键，系统调出如图 3-49 所示的 Revit 对话框，单击"是"按钮。

图 3-49　Revit 对话框

⭐19　修改标高名称的结果如图 3-50 所示。

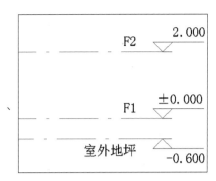

图 3-50　修改标高名称

⭐20　同时在项目浏览器中可以观察到与其相对应视图的名称也被修改，如图 3-51 所示。

图 3-51　修改视图名称

⭐21　住宅楼标高的创建结果如图 3-52 所示。

图 3-52　创建标高

单击右上角的应用程序菜单按钮，在调出的列表中选择"保存"选项，在【另存为】对话框中设置文件的名称、保存路径。单击对话框右下角的"选项"按钮，调出如图 3-53 所示的【文件保存选项】对话框。在"最大备份数"选项中设置文件的备份数目，系统会按照所设定的数目来生成相应的备份文件，如图 3-54 所示，并在文件名称后添加"001"作为后缀。

图 3-53 【文件保存选项】对话框

在绘图的过程中会实时执行保存图形的操作，每保存一次可生产一次备份文件。当用户所执行的保存次数达到"最大备份数"的数值时，系统可自动删除超出的备份文件，始终保持存储份数与所设定的数值相当。

提示

在项目浏览器中选择视图名称，单击鼠标右键，在调出的快捷菜单中选择"重命名"选项，或者在视图名称上单击鼠标左键，按下 <F2> 键，都可调出如图 3-55 所示的【重命名视图】对话框，修改名称，单击"确定"按钮完成重命名操作。

图 3-54 备份文件

图 3-55 【重命名】对话框

3.2 轴网

与创建标高需要在立面视图中操作不同，创建轴网时需要转换至平面视图。执行创建标高操作后，转换至任意平面视图，可以开始创建轴网

3.2.1 创建轴网

选择"建筑"选项卡，单击"基准"面板上的"轴网"命令按钮，转换至"修改 | 放置 轴网"选项卡，在左下角的选项栏中设置"偏移量"为"0"，在"绘制"面板中选择"直线"按钮，确认当前的绘制方式为"直线"，如图 3-56 所示。

图 3-57 "属性"面板

图 3-56 "建筑"选项卡

在绘图区界面左上角的"属性"面板中，设置轴网类型为"5mm 编号"，如图 3-57 所示。在绘图区的空白处单击鼠标左键以确定轴线的起点，向上垂直移动鼠标，在适当的位置单击鼠标左键以确定轴线的终点，完成轴线的绘制，如图 3-58 所示。

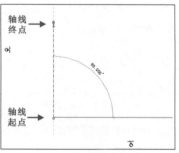

图 3-58 绘制轴线

对于新创建的轴线，系统会自动命名，如图 3-59 所示为将所绘制的垂直轴线轴号命名为"1"。确认当前仍为轴线的绘制状态，从轴线"1"上向右引出蓝色虚线，同时显示临时尺寸标注，如图 3-60 所示。

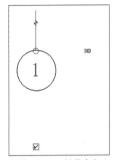

图 3-59　轴号命名

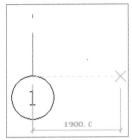

图 3-60　引出蓝色虚线

键入轴线距离参数"3500"，在轴线"1"右侧单击鼠标左键，确定另一轴线的起点，如图 3-61 所示。向上移动鼠标，在捕捉到左侧轴号"1"对齐位置时，如图 3-62所示，单击鼠标左键，完成轴线"2"的创建。

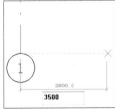

图 3-61　键入轴线参数

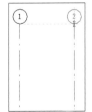

图 3-62　捕捉对齐

在蓝色虚线的辅助下，通过对齐上下轴号来创建轴线，以保持轴线的整齐，如图 3-63 所示。重复前面所述的操作，继续创建轴线"3"、轴线"4"以及轴线"5"，如图 3-64 所示。

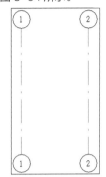

图 3-63　创建轴线"2"

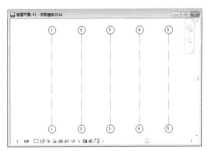

图 3-64　绘制垂直轴线的结果

在绘制轴线的状态下，在轴线"1"的左下角单击鼠标左键确定水平轴线的起点，向右水平移动鼠标，单击鼠标左键以确定轴线的终点，如图 3-65 所示。

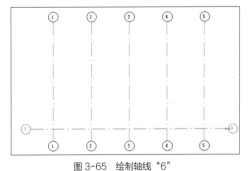

图 3-65　绘制轴线"6"

轴线绘制完成后，通过识读轴号可以得知，系统在轴号"5"的基础上对新轴线进行了自定义命名，将其命名为轴号"6"，如图 3-66 所示。

图 3-66　默认轴号

按照我国的建筑制图标准，水平方向上的轴号需要使用大写字母来表示，因此需要对其执行编辑操作。双击轴号以进入在位编辑状态，输入大写字母"A"，如图 3-67 所示。按下 <Enter> 键完成修改轴号的操作，如图 3-68 所示。

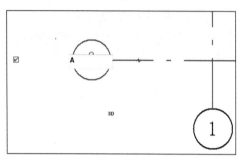

图 3-67　键入"A"

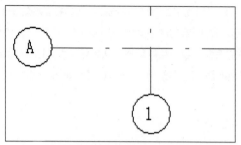

图 3-68　修改轴号

重复执行绘制轴网的操作，在 A 轴线的基础上继续绘制轴线，如图 3-69 所示。

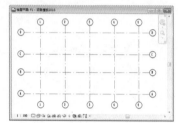

图 3-69　绘制水平轴线

提示

在对 A 轴线的轴号执行编辑修改后，随后在该基础上所创建的水平轴线的轴号都以 A 轴号为起始点，顺序命名，即 B 轴、C 轴、D 轴。

3.2.2　复制或阵列轴网

在已有轴线的基础上，选择轴线并执行复制或者阵列操作，可以快速地创建轴网。在轴线间距不相同的情况下，一般使用复制命令来复制轴线。

选择轴线 A，进入"修改|轴网"选项卡，在"修改"面板上单击"复制"命令按钮，如图 3-70 所示，可以开始执行复制轴线的操作。

图 3-70　单击"复制"命令按钮

向上移动鼠标，键入距离值"2500"，如图 3-71 所示。单击鼠标左键，可以在 A 轴上方创建新轴线，如图 3-72 所示。

提示

对于新轴轴号的命名，系统通常是在上一步骤所绘制轴线的基础上进行命名，因此会出现轴号不连贯的情况。

双击轴号"E"，将其修改为"B"，如图 3-73 所示。选择 B 轴，单击"修改"面板上的"复制"按钮，在"修改|轴网"选项栏中勾选"多个"选项，如图 3-74 所示。

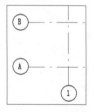

图 3-73　修改轴号

图 3-74　勾选"多个"选项

提示

勾选"多个"选项，可以对轴线执行连续复制操作。

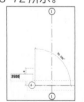

图 3-71　键入"2500"

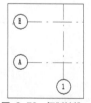

图 3-72　复制轴线

选择B轴向上连续复制，系统会在B轴号的基础上，对新创建轴线的轴号执行编号，如图 3-75 所示。

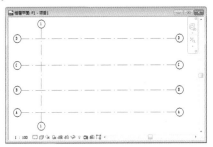

图 3-75 复制水平轴线

选择 1 轴线，进入"修改|轴网"选项卡，在"修改"面板上单击"阵列"命令按钮品，在右下角的选项栏中设置"项目数"为"5"，选择"最后一个"选项，如图 3-76 所示。

图 3-76 单击"阵列"命令按钮

3.2.3 拾取线以创建轴网

在"建筑"选项卡中的"基准"面板中单击"轴线"按钮，在"绘制"面板中单击"拾取线"按钮，如图 3-80 所示。通过使用该方式来创建轴线，可以根据绘图区中选定的现有墙、线或者边创建一条轴线。

图 3-80 单击"拾取线"按钮

将鼠标左键置于墙体中心线上，显示蓝色虚线，如图 3-81 所示。

图 3-81 拾取中心线

向右移动鼠标，引出蓝色虚线，键入轴线总距离参数"14000"，如图 3-77 所示。按下 <Enter> 键，可以按照所设定的数目及参数值阵列复制轴线，如图 3-78 所示。

图 3-77 键入距离值　　图 3-78 阵列复制垂直轴线

双击修改轴线编号，完成阵列复制轴线的操作，结果如图 3-79 所示。

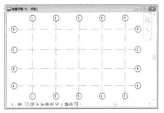

图 3-79 修改轴号

提示

在轴线间距一致的情况下才可以使用"阵列"命令来复制轴线。

单击鼠标左键，可以在拾取的中心线上创建轴线，如图 3-82 所示。使用"拾取线"方式创建的轴线，长度与图元边线长度一致。选择轴线，单击激活轴号上的轴线端点，即蓝色空心圆形，通过移动鼠标并单击鼠标左键来调整轴线标头位置，如图 3-83 所示。

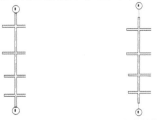

图 3-82 创建轴线　　图 3-83 调整轴线标头位置

重复地执行上述操作，可以在墙体的基础上创建轴网，如图 3-84 所示。

图 3-84 在墙体的基础上创建轴线

提示

使用“拾取线”工具所创建的轴线，其轴号也需要根据实际情况来自行修改。

3.2.4 编辑轴网

选择轴线，在轴线的周围显示如图 3-85 所示的符号。通过这些符号，可以编辑轴线属性，如更改轴网线型、调整标头位置等。

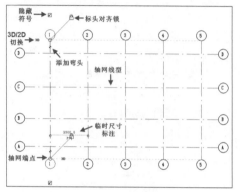

图 3-85　显示符号

1. 调整轴网尺寸

选择轴线，可以显示其与相邻的轴线的距离，如图 3-86 所示。单击其中一个临时尺寸标注，进入在位编辑状态，键入新的距离参数，如图 3-87 所示。

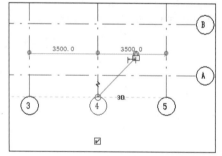

图 3-86　选择轴线

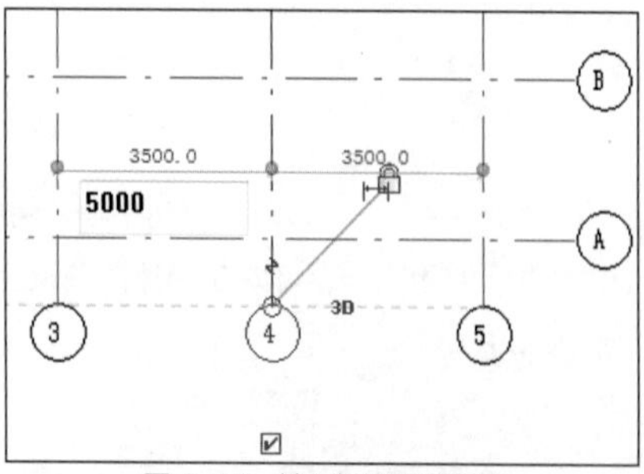

图 3-87　键入新的距离参数

按下 <Enter> 键，可以完成修改尺寸的操作，如图 3- 88 所示。

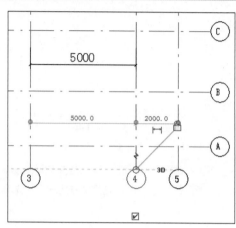

图 3-88　修改尺寸

2. 调整标头位置

选择轴线，单击标头上的端点（空心蓝色圆形），向下移动鼠标，引出蓝色虚线，可以同时调整位于同一直线上标头的位置，如图 3-89 所示。

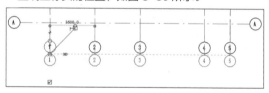

图 3-89　调整标头位置

鼠标移至合适位置，单击鼠标左键，完成调整标头位置的操作，如图 3-90 所示。

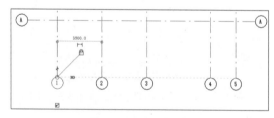

图 3-90　调整标头位置

3. 修改轴线类型属性

选择轴线，在“属性”面板中单击“编辑类型”按钮，如图 3-91所示。调出如图 3-92所示的【类型属性】对话框，通过更改其中的参数，可以设置轴网标头的样式、轴线中段、末段的线型及颜色等属性。

图 3-91　单击"编辑类型"按钮

图 3-92　【类型属性】对话框

提示

选择轴网，在"修改 / 轴网"选项卡中单击"属性"面板上的"类型属性"按钮，同样可以调出【类型属性】对话框。

在"轴线中段"选项中设置参数为"无"或者"自定义"，如图 3-93 所示。可以使得轴线显示为不穿过模型图元，如图 3-94 所示。

图 3-93　选择"无"选项

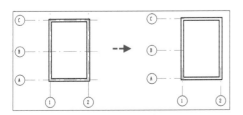

图 3-94　轴线显示为不穿过模型图元

选择轴线，在轴线上显示蓝色的实心圆点，如图 3-95 所示。单击圆点激活，拖动鼠标，可以调整轴线中段的起始位置。如图 3-96 所示，"1"轴为调整轴线中段起始位置前的结果，"2"轴为调整后的结果，轴线与图元未相交，可以清楚地显示图元以及轴线。

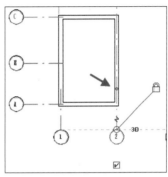

图 3-95　显示蓝色实心圆点

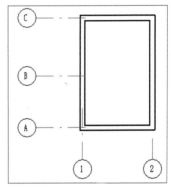

图 3-96　调整轴线中段起始位置

4. 调整"类型选择器"的选项板的位置

在"属性"面板上的"类型选择器"上单击鼠标右键，在调出的快捷列表中选择"添加到功能区修改选项卡"选项，如图 3-97 所示。可以将"属性"面板中的"类型选择器"添加至"修改"选项中去。

图 3-97　选择选项

在"类型选择器"上单击鼠标右键，选择"从功能区修改选项卡删除"选项，如图 3-98 所示，可以将其删除，恢复其位于"属性"面板的位置。

图 3-98　删除"类型选择器"

3.2.5　实例——绘制住宅楼轴网

前面小节介绍了创建及编辑轴网的方法，在本节中运用所学知识，学习如何创建住宅楼轴网。

⭐01　打开在 3.1.5 小节中绘制的住宅楼标高 .rvt 文件，执行"另存为"命令，在【另存为】对话框中设置文件的名称为住宅楼轴网，系统以 .rvt 格式保存文件。

⭐02　在项目浏览器中单击展开"楼层平面"视图类别，双击"F1"，转换至平面视图，开始创建轴网。

⭐03　选择"建筑"选项卡，在"基准"面板上单击"轴网"按钮，在绘图区的空白处单击鼠标左键指定轴线的起点，向上移动鼠标，单击鼠标左键确定轴线的终点，完成创建 1 轴的操作，如图 3-99 所示。

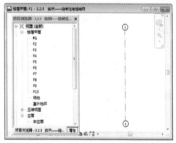

图 3-99　创建 1 轴

⭐04　在轴线放置状态下，继续创建轴线，分别在 1 轴的基础上创建 2 轴 ~33 轴，如图 3-100 所示。由于篇幅原因，在截图中不能清晰的显示轴线间距，请前往"资源 /03/3.2.5 实例——绘制住宅楼轴网 .rvt"文件中查看具体的间距尺寸。

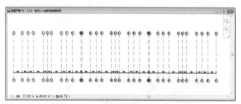

图 3-100　创建垂直方向上的轴线

⭐05　因为轴线间距的原因使得轴标相互重叠，在识图时容易混淆。选择轴线，单击如图 3-101 所示中的箭头所指的"添加弯头"按钮，可以为轴线添加弯头，并移动轴标的位置，方便其清晰显示，如图 3-102 所示。

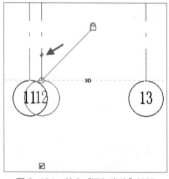

图 3-101　单击"添加弯头"按钮

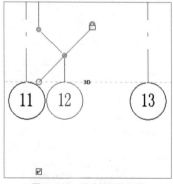

图 3-102　移动轴标的位置

06 通过添加弯头调整下开轴标后，不要忘记接着调整上开轴标的位置，如图 3-103所示。22轴与23轴的轴标也发生重叠，为其添加弯头以调整其位置，如图 3-104所示。

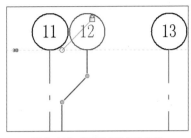

图 3-103　调整上开轴标的位置

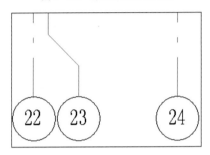

图 3-104　添加弯头

07 在"建筑"选项卡中的"基准"面板上单击"轴网"按钮，分别单击鼠标左键以创建水平方向上的进深轴线，系统在33轴的基础上为新轴线命名为34轴，如图 3-105所示。在34轴标内双击鼠标左键，输入新轴号为不"A"，按下<Enter>键完成修改，如图 3-106所示。

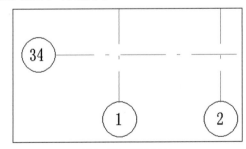

图 3-105　创建 34 轴

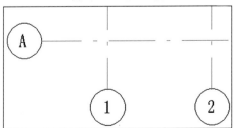

图 3-106　修改轴号

提示
待新轴号输入完毕后，在空白区单击鼠标左键，可以退出在位编辑状态，与按下 <Enter> 键得到的结果相同。

08 在 A 轴的基础上重复执行创建轴线的操作，系统将在 A 轴轴号的基础上对新轴线执行顺序命名，如图 3-107 所示。创建完成水平方向上的轴线后，与垂直轴线轴标相距过近，对于后续开展的绘图编辑工作极易造成不便，选择一根垂直轴线，通过拖曳其轴标端点来修改其位置，如图 3-108 所示为将垂直方向上的轴标集体向上移动的结果。

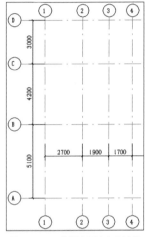

图 3-107　绘制水平方向上轴线

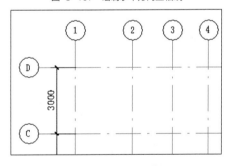

图 3-108　调整轴标位置

09 如图 3-109 所示为住宅楼轴网的最终创建结果，请前往"资源 /03/3.2.5 实例——绘制住宅楼轴网 .rvt"文件中查看与轴网有关的具体信息。

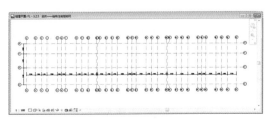

图 3-109　住宅楼轴网

⭐10 在F1视图中对轴网所做的编辑修改，仅影响当前视图，不会对其他楼层视图造成影响。要想影响其他楼层，需要在"修改|轴网"选项卡中的"基准"面板中单击"影响范围"按钮🔲，调出【影响基准范围】对话框，在其中勾选需要影响的楼层视图，如图 3-110 所示，单击"确定"按钮关闭对话框完成操作。

图 3-110 【影响基准范围】对话框

⭐11 切换至南立面视图，查看轴网在其中的显示状况，如图 3-111 所示。

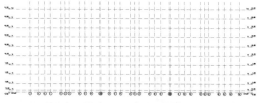

图 3-111 南立面视图

⭐12 选择 1 轴，单击"标头对齐锁"按钮🔒，使其处于解锁状态，单击轴标端点，向下调整轴标位置。

通过单击轴线上的"添加弯头"按钮，分别为 12 轴、23 轴添加弯头，如图 3-112 所示。

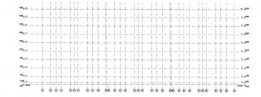

图 3-112 调整轴网显示结果

> **提示**
>
> 在南立面视图中，轴标的位置需要逐个调整。不可以同在 F1 视图中一样的操作，通过调整其中一个轴标的位置而影响与其同一方向上的其他轴标位置。

⭐13 单击"影响范围"按钮🔲，在【影响基准范围】对话框中勾选"立面：北立面"选项，如图 3-113所示，可以使得在南立面视图中对轴网的修改结果影响北立面视图。切换至北立面视图，查看轴网的显示结果，可以发现与在南立面视图中的显示结果相一致。

图 3-113 勾选"立面：北立面"选项

3.3 柱子

Revit Architecture 将柱子分为两种样式，一种是结构柱，另外一种是建筑柱。完成创建标高及轴线的操作后，通过捕捉轴网的交点来放置柱子。

3.3.1 建筑柱

建筑柱与墙面相交，可与墙面自动连接，并将继承墙的属性。建筑柱适合用于墙垛或者墙面上的突出结构，也可使用建筑柱围绕结构柱创建柱框外围模型，并应用于装饰中。

选择"建筑"选项卡，单击"构建"面板上的"柱"按钮，在列表中选择"建筑柱"选项，如图 3-114所示，启用"建筑柱"工具。在轴网的交点单击鼠标左键，可以放置建筑柱，如图 3-115所示。连续单击鼠标左键，可以继续放置建筑柱。

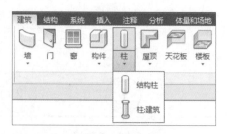

图 3-114 选择"建筑柱"选项

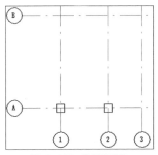

图 3-115　放置建筑柱

在"属性"选项板中单击柱子名称选项，在调出的列表中显示了多种类型的建筑柱，如图 3-116 所示，单击以选择柱子样式。在"限制条件"选项组下设置柱子的参数，如图 3-117 所示。在"底部标高"选项与"顶部标高"选项中选择标高类型，以确定柱子的高度。选择"随轴网移动"选项，在移动轴网时，柱子会跟随轴网一起移动，避免因编辑轴网而使得柱子的位置发生错误。选择"房间边界"选项，可以在放置柱子之前将其指定为房间边界。

图 3-116　类型列表

图 3-117　设置参数

单击"类型属性"按钮，进入【类型属性】对话框。在"类型"选项中可以选择建筑柱的类型，在"图形""材质"选项组下可以更改建筑柱的填充颜色及填充样式，修改"尺寸标注"选项下的参数来控制柱子的深度、宽度及高度，如图 3-118 所示。

图 3-118　【类型属性】对话框

转换至南立面视图，查看柱子的立面效果，如图 3-119 所示。

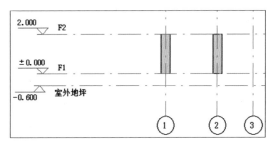

图 3-119　南立面视图

> **提示**
>
> 假如在"属性"选项板中没有所需要的柱子类型，可启用"载入族"工具，从外部载入族文件，然后在"属性"选项板中修改柱子的相关参数。

3.3.2　附着柱

默认情况下，柱子与建筑物的屋顶、楼板和天花板并不是附着在一起的，需要启用编辑工具编辑柱子，使其附着于屋顶、楼板、天花板。

选择建筑柱，进入"修改"|"柱"选项卡，单击"修改柱"面板上的"附着-顶部/底部"按钮，如图 3-120 所示。

图 3-120　"修改柱"面板

选择"顶"或者"底"选项，可以设置柱子将要附着的部分。在"附着样式"选项里，提供了三种不同的样式，分别为"剪切柱""剪切目标""不剪切"。在"附着对正"选项里，同样有三种附着样式。在"从附着物偏移"选项中设置参数，设置柱子超出附着物的距离。"修改"|"柱"选项栏参数选项如图 3-121 所示。

也可被目标剪切，选择"不剪切"选项，则两者都不被剪切。启用"附着"工具后，单击目标，可以按照所设定的参数执行附着操作。

选择"附着样式"为"剪切目标"和"附着对正"，各样式的操作结果如图 3-122 所示。

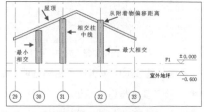

图 3-121 "修改"|"柱"选项栏

目标（如屋顶、楼板、天花板）可被柱剪切，柱

图 3-122 附着柱

3.3.3 结构柱

结构柱适合于钢筋混凝土柱等于墙面材质不同的柱子类型，是承载梁和楼板等构件的独立构件。结构柱与墙面相交也不影响两个构件的属性，各自独立。结构图元，例如梁、支撑和独立基础与结构柱连接，不会与建筑柱连接。

在"柱"列表下选择"结构柱"选项，转换至"修改|放置 结构柱"选项卡，单击"多个"面板上的"在轴网处"按钮，如图 3-123所示。在平面视图中以交叉框选的方式选择需要创建结构柱的轴网，可以在所选的轴网交点处预览结构柱图形。单击"完成"按钮，创建结构柱如图 3-124所示。

在放置结构柱的过程中，按下空格键旋转结构柱。每按一次空格键，结构柱旋转90°，以与轴网对齐。在没有轴网的区域放置结构柱，按空格键也会使结构柱旋转90°。

在"多个"面板单击选择"在柱处"按钮，在平面视图中选择建筑柱，可以预览结构柱图形，如图 3-125 所示。单击"完成"按钮，将结构柱放置于建筑柱的结果如图 3-126 所示。也可选择多个建筑柱以放置结构柱。

图 3-123 "多个"面板

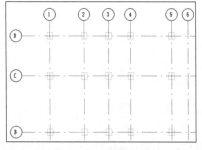

图 3-124 放置结构柱

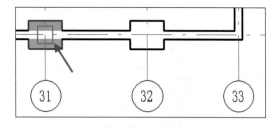

图 3-125 预览图形

> **提示**
>
> "交叉选取方式"，即按住鼠标左键不放，从点击处右下角向左上角拖出选框，与选框边界相交的图形将会被选中。

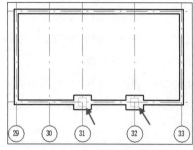

图 3-126 在建筑柱内放置结构柱

AUTODESK
REVIT

第4章

墙体与幕墙

Revit Architecture 中提供了绘制两大类型墙体的工具，即墙与幕墙系统，在这两大类别下又进行细分，如在墙类别下，包含建筑墙、结构墙及面墙，此外还有位于墙面上的装饰构件，如饰条、分隔条。通过运用这些工具，可以创建各种类型的墙体。

参照平面可以提供参考作用，在绘制墙体的过程中尤为重要。本章将介绍参照平面工具的基本使用方法，而后在实例操作的讲述中会介绍其在具体工作中的运用方法。

4.1 参照平面

参照平面不能从字面意思上来将其理解成一个平面。实际上参照平面在平面视图中表现为绿色的虚线，通常一根虚线表示一个参照平面。在绘制图形的时候，特别是绘制墙体时，经常通过参照平面来确定其起点或者终点，或者在参照平面的帮助下，执行对齐墙体的操作。

4.1.1 添加参照平面

选择"建筑"选项卡，单击"工作平面"面板上的"参照平面"按钮 ，如图 4-1 所示，启动绘制参照平面命令。在"修改|放置 参照平面"选项卡中，在"绘制"面板上单击"直线"按钮 ，设置"偏移量"为"0"，如图 4-2 所示。

图 4-1　单击"参照平面"按钮

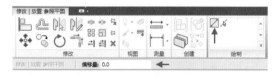

图 4-2　单击"直线"按钮

单击鼠标左键拾取参照平面的起点，如在轴线上单击鼠标左键，如图 4-3 所示，以此为起点，向下移动鼠标。再次单击鼠标左键以指定参照平面的终点，如图 4-4 所示。

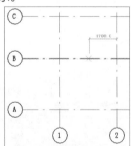

图 4-3　指定起点

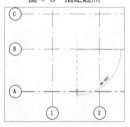

图 4-4　指定终点

绘制完成的参照平面以绿色的虚线显示，如图 4-5 所示。选择参照平面虚线，显示临时尺寸标注，标注其与周围图形的尺寸关系。单击虚线顶部的蓝色圆圈，通过拖曳鼠标改变端点位置以改变参照平面。

在"偏移"选项中设置偏移距离值，如"1200"，单击指定现有线的一点，例如以 A 轴与 1 轴的交点为起点，如图 4-6 所示。

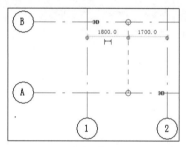

图 4-5　创建参照平面

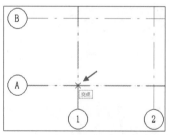

图 4-6　拾取交点

向右移动鼠标，拾取 A 轴与 2 轴的交点为终点，确定参照平面的范围，如图 4-7 所示。单击鼠标左键完成参照平面的创建，绿色虚线与现有线之间的间距为"1200"，如图 4-8 所示。

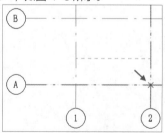

图 4-7　指定终点

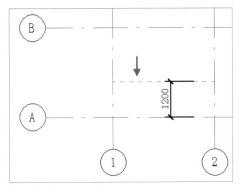

图 4-8 创建结果

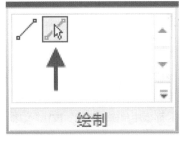

图 4-9 单击"拾取线"按钮

在"绘制"面板中单击"拾取线"按钮，如图 4-9 所示，通过拾取绘图区中已有的墙、线或者边创建参照平面轮廓线。在"偏移"选项中设置距离参数为"2000"，将鼠标置于墙面轮廓线，可以预览按照平面的创建结果。单击鼠标左键，可以按照所设定的距离值，在所选中的墙体的基础上创建参照平面，如图 4-10 所示。

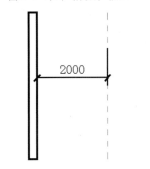

图 4-10 以墙体为参考创建参照平面

> **提示**
> 假如设置"偏移"值为"0"，则所创建的参照平面绿色虚线与所选的参考图元相重叠。

4.1.2 编辑参照平面

有时候需要创建多个参照平面以辅助绘图，通过为参照平面命名，可以方便识别，避免混淆。选择创建完成的参照平面虚线，在"属性"选项板中的"名称"栏中输入名称，例如"A"，如图 4-11 所示，单击右下角的"应用"按钮，可以完成赋予其名称的操作。

在任意选择已命名的参照平面后，都可以在"属性"选项板中查看其名称。

图 4-11 "属性"选项板

> **提示**
> 命名的方式并不一定必需使用大写字母，可以根据自己的喜好、以数字、文字，或者其他方式来命名，以方便识读为命名前提。

4.2 墙体

墙体是建筑设计中重要的建筑构件，Revit Architecture 提供了绘制和编辑各类墙体的命令。

在创建墙体前，Revit Architecture 要求用户首先定义墙体的属性，例如墙厚、做法、材质、功能等，在后期制作明细表时，可以在表格中详细的显示墙体的相关参数，方便统计。

4.2.1 创建墙体

在"建筑"选项卡中的"构建"选项卡上单击"墙"按钮 ，在展开的列表中单击"墙：建筑"按钮，如图 4-12 所示。系统转换至"修改|放置 墙"选项卡，在"绘制"面板中单击"直线"按钮 ✏️，如图 4-13 所示。

图 4-12 "墙"列表

图 4-13 "修改|放置 墙"选项卡

在面板下方的"修改|放置 墙"选项栏中，设置高度为"F2"，"定位线"为"墙中心线"，勾选"链"选项，设置"偏移量"为"0"，如图 4-14 所示。

图 4-14 "修改|放置 墙"选项栏

> **提示**
>
> 勾选"链"选项，可以连续绘制墙体。否则在绘制完成一段墙体后，会暂时退出墙绘制命令，需要重新单击指定起点与终点来绘制墙体。

单击 Ⓐ 轴与①轴的交点为墙的起点，如图 4-15 所示。向上垂直移动鼠标，单击 Ⓒ 轴与①轴的交点为终点，如图 4-16 所示。

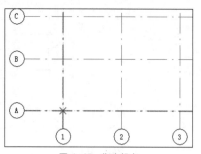

图 4-15 指定起点

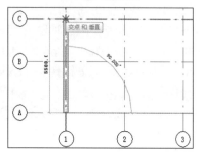

图 4-16 指定下一点

向右移动鼠标，单击 Ⓒ 轴与③轴的交点为墙的下一个点，接着向下移动鼠标，单击 Ⓐ 轴与③轴的交点为墙的终点，按下两次 <Esc> 键退出命令，结束墙体的绘制，如图 4-17 所示。

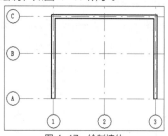

图 4-17 绘制墙体

在"偏移量"选项中键入偏移距离"120"，在绘制墙体的时候，系统在中心线的基础上往外偏移"120"以创建墙体轮廓线，如图 4-18 所示。假如偏移量为"0"，则在中心线的两侧对称布置墙体（墙宽为 240）。

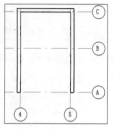

图 4-18 偏移距离为 120

“高度”右侧的选项参数用来设置标高来作为墙的顶部位置，系统默认选择“F2”。在选项列表中选择“未连接”选项，可以激活其后面的文本选项，通过输入参数值来指定墙体的标高，如图 4-19 所示。

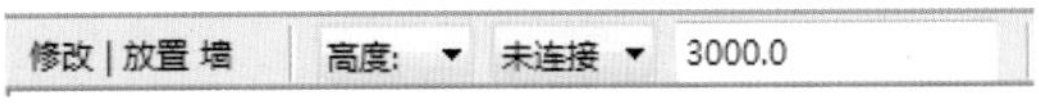

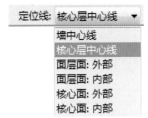

图 4-19　设置标高

在“定位线”选项中，系统提供了定位墙体的方式，分别是墙中心线、核心层中心线、面层面：外部、面层面：内部、核心面：外部、核心面：内部。单击选项调出列表，在其中转换墙体的定位方式，如图 4-20 所示。

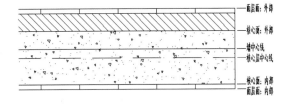

图 4-20　“定位线”选项表

提示

将标高设置为“F2”，表示所绘墙体的高度由当前视图标“高 F1 到标高 F2”。

在“定位线”列表中选择不同定位线，在绘制墙体时以所设置的定位线为基准开始墙体的绘制，如图 4-21 所示为墙体中各定位线的位置示意图。

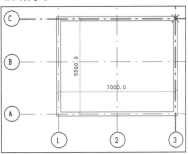

图 4-21　墙体定位线

在绘制墙体的时候，可以通过键入距离参数来控制墙体的长度。选择绘制完成的墙体，可以临时显示其与周围其他墙体的间距尺寸。

除了“直线”绘制方式，Revit Architecture 还提供其他的绘制方式。在“绘制”面板中单击“矩形”按钮，通过指定两个对角来创建墙体。单击 Ⓐ 轴与①轴的交点作为矩形墙的对角点，向右上角移动鼠标，单击 Ⓒ 轴与③轴的交点为另一对角点，如图 4-22 所示，单击鼠标左键，可以完成矩形墙的创建，如图 4-23 所示。

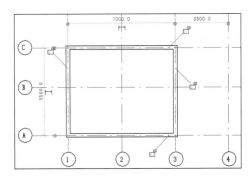

图 4-22　拾取对角点

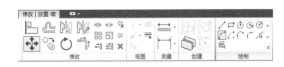

图 4-23　创建矩形墙体

提示

此外，在“绘制”面板中还有多种墙体的创建方式，如“内接多边形”、“外接多边形”、“圆形”等。

4.2.2 创建及编辑弧形墙

在“建筑”选项卡上单击“墙”按钮，转换至“修改 | 放置 墙”选项卡，在“绘制”面板中单击“起点 - 终点 - 半径弧”按钮，如图 4-24 所示。在“绘制”面板下方的“修改 | 放置 墙”选项栏中设置“定位线”为“核心层中心线”，取消勾选“链”选项。

图 4-24　单击“起点 - 终点 - 半径弧”按钮

单击鼠标左键指定弧墙的起点，向右上角移动鼠标，指定弧墙的端点，如图 4-25 所示。可以通过键入距离参数来定义弧墙端点的位置。向左拖曳鼠标，借此确定弧墙的中间点，如图 4-26 所示，然后确认中间点的位置以完成弧墙的创建。

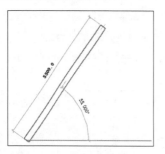

图 4-25　指定起点与端点

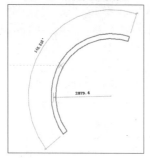

图 4-26　指定中间点

选择弧墙，图元以蓝色填充样式显示，附带显示的临时尺寸标注显示了弧墙的尺寸，如图 4-27 所示。单击临时尺寸标注文字，进入在位编辑状态，通过修改参数值达到修改弧墙参数的目的，如图 4-28 所示。

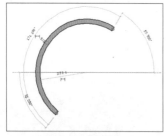

图 4-27　选择弧墙

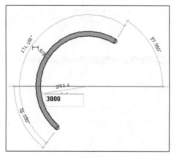

图 4-28　输入参数

提示

在定义中间点位置时，实时移动鼠标，可以动态显示在位于不同位置上时弧墙的半径大小。通过单击鼠标左键或者输入距离参数来确定弧墙的半径大小。

Revit Architecture提供在弧形墙上开洞口的操作。单击快速启动工具栏上的"默认三维视图"按钮，转换至三维视图，如图 4-29所示。

选择弧墙，转换至"修改|墙"选项卡，在"修改墙"面板中单击"墙洞口"按钮，如图 4-30所示。

图 4-29　三维视图

图 4-30　单击"墙洞口"按钮

提示

在为墙体创建洞口时，需要将当前视图转换至立面视图或者三维视图。

在弧墙上单击洞口的对角点，在创建的过程中，通过预览临时尺寸标注来把握洞口的尺寸，如图 4-31所示。也可以不管尺寸标注，在创建洞口的操作完成后，系统以临时尺寸标注的方式显示洞口的尺寸，如图 4-32 所示，单击修改尺寸标注，可以精确地控制洞口的大小。

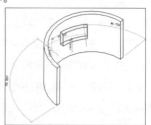

图 4-31　显示临时尺寸标注

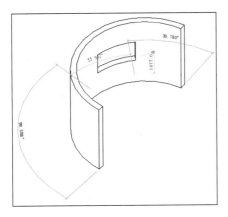

图 4-32　创建洞口

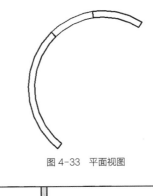

图 4-33　平面视图

转换至平面视图，查看弧墙创建洞口后的显示效果。如图 4-33 所示，弧墙上的洞口轮廓线以细实线来显示，与以粗实线来表现的墙体轮廓线相区别。将视图转换至南立面视图，弧墙与洞口均以矩形来显示，如图 4-34 所示。

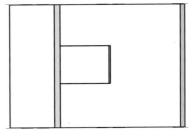

图 4-34　立面视图

4.2.3　创建内嵌墙

通过将一面墙嵌入另一面墙内，被嵌入的墙被称为内嵌墙。在建筑外墙上创建点、线、面时，通过创建内嵌墙，可以轻松地在建筑外墙上进行不同形状点、线、面的分割。

创建内嵌墙体的操作过程与插入窗图元相类似，都是将图元插入主体墙内，使其两个图元组合成为一个整体，但是又可独立编辑各自的属性。

在主墙体的边界内创建次墙体，如图 4-35 所示。在创建完成次墙体后，在工作界面的右下角弹出如图 4-36 所示的【警告】对话框，提示由于其中一面墙可能会被忽略，建议用户创建内嵌墙。单击右上角的关闭按钮，关闭对话框。

提示

主体墙也可以是弧墙，但是要注意的是，作为内嵌墙体的另一弧墙必须与主体墙为同心弧形。

选择"修改"选项卡，在"几何图形"面板上单击"剪切"按钮，如图 4-37 所示。依次单击主墙体、次墙体，如图 4-38 所示。

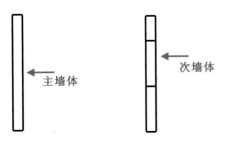

图 4-35　创建墙体

图 4-36　【警告】对话框

图 4-37　单击"剪切"按钮

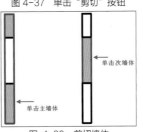

图 4-38　剪切墙体

转换至三维视图，查看内嵌墙的创建结果，如图 4-39 所示。通过剪切主墙体，将次墙体嵌入其中，使其相互组合又各自独立。单击内嵌墙体上的拖曳控制柄（实心蓝色棱形），可以调整内嵌墙体的尺寸。单击激活内嵌墙体下方的控制柄，向上拖曳鼠标左键，然后松开鼠标左键，可以实现调整内嵌墙体高度的操作，如图 4-40 所示。

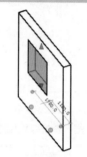

图 4-39　三维视图

提示

激活内嵌墙体上方的控制柄，向下拖曳控制柄可以将内嵌墙体的边界限制于主墙体内，形成与洞口相同大小的内嵌墙体，如图 4-41 所示；向上拖曳控制柄，可以使内嵌墙超出主墙体，如图 4-42 所示。

图 4-41　限制于边界内

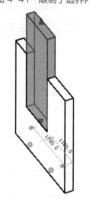

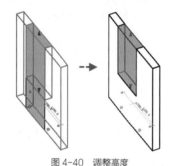

图 4-40　调整高度

图 4-42　超出主墙体

4.2.4　设置垂直复合墙

在 Revit Architecture 中可以设置墙体的构造层，并给各构造层分别设置不同的材质。在绘制墙身大样图及节点详图时，需要显示墙体构造的详细信息。本节介绍设置墙体构造层的方法。

选择任意一面墙体，单击"属性"面板上的"编辑类型"按钮，调出如图 4-43 所示的【编辑部件】对话框。在其中显示被选墙体的属性信息，如族名称为"基本墙"，"类型"为"砖墙240mm"等。

单击左下角的"预览"按钮，向左弹出预览窗口，单击"预览"按钮左侧的"视图"选项，在列表中选择"剖面：修改类型属性"选项，如图 4-44 所示。在预览窗口中滑动鼠标滚轮视图放大，按住鼠标滚轮不放，可以平移视图，如图所示。

图 4-43　【编辑部件】对话框

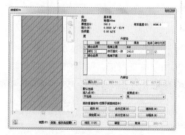

图 4-44　调出预览窗口

"样本高度"选项中所显示的数值代表预览窗中墙体的高度,可以自定义其中的数值,不会对项目中该类型的任何墙体高度造成影响。

单击层列表左下角的"插入"按钮,可以在列表中创建新图层,如图 4-45 所示。单击"删除"按钮,将选中的图层删除。单击"向上"及"向下"按钮,可调整选中的图层在列表中的位置。

图 4-45 插入图层

在"功能"表列下修改图层的名称,单击选项右侧的向下实心箭头,在调出的列表中为图层赋予新名称,如图 4-46 所示。

图 4-46 修改名称

在分别为各构造层选择名称后,通过观察可以发现,在名称后都附带了数字。这个数字用来表示图层的优先顺序。数字越小,层级越高。如"结构 [1]"的编号为"1",表示其优先级别最高,即优先级别为"1",数字越小优先级别越高。"面层 1[4]"为最低优先级别,即优先级别为"4"。

墙连接的顺序为,先连接优先级别高的层,接着连接优先级别低的层。在对两个复合墙执行连接操作时,第一面墙中的优先级别为 1 的层会与第二面墙中优先级别为 1 的层相连接。

值得注意的是,优先级别为 1 的层可以穿过其他优先级别低的层与另一个优先级别为 1 的层相连接。

但是优先级别低的层不能穿过优先级别高的层进行相连接。

在未给各构造层设置厚度前,在预览窗口中仅显示"结构 [1]"(其厚度为"200")。在"厚度"表列中分别为各构造层设置厚度,可以在预览窗口中显示参数的设置效果,如图 4-47 所示。

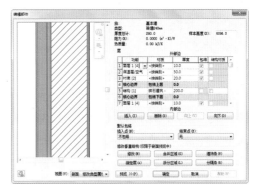

图 4-47 设置厚度

单击"材质"选项栏右侧的矩形按钮□,调出如图 4-48 所示的【材质浏览器 - 默认】对话框。单击左上角的"项目材质:混凝土"选项按钮,在列表中显示了当前系统中包含的所有材质。

图 4-48 【材质浏览器 - 默认】对话框

单击左下角的"创建并复制"材质按钮 ,在调出的列表中选择"新建材质"选项,可以创建一个新材质。在材质列表中选择已有材质,在"创建并复制"列表中选择"复制选定材质"选项,可以得到一个材质副本。此时材质名称处于在位编辑状态,输入文本,可以设置新材质的名称。

在"着色"选项组下,单击"颜色"按钮,在如图 4-49 所示的【颜色】对话框中设置该层在剖面中的颜色。通过修改透明度后面的数值来控制透明度的深浅。

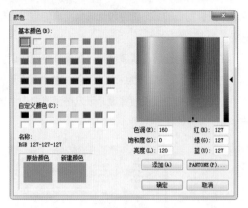

图 4-49 【颜色】对话框

单击"表面填充图案"选项组下的"填充图案"
选项,调出如图 4-50 所示的【填充样式】对话框,
在其中选择图案,如所示,单击"确定"按钮,可将
所选图案样式赋予该层。

图 4-50 【填充样式】对话框

在"截面填充图案"选项组下单击"填充图案"
选项,在【填充样式】对话框中选择图案,如图 4-51
所示,单击"确定"按钮完成设置图案的操作。

图 4-51 设置图案

图案设置完成后,可以在"填充图案"选项内显
示其图案样式,如图 4-52 所示。

图 4-52 显示其图案样式

单击选择"外观"选项卡,其中的参数用来控制
模型外观的渲染效果,例如图 4-53 所示。通过修改
其中的各项参数,例如颜色、光泽度、高光等,借以
更改模型的渲染效果。

图 4-53 "外观"选项卡

4.2.5 编辑复合墙垂直结构

在【编辑部件】对话框中的层列表中选择图层,
单击对话框左下角的"修改"按钮,可以在预览窗
口中高亮显示所选中的层,以蓝色填充该层,如图
4 -54 所示。

图 4-54 高亮显示选中的层

1. 拆分层

单击"拆分区域"按钮,鼠标指针转换为钢笔头

样式,单击垂直层边界,可以在水平方向上拆分层,
并且可以显示临时尺寸标注,以注明拆分边界与层边
界之间的距离,如图 4-55 所示。

图 4-55 指定水平拆分边界

移动鼠标调整拆分边界的位置，临时尺寸标注可以实时调整。单击鼠标左键，可以在指定的位置上执行拆分层的操作，并显示拆分边界，如图 4-56 所示。

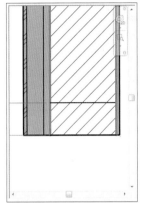

图 4-56 拆分区域

选取水平层边界，可以在垂直方向上拆分层，并显示垂直拆分边界，通过临时尺寸标注确定拆分边界的位置，如图 4-57 所示。单击鼠标左键，在指定的间距点拆分层（区域）的结果如图 4-58 所示。

图 4-57 指定垂直拆分边界

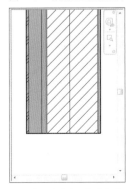

图 4-58 在垂直方向上拆分层（区域）

2. 合并层

在层列表中选中结构层，在预览窗口中以蓝色填充样式表示，如图 4-59 所示。点击对话框下方的"合并区域"按钮，将鼠标置于合并边界上，高亮显示边界，如图 4-60所示，点击边界可以完成合并区域的操作。

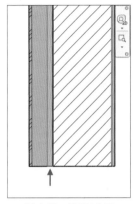

图 4-59 选择结构层

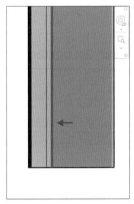

图 4-60 高亮显示边界

值得注意的是，在执行合并操作时，鼠标的所在的位置确定了合并后新层所使用的材质。在上述操作中，指定合并边界时，鼠标指针右下角显示矩形与水平箭头组合的图标，当鼠标指针的方向指向左边时，新层的材质继承右侧结构层的材质（斜线填充图案），如图 4-61 所示。

调整鼠标位置，当矩形一侧箭头的方向指向右边时，新层的材质继承左侧结构层的材质（灰色填充图案），如图 4-62 所示。

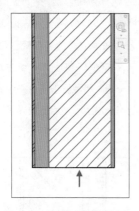

图 4-61 继承右侧结构层材质

图 4-62 继承左侧结构层的材质

3. 指定层

在层列表中选择编号为"2"的结构层，功能为"保温层 / 空气层 [3]"，材质为"隔热层 / 保温层 – 衬垫隔热层"，厚度为"50"。

单击对话框下方的"指定层"按钮，将鼠标放置填充图案样式为斜线的区域中，该区域的边界被高亮显示。单击该区域右侧的边界（如图 4-63 所示中红色箭头所指的边界），可以将编号为"2"的材质指定给该区域，如图 4-64 所示。

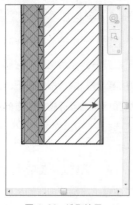

图 4-63 选取边界

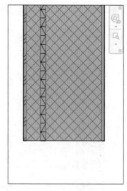

图 4-64 指定区域图案

> **提示**
> 在列表中选择某行，假如该行未设置厚度值，则在预览窗口中会显示为一条线。应更改其厚度值，以方便材质样式图案在区域中显示。

此时编号 2 中厚度值显示为"可变"，如图 4 -65 所示。重复上述操作，可以继续对其他区域执行指定材质的操作，或者再次单击"指定层"按钮退出操作。

图 4-65 厚度值显示为"可变"

> **提示**
> "核心边界"行的厚度值为"0"，在预览窗口中显示为一条线，其厚度不可更改。

4. 装饰条

在【编辑部件】对话框中单击"墙饰条"按钮，调出如图 4-66 所示的【墙饰条】对话框。单击对话框下方的"添加"按钮，新建一个墙饰条类别，如图 4-67 所示。

图 4-66 【墙饰条】对话框

图 4-67　新建类别

在"轮廓"表列中，系统默认选择"默认"轮廓，单击选项，调出列表，在其中可以选择系统所提供的各类轮廓，这里选用"默认"轮廓。

在"材质"表列中，单击选项列表右侧的矩形按钮，在【材质浏览器】对话框中为墙饰条赋予材质。在"项目材质"列表中选择"石头"材质，在"图形"选项卡中分别设置表面填充图案和剖面填充图案，如图 4 -68所示。单击"确定"按钮返回【墙饰条】对话框。

"距离"表列中的参数值代表了墙饰条到墙顶部或者底部之间的距离。系统默认为"0"，这里将距离设置"-2100"。在"偏移"表列中设置一个负值，可以使的墙饰条往墙体内核心方向凹陷，凹陷的厚度即是所设置的负值。

勾选"翻转"选项，可以测量到墙饰条轮廓顶的距离。在"收进"表列中设置数值，指定到附属件，例如门窗时墙饰条收进的距离。

勾选"剪切墙"选项，在墙饰条偏移并且内嵌至墙中时，可以将墙饰条从主体墙中剪切出几何图形。新建墙饰条参数设置的结果如图 4-69所示。单击"确定"按钮关闭对话框。

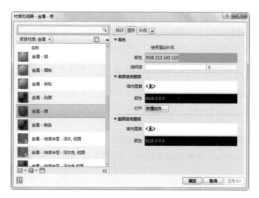

图 4-68　【材质浏览器】对话框

图 4-69　设置参数

在【编辑部件】对话框中的预览窗口查看创建墙饰条的剖面效果，如图 4-70 所示，单击"确定"按钮关闭对话框。将当前视图转换为三维视图，查看墙饰条的三维效果，如图 4-71 所示。

图 4-70　剖面效果

图 4-71　三维视图

在【墙饰条】对话框中设置墙饰条参数时，其中的"收进"选项参数表示到门窗等附属件时墙饰条的收进距离。如图 4-72 所示中箭头所指的区域，在墙饰条与窗户相遇时，在距离窗轮廓线一定距离处将末端收进墙体内，未与窗相接。

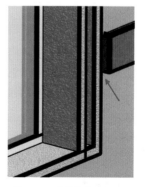

图 4-72　墙饰条收进的效果

转换至南立面视图，查看墙饰条的立面效果，如图 4-73 所示。

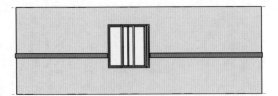

图 4-73　立面视图

> **提示**
> "收进"值的大小应根据实际设计的要求来确定，不应与门窗等附属件的距离过大，以免影响建筑物的美观。

5. 分隔条

在【编辑部件】对话框中单击"分隔条"按钮，在调出的【分隔条】对话框中单击"添加"按钮，新建一个分隔条类别。

分别设置"轮廓""距离"及"偏移"等表列中的参数，如图 4-74 所示，接着单击"确定"按钮关闭对话框，返回【编辑部件】对话框中。在左侧的预览窗口中，滑动鼠标滚轮放大视图，查看分隔条的剖面效果，如图 4-75 所示。

图 4-74　【分隔条】对话框

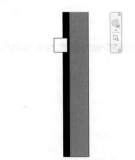

图 4-75　剖面效果

> **提示**
> "轮廓""距离""偏移"等各选项的含义请参考"墙饰条"一节中的相关介绍。

转换到三维视图，查看分隔条的创建效果，如图 4-76 所示中的箭头所指。再转换至南立面图，查看分隔条的立面效果，墙饰条下方的即为分隔条，如图 4-77 所示。

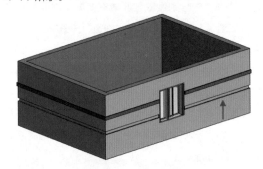

图 4-76　三维视图

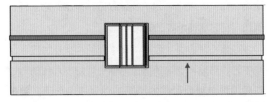

图 4-77　立面视图

4.3　创建住宅楼墙体

通过学习前面小节所介绍的创建墙体的基础知识，在本节学习创建住宅楼墙体的方法。墙体在标高和轴网的基础上创建，本节介绍在住宅楼轴网上创建墙体的操作步骤。

绘制墙体并不是很复杂，但是步骤较多，需要细心观察，以免在绘制的过程中出错。

4.3.1　实例——创建住宅楼一层墙体

创建墙体之前，应该了解墙体的基本参照，例如结构、高度、位置等。本节以住宅楼一层墙体的创建方法，介绍创建墙体的一般流程。

1. 设置墙体参数

首先设置墙体的类型属性参数，接着就可以开始创建墙体的操作。

⭐01　打开"资源 /03/3.2.5 实例——绘制住宅楼轴网 .ret"文件，执行"另存为"命令，在【另存为】对话框中设置文件名称为"4.2.6 实例——创建住宅楼墙体"，单击"保存"按钮，完成"另存为"文件的操作。

⭐02　选择"建筑"选项卡，在"构建"面板中单击"墙"按钮，在列表中选择"墙：建筑"选项。在"属性"选项板中单击"编辑类型"按钮，如图 4-78 所示。

图 4-78　"属性"选项板

⭐03　系统调出【类型属性】对话框。单击"族"选项，在列表中显示三种族类型，分别为"族：叠层墙""族：基本墙""族：幕墙"，单击选择"族：基本墙"类型。在"类型"选项列表中显示四种墙类型，选择"砖墙 240mm"类型，如图 4-79 所示。

图 4-79　【类型属性】对话框

⭐04　单击"类型"选项后的"复制"按钮，在调出的【名称】对话框中设置新类型的名称为"住宅楼 -F1-240mm- 外墙"，如图 4-80 所示，单击"确定"按钮返回【类型属性】对话框。在"类型"选项中显示为基本墙族新创建的族类型，如图 4-81 所示。

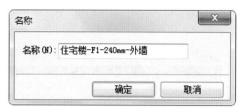

图 4-80　【名称】对话框

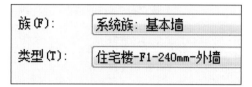

图 4-81　显示新族

⭐05　在"类型参数"选项组下单击"功能"选项，在调出的列表中选择"外部"选项，接着单击"结构"选项后的"编辑"按钮，如图 4-82 所示。在【编辑部件】对话框中，显示了墙的结构层。在"层"列表中，显示墙包含一个"结构"层，材质为"砖石建筑-砖"，厚度为"240"，如图 4-83所示。

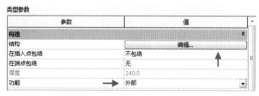

图 4-82　"类型参数"选项组

图 4-83　【编辑部件】对话框

> **提示**
>
> 在"功能"选项列表中可以设置墙的用途，系统提供了六种类型供用户选择，分别为"内部"（内墙）、"外部"（外墙）"基础墙""挡土墙""檐底板"及"核心竖井"。

⭐06　在"层"列表下单击"插入"按钮，在列表中插入两个新层。系统统一将新层的名称命名为"结构[1]"，如图 4-84 所示。选择编号为"2"的新层，单击下方的"向上"按钮，该层可以向上移动并置顶，并且该层的编号自动修改为1，如图4-85所示。其他各层的编号会自动调整，从上到下，顺序编号。

图 4-84　插入层

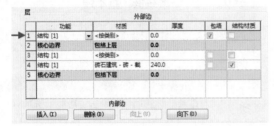

图 4-85　置顶指定层

提示
在层列表中显示的各层代表了墙体各构造层次，从上到下，即从外部边到内部边，代表了墙体构造层次从"外"到"内"的构造顺序。

⭐07　在"功能"表列下单击编号为"1"的"结构[1]"，在列表中选择"面层2[5]"，在"厚度"选项中修改其厚度值为10，如图4-86所示。在"类别"表列下单击"<按类别>"选项后的矩形按钮，调出【材质编辑器】对话框。在"项目材质"列表中选择"灰泥"选项，在其材质类别中选择"粉刷-米色，平滑"类型材质，如图4-87所示。

图 4-86　修改层参数

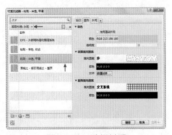

图 4-87　选择材质

提示
在"功能"列表中，系统提供了"结构[1]""衬底[2]""保温层/空气层[3]""面层1[4]"及"涂膜层（一般用于防水层）"供用户选择。

⭐08　单击对话框左下角的"创建并复制材质"按钮，在调出的列表中选择"复制选定的材质"选项，如图4-88所示。单击鼠标左键，可以在材质列表中显示所选材质的副本，在在位编辑框中设置材质名称为"住宅楼-F1-外墙粉刷"，如图4-89所示。

图 4-88　选择"复制选定的材质"选项

图 4-89　修改材质名称

⭐09　在"图形"选项卡中单击"着色"选项组下"颜色"选项的右侧按钮，在【颜色】对话框中设置在着色视图中显示该墙结构层的颜色，但是不代表模型渲染是材质的颜色。默认"透明度"选项中的参数为"0"，将材质属性定义为不透明。

⭐10　单击"表面填充图案"选项组中的"填充图案"右侧按钮，调出【填充样式】对话框。在对话框中单击选择"模型"按钮，转换至模型填充样式。在"名称"/"填充图案"列表中选择"600×600mm"填充图案，如图4-90所示。单击"确定"按钮返回【材质浏览器】对话框。单击"颜色"选项按钮，调出【颜色】对话框，在其中可以修改图案的填充颜色，在这里使用默认值："RGB0、0、0，黑色"。

图 4-90 选择图案样式

⭐11 单击"对齐"选项右侧的"纹理对齐"按钮，在调出的对话框中显示了表面填充图案。通过单击不同方向的指示箭头，可以调整绿色轮廓线的位置，达到相对于表面填充图案将渲染外观对齐的目的，如图 4-91 所示。

图 4-91 纹理对齐

⭐12 在"截面填充图案"选项组下单击"填充图案"右侧的按钮，在【填充样式】对话框中选择名称为"沙-密实"填充样式，如图 4-92 所示。单击"确定"按钮返回【材质浏览器】对话框，截面填充图案的颜色默认为黑色，单击"确定"按钮返回【编辑部件】对话框，如图 4-93 所示。

图 4-92 【填充样式】对话框

图 4-93 设置材质

提示

在设置"截面填充图案"时，【填充样式】对话框中的图案样式只有"绘图"样式可用。

⭐13 在"层"列表中选择编号为"3"的"结构 [1]"层，单击"向上"按钮，将其向上移动，位于"面层 2[5]"层之下。在"厚度"选项中修改其厚度为 30，如图 4-94 所示。向右移动鼠标，在"材质"选项中单击"材质浏览器"按钮，调出【材质浏览器】对话框。在"项目材质"选项列表中选择"灰泥"类型，在其材质类型列表中选择"住宅楼 -F1- 外墙粉刷"材质，单击"创建并复制"材质按钮，在列表中选择"复制选中材质"选项，复制选中的材质。修改材质副本的名称为"住宅楼 - 外墙衬底"，如图 4-95 所示。

图 4-94 修改层参数

图 4-95 复制并命名材质

⭐14 在"着色"选项族下设置"颜色"为"白色"，单击颜色按钮，在【颜色】对话框中选择"白色"，单击"确定"按关闭对话框完成设置颜色的操作。在"表面填充图案"选项组下单击"填充图案"右侧按钮，在【填充样式】对话框中单击"无填充图案"按钮，单击"确定"按钮返回对话框。

⭐15 在"截面填充图案"选项组下单击"填充图案"右侧按钮，在【填充样式】对话框中选择名称为"对角交叉影线 3mm"样式图案，如图 4-96 所示。单击"确定"按返回【材质浏览器】对话框，如图 4-97 所示。

图 4-96　选择图案样式

图 4-97　设置材质

⭐16　在【编辑部件】对话框中单击"插入"按钮，在层列表中插入新层，在"功能"类型列表中选择名称为"面层 2[5]"，设置厚度值为"25"，如图 4-98 所示。

⭐17　在"材质"选项中单击材质浏览按钮，在【材质浏览器】对话框中选择"住宅楼 -F1- 外墙粉刷"材质，以此为基础，复制一个新材质，将新材质命名为"住宅楼 – 内墙粉刷"，如图 4-99 所示。在右侧的"图形"选项卡下，设置"着色"颜色为"白色"，"表面填充图案"样式为无，在【填充样式】对话框中选择"沙 – 密实"图案样式，将其赋予"截面填充图案"，保持颜色为"黑色"。

图 4-98　新建层"面层 2[5]"

图 4-99　设置材质

⭐18　在【编辑部件】对话框中单击"确定"按钮，返回【类型属性】对话框。再单击"确定"按钮，关闭【类型属性】对话框。此时仍处于绘制墙体命令的执行状态中，在"属性"选项板中显示当前墙体类型为"基本墙 – 住宅楼 -F1-240mm- 外墙"，如图 4-100 所示。

图 4-100　"属性"选项板

2. 绘制外墙体

墙体的绘制顺序一般为，首先绘制外墙，接着绘制内墙，再绘制内部功能区的隔墙（如卫生间墙体）。

⭐01　编辑完成墙体属性后，系统当前还处于墙体命令的执行状态中。在"绘制"面板中单击"直线"按钮，在"修改 | 放置 墙"选项栏中设置"高度"为"F2"，"定位线"为"核心层中心线"，勾选"链"选项，如图 4-101 所示。

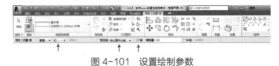

图 4-101　设置绘制参数

⭐02　在 B 轴与 1 轴的交点单击鼠标左键，以此为起点绘制墙体。向上移动鼠标，在 D 轴与 1 轴单击鼠标左键，向右移动鼠标，在 D 轴和 11 轴单击鼠标左键，绘制墙体如图 4-102 所示。

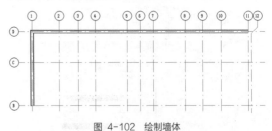

图 4-102　绘制墙体

⭐03　在"偏移量"选项中设置墙体偏移量为"50"，其他选项参数保持不变，如图 4-103 所示。

图 4-103　设置墙体偏移量

⭐04　在 B 轴与 11 轴的交点单击鼠标左键，向上移动鼠标，在 11 轴与 D 轴的交点单击鼠标左键，绘制垂直方向上的墙体与水平方向上的墙体相连接的结果如图 4-104 所示。

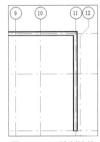

图 4-104　绘制墙体

⭐05　在"建筑"选项卡中的"工作平面"面板上单击"参照平面"按钮✐，将鼠标置于 2 轴上，输入距离参数为"2100"，如图 4-105 所示。

图 4-105　输入距离参数

⭐06　按下 <Enter> 键，鼠标左键向右水平移动，在 1 轴上单击鼠标左键，创建参照平面的结果如图 4-106 所示。鼠标左键置于 B 轴上，输入距离参数为"1500"，向下移动鼠标，在 A 轴上单击鼠标左键，创建垂直方向上的参照平面，如图 4-107 所示。

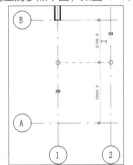

图 4-106　创建水平方向上的参照平面

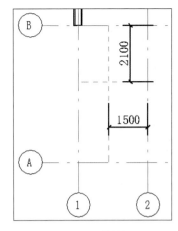

图 4-107　创建结果

⭐07　重复启用"参照平面"工具，在10轴和11轴之间创建参照平面，与B轴的水平距离为"2100"，与10轴的垂直距离为"1500"，如图 4-108所示。

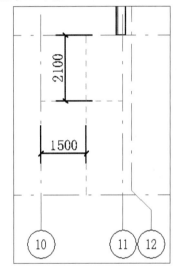

图 4-108　创建参照平面

⭐08　启用墙工具，在参照平面和轴线的基础上，分别指定墙体各点，创建外墙体的结果如图 4-109 所示。

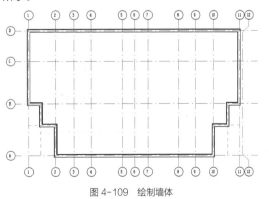

图 4-109　绘制墙体

3. 绘制内墙体

内墙体的墙体属性与外墙体的墙体属性不相同，需要在创建之间首先编辑墙体属性参数。

⭐01 启用墙工具，在"属性"选项板上选择当前的墙体类型为"基本墙: 住宅楼-F1-240mm-外墙"，单击"编辑类型"按钮，调出【类型属性】对话框。在对话中单击"复制"按钮，在【名称】对话框中修改墙体名称为"住宅楼-F1-240mm-内墙"，如图4-110所示。

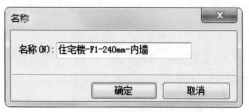

图 4-110 设置名称

⭐02 单击"结构"选项后的"编辑"按钮，调出【编辑部件】对话框。选择编号为2的"衬底"层，单击"删除"按钮，将该层删除，结果如图4-111所示。

层		外部边			
	功能	材质	厚度	包络	结构材质
1	面层 2 [5]	住宅楼-F1-外墙粉	10.0	☑	
2	核心边界	包络上层	0.0		
3	结构 [1]	砖石建筑 - 砖 - 截	240.0		☑
4	核心边界	包络下层	0.0		
5	面层 2 [5]	住宅楼-内墙粉刷	20.0	☑	
		内部边			

插入 (I)　删除 (D)　向上 (U)　向下 (O)

图 4-111 删除层

⭐03 在编号为1的"面层2[5]"层中，单击"材质"选项后的矩形按钮，在【材质浏览器】中选择名称为"住宅楼-内墙粉刷"的材质，如图4-112所示。单击"确定"按钮返回【编辑部件】对话框，在"厚度"选项中修改层厚度，如图4-113所示。

图 4-112 选择材质

层		外部边			
	功能	材质	厚度	包络	结构材质
1	面层 2 [5]	住宅楼-内墙粉刷	20	☑	
2	核心边界	包络上层	0.0		
3	结构 [1]	砖石建筑 - 砖 - 截	240.0		☑
4	核心边界	包络下层	0.0		
5	面层 2 [5]	住宅楼-内墙粉刷	20.0	☑	
		内部边			

插入 (I)　删除 (D)　向上 (U)　向下 (O)

图 4-113 修改厚度

⭐04 单击"确定"按钮返回【类型属性】对话框，在"功能"选项中选择"内部"选项，如图4-114所示，表示该墙体为内部墙体。单击"确定"按钮关闭对话框，完成设置内墙属性的操作。

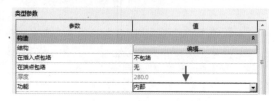

图 4-114 设置墙体功能类型

⭐05 在"绘制"面板中确认当前的绘制方式为"直线"，在"修改|放置 墙"选项栏中设置"高度"为"F2"，"定位线"类型为"核心层中心线"，勾选"链"选项，设置偏移量为"0"。点取轴线的交点作为墙体的起点及端点，绘制内墙体的结果如图4-115所示。

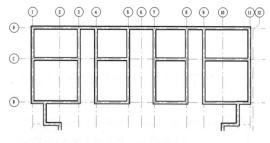

图 4-115 绘制内墙体

⭐06 选择"建筑"选项卡，在"工作平面"上单击"参照平面"按钮，设置与B轴的距离参数为"1500"，创建水平方向上的参照平面，如图4-116所示。

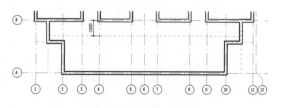

图 4-116 创建参照平面

⭐07　启用墙工具，依次单击参照平面与轴线的交点，绘制内墙的结果如图 4-117 所示。

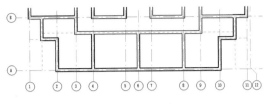

图 4-117　绘制墙体

⭐08　在墙体的左上角单击鼠标左键，向右下角移动鼠标，拖出选框，将墙体全部包含在选框中，如图 4-118 所示。

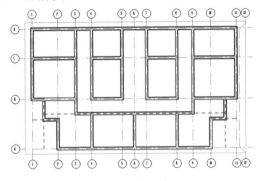

图 4-118　拖出选框

⭐09　松开鼠标左键，位于选框内的墙体被全部选中，如图 4-119 所示。

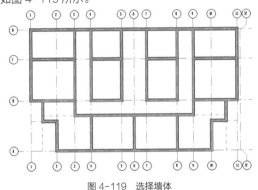

图 4-119　选择墙体

> **提示**
>
> 按住 <Ctrl> 键，依次单击绘制内墙体、外墙体，也可将其选中。

⭐10　在"修改"面板上单击"复制"按钮，单击 D 轴与 1 轴的交点为基点，向右移动鼠标，单击

D 轴与 12 轴的交点为端点，向右复制选中的墙体，结果如图 4-120 所示。

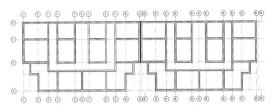

图 4-120　复制墙体

⭐11　再次启用复制工具，继续选择墙体向右移动复制，完成住宅楼内外墙体的绘制结果如图 4-121 所示。

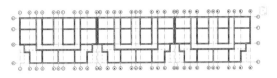

图 4-121　绘制住宅楼墙体

⭐12　在 F1 视图中，单击选择 A 轴上的外墙体，在墙体的内侧显示向上 / 向下指示箭头。指示箭头为墙体"反转"符号，符号所在的位置表示墙体"外部边"的方向，即墙体的外部粉刷面。A 轴上墙体的"反转"符号位于墙体的内侧，表示墙体的"外部边"在墙体内侧，单击"反转"符号，翻转墙体的方向，将墙体的外部边翻转到外表面。依次单击选择外墙体，查看其"反转"符号的位置，单击符号，以调整墙体外部边的位置。

⭐13　转换至三维视图，查看墙体的三维效果，显示外墙粉刷的材质图案如图 4-122 所示。

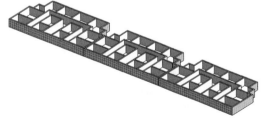

图 4-122　墙体三维效果

> **提示**
>
> 选择墙体，按下空格键，也可以翻转墙体。

4.3.2　实例——创建住宅楼二层墙体

接上一小节的绘制结果，继续创建住宅楼二层墙体。

1. 绘制二层外墙

01 转换至三维视图，全选墙体，在“属性”选项板中设置“底部限制条件”为“室外地坪”，单击选项板右下角的“应用”按钮，调整墙体的高度的结果如图 4-123 所示。

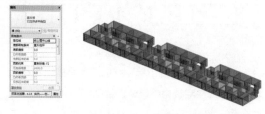

图 4-123 修改参数

提示

将 F1 的标高设置为“室外地坪”，意为所选墙底开始于“室外地坪”的标高。

02 切换至立面视图，查看 F1 的标高，始于室外地坪标高，而终止于 F2 标高，如图 4-124 所示。

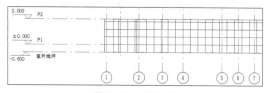

图 4-124 立面视图

03 将光标置于 1 轴墙体上，持续按下 <Tab> 键，待高亮显示 1 轴至 11 轴间的所有外墙时，单击鼠标左键，选择高亮显示的外墙体，如图 4-125 所示。在“修改 | 墙”选项卡中单击“剪切板”面板上的“复制到剪贴板”按钮，此时所选的外墙体被复制到剪贴板上，同时“剪贴板”面板上的“粘贴”按钮高亮显示，如图 4-126 所示。

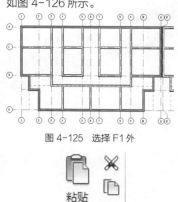

图 4-125 选择 F1 外

图 4-126 “剪切板”面板

提示

选择墙体，按下 <Ctrl>+<C> 组合键，也可将图元复制至剪贴板上。

04 单击“粘贴”按钮，在列表中选择“与选定的标高对齐”选项，如图 4-127 所示。选择该项，可以将多个图元从有一个标高粘贴至指定的标高。在调出的【选择标高】对话框中选择 F2，如图 4-128 所示，表示将所选择的外墙体粘贴至“标高：F2”，即顶部约束为 F2。单击“确定”按钮，关闭对话框完成粘贴操作。

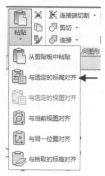

图 4-127 选择选项

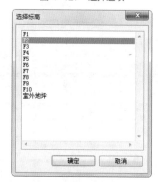

图 4-128 【选择标高】对话框

提示

在【选择标高】对话框中按住 <Ctrl> 键不放可以同时选择多个标高，按住 <Shift> 键不放，可以减选指定的标高。

05 执行粘贴墙体的操作后，在工作界面的右下角调出如图 4-129 所示的警告对话框，单击对话框右上角的“关闭”按钮，将其关闭即可。在项目浏览器中转换至 F2 视图，在该视图中，仅外墙体以黑色实线显示，F1 的内墙体以淡灰色实线显示，目的是为编辑 F2 内墙体提供参照。选择 F2 外墙体，墙体以蓝色填充样式显示，如图 4-130 所示。

图 4-129　警告对话框

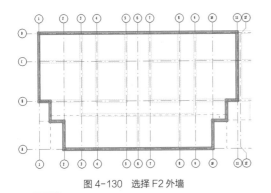

图 4-130　选择 F2 外墙

提示

因为随后就会对墙体的高度进行更改，因此将系统的警告信息直接关闭就可以。

⭐ 06　在"属性"选项板中将"底部偏移"与"顶部偏移"选项中的参数值设置为"0"，如图 4-131所示。单击右下角的"应用"按钮，确定修改墙体。转换至立面视图，查看墙体的复制粘贴结果。F2的墙体被限制在"标高：F2"与"标高：F3"之间，如图4-132所示。

图 4-131　修改参数

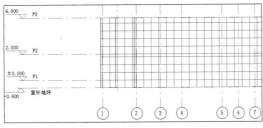

图 4-132　立面视图

⭐ 07　按照上述步骤所介绍的方法，对 12轴至22轴、23轴至33轴之间的外墙体执行复制粘贴操作。待操作完毕后，分别转换至立面视图与F2视图，查看操作结果。在F2视图中，外墙体均以黑色实线显示，如图 4-133所示。

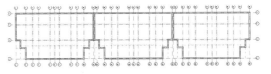

图 4-133　F2 视图

⭐ 08　在F2视图中选择所有的图元，单击"选择"面板上的"过滤器"按钮，如图 4-134所示。在【过滤器】对话框中取消勾选"参照平面""轴网"选项，如图 4-135所示。

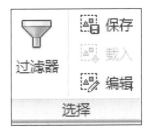

图 4-134　"选择"面板

图 4-135　【过滤器】对话框

⭐ 09　单击"确定"按钮关闭对话框，按照【过滤器】对话框中的设置，剔除参照平面与轴网，外墙体被选中，如图 4-136 所示。

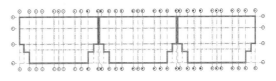

图 4-136　选择外墙体

　　在"属性"选项板上单击"编辑类型"对话框，在【类型属性】对话框中单击"复制"按钮，在"住宅楼 -F1-240mm- 外墙"的基本墙类型上复制新类型，在【名称】对话框中设置新类型名称为"住宅楼-F2-240mm-外墙",如图 4-137 所示。单击"结构"选项后的"编辑"按钮,调出【编辑部件】对话框。单击编号为"1"的层"材质"选项中的矩形按钮,如图 4-138 所示。

图 4-137　设置名称

图 4-138　单击材质按钮

⭐10　在【材质浏览器】对话框中选择"住宅楼-F1-外墙粉刷"材质,如图 4-139 所示,单击"确定"按钮返回【编辑部件】对话框。接着再次单击"确定"按钮,返回【类型属性】对话框。关闭【类型属性】对话框后完成材质的设置。

图 4-139　选择材质

提示

在 F1 的基础上复制粘贴 F2 外墙体,墙体的材质不会随同复制,经过上述操作,可以将 F1 外墙体的材质赋予 F2 外墙体,使得建筑物外观保持一致。

⭐11　将视图转换至三维视图,观察设置后的效果,F2 外墙体与 F1 外墙体的材质以共同的样式显示,如图 4-140 所示。

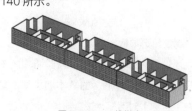

图 4-140　三维样式

2. 绘制二层内墙

接上一节绘制二层外墙的结果,继续绘制二次内墙。

⭐01　转换至 F2 视图。选择"建筑"选项卡,单击"构建"面板上的"墙"按钮,在"属性"选项板中选择名称为"住宅楼-F1-240mm-内墙"的墙类型,如图 4-141 所示,沿用 F1 内墙的参数来绘制 F2 层内墙。

图 4-141　选择墙体类型

⭐02　单击 3 轴与 D 轴的交点为起点,向下移动鼠标,在 3 轴与 C 轴的交点单击鼠标左键,向左移动鼠标,在 1 轴与 C 轴的交点单击鼠标左键,绘制墙体的结果如图 4-142 所示。

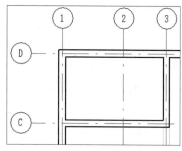

图 4-142　绘制墙体

⭐03　在放置墙体的状态下,继续绘制 F2 内墙体,如图 4-143 所示。

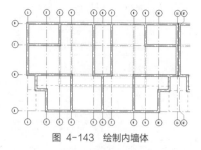

图 4-143　绘制内墙体

⭐04　在"建筑"选项卡上单击"工作平面"上的"参照平面"按钮,在 B 轴与 C 轴之间创建垂直方向上的参照平面,如图 4-144 所示。启用墙工具,单击参照平面与 C 轴的交点为起点,向下移动鼠标,单击参照平面与 B 轴的交点为下一点，按下<Enter>键，绘制墙体的结果如图 4-145 所示。

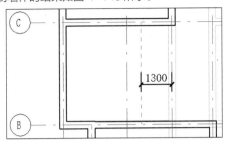

图 4-144 创建参照平面

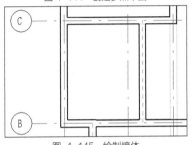

图 4-145 绘制墙体

⭐05 启用"参照平面"工具，在 4 轴与 5 轴之间、5 轴与 7 轴之间，分别创建水平或垂直的参照平面，如图 4-146 所示。接着启用墙工具，依次单击参照平面与轴线的交点为定位点，创建墙体的结果如图 4-147 所示。

图 4-146 创建参照平面

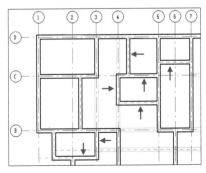

图 4-147 绘制内墙

⭐06 按住 <Ctrl> 键不放，单击鼠标左键依次选取内墙体，如图 4-148 所示。

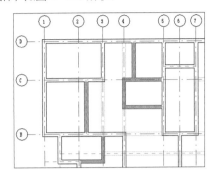

图 4-148 选择墙体

⭐07 单击"修改"面板上的"镜像－拾取轴"按钮，拾取 6 轴为镜像轴，向右镜像复制选中的墙体，如图 4-149 所示。

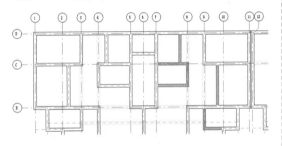

图 4-149 镜像复制墙体

⭐08 将光标置于 D 轴墙体之上，单击鼠标左键，选择墙体，如图 4-150 所示。单击 <Delete> 键，删除墙体。

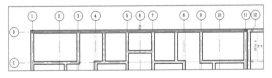

图 4-150 选择墙体

⭐09 启用墙工具，单击 1 轴与 D 轴的交点为起点，向右移动鼠标，单击 5 轴与 D 轴的交点为端点，按下一次 <Esc> 键，完成一段墙体的绘制。向右移动鼠标，单击 7 轴与 D 轴的交点为新起点，向右移动鼠标，单击 11 轴与 D 轴交点为端点，按下两次 <Esc> 键退出放置墙体的状态，如图 4-151 所示。

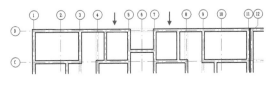

图 4-151 绘制墙体

⭐10 选中轴网，通过拖曳模型端点（轴标上方蓝色圆形）修改轴网。向下移动鼠标以拖曳轴标向下移动，到合适位置松开鼠标左键，调整轴标位置的结果如图4-152所示。

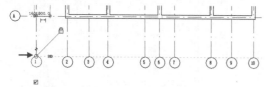

图 4-152　调整轴标位置

⭐11 启用"参照平面"工具，在4轴与8轴之间创建水平方向上的参照平面，如图4-153所示。启用墙工具，在参照平面与轴线的基础上创建阳台的墙体，如图4-154所示。

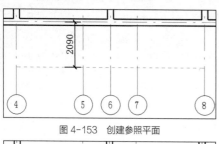

图 4-153　创建参照平面

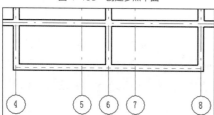

图 4-154　绘制墙体

⭐12 选择经由上一步骤绘制得到的阳台墙体，墙体以蓝色填充样式显示，如图4-155所示。在"属性"选项板上设置"底部偏移"值为"-400"，"顶部偏移"值为"-1900"，如图4-156所示。单击"应该"按钮，将所设置的参照应用到阳台墙体中，以此定义墙体的高度及位置。

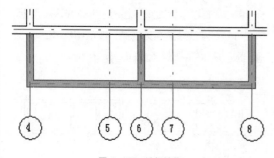

图 4-155　选择墙体

图 4-156　设置参数

⭐13 转换至东立面视图。"底部偏移"值为"-400"，指在标高：F2的基础上，向下偏移"400"，以及在标高：F3的基础上，向下偏移"1900"，阳台墙体的高度为"1300"，如图4-157所示。

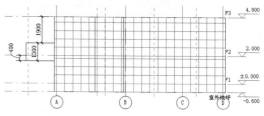

图 4-157　东立面视图

> **提示**
>
> 负值表示定位点在标高基准线以下，正值则表示定位点在标高基准线以上。

⭐14 按住 <Ctrl> 键不放，依次选择内墙体及阳台墙体，如图4-158所示。在"修改"面板上单击"复制" 按钮，在"修改|墙"选项栏中取消勾选"约束"选项，选择"多个"选项，如图4-159所示，可以复制多个图形副本。

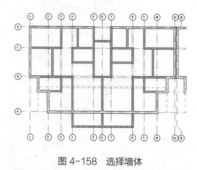

图 4-158　选择墙体

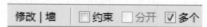

图 4-159　选择"多个"选项

✪ 15 点取 6 轴为基点，向右移动鼠标，点取 "17 轴" 为下一点，接着继续向右移动鼠标，点取 28 轴为端点，按下两次 <Esc> 键退出命令，蓝色填充样式的墙体为通过启用复制工具得到的墙体，包括内墙体以及阳台墙体，如图 4-160 所示。

✪ 16 选择并删除 D 轴上的墙体，启用墙工具，在 12 轴至 16 轴之间、18 轴至 22 轴之间、23 轴至 27 轴之间、29 轴至 33 轴之间，绘制墙体，如图 4-161 所示。

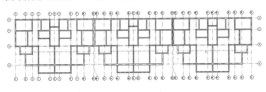

图 4-160 复制墙体

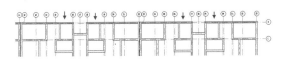

图 4-161 绘制墙体

提示

在绘制墙体时，记得要将墙体的类型更改为 "住宅楼 –F2–240mm– 外墙"。

4.3.3 实例——创建三至七层墙体

接上一节的练习结果，继续绘制住宅楼三至七层墙体。

✪ 01 在 F2 视图中全选图形，启用过滤器工具，在【过滤器】对话框中取消勾选 "轴网" 和 "参照平面" 选项，仅选择 "墙体" 选项，单击 "确定" 按钮关闭对话框，选择内外墙体的结果如图 4-162 所示。

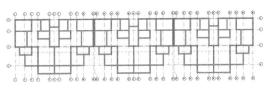

图 4-162 选择内外墙体

✪ 02 单击 "剪贴板" 上的 "复制到剪贴板" 按钮，将所选墙体复制至剪贴板。单击 "粘贴" 按钮，在列表中选择 "与选定的标高对齐" 选项，调出【选择标高】对话框。按住 <Ctrl> 键，依次单击 "F3" "F4" "F5" "F6"，如图 4-163 所示。单击 "确定" 按钮关闭对话框，系统执行复制墙体的操作。

✪ 03 转换至南立面视图，查看复制墙体的结果，如图 4-164 所示。

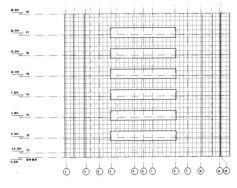

图 4-164 立面视图

✪ 04 转换至三维视图，查看墙体模型，如图 4-165 所示。

图 4-163 【选择标高】对话框

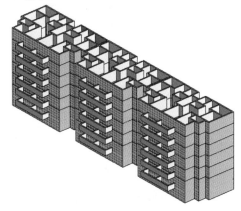

图 4-165 三维视图

4.3.4 实例——创建跃层（F8）墙体

接上一节练习的结果，继续创建住宅楼跃层（即 F8）墙体。

⭐01 转换至"F7"视图，选择内外墙体，启用"复制到剪切板"工具，复制墙体。在"粘贴"列表中选择"与选定的标高对齐"选项，在【选择标高】对话框中选择"F8"，如图 4-166所示。单击"确定"按钮关闭对话框，系统执行粘贴操作。

图 4-166 【选择标高】对话框

⭐02 转换至"F8"视图，按住 <Ctrl> 键不放，依次单击选择待删除的墙体，如图 4-167 所示。

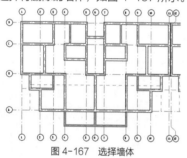

图 4-167 选择墙体

⭐03 按下 <Delete> 键，将选中的墙体删除，如图 4-168 所示。墙体被删除后，灰色的墙线为"F7"层的内墙线，提供参考作用，不可被编辑。

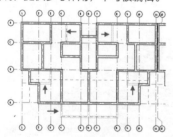

图 4-168 删除墙体

⭐04 启用墙工具，在"属性"选项板中选择墙类型为"住宅楼-F1-240mm-内墙"，在 C 轴上绘制墙体，以连接 3 轴、4 轴上的垂直墙体，如图 4-169 所示。

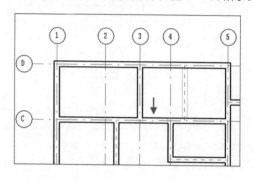

图 4-169 绘制水平墙体

⭐05 在放置墙的状态下，继续在 C 轴上绘制墙体，以连接 8 轴与 9 轴，如图 4-170 所示。

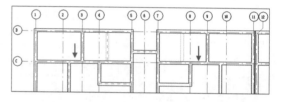

图 4-170 绘制墙体

⭐06 参考上述操作，删除部分内墙体以及阳台墙体。启用墙工具，在 C 轴上绘制墙体，完成 F8 墙体的编辑结果如图 4-171 所示。

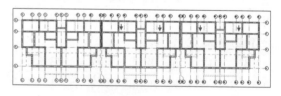

图 4-171 编辑墙体

4.4 幕墙

幕墙是墙体的一种类型，由嵌板和幕墙竖梃组合，属于外墙，附着于建筑结构，不承担建筑的楼板或者屋顶荷载。通过启用 Revit 中的幕墙工具，可以创建、删除幕墙，还可设置幕墙网格、竖梃的属性参数。

4.4.1　创建幕墙

选择"建筑"选项卡，在"构建"面板中单击"墙"按钮，在"属性"面板中选择墙体类型为"幕墙"，如图 4-172所示。在"修改|放置 墙"选项栏中设置"高度"为F2，勾选"链"选项，设置"偏移量"距离为"0"，如图 4-173所示。

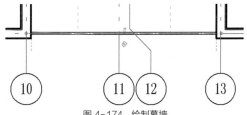

图 4-174　绘制幕墙

单击"属性"选项板中的"编辑类型"按钮，在【类型属性】对话框中的"类型参数"选项组下勾选"自动嵌入"选项，如图 4-175 所示。单击"确定"按钮关闭对话框。

图 4-175　勾选"自动嵌入"选项

转换至三维视图，查看幕墙的创建结果，如图 4-176 所示。

图 4-172　"属性"面板

图 4-173　"修改 | 放置 墙"选项栏

鼠标左键依次单击点取轴线的交点为幕墙的起点和端点，可以完成幕墙的创建。选中幕墙，可以显示幕墙图标以及指示箭头（表示幕墙的方向），如图 4 -174 所示。

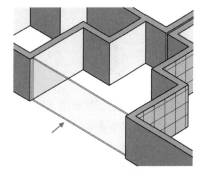

图 4-176　幕墙三维效果

4.4.2　幕墙网格

假如所绘制的幕墙不带网格，Revit 提供了手动添加网格的工具。将视图转换为三维视图，选择"建筑"选项卡，在"构建"面板上单击"幕墙网格"按钮，转换至"修改 | 放置 幕墙网格"选项卡。在"放置"面板上单击"全部分段"按钮，如图 4-177 所示。

图 4-177　"放置"面板

光标置于幕墙上侧边缘，此时可以在幕墙上显示一条垂直虚线。移动鼠标，临时尺寸标注可以实时标注虚线与左右两侧幕墙边缘线的距离，如图 4-178 所示。

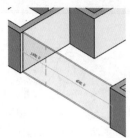

图 4-178　显示垂直虚线

单击鼠标左键，可以在指定的位置上放置网格，如图 4-179 所示。此时仍然处于放置幕墙网格的状态，继续移动鼠标，在幕墙边缘上指定网格的位置，如图 4-180 所示。

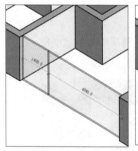 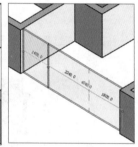

图 4-179　创建垂直网格　　　图 4-180　指定位置

单击鼠标左键，创建网格如图 4-181 所示。使用"全部分段"工具放置网格，可以在所有的幕墙嵌板上放置网格，鼠标移动至幕墙垂直边缘上，所显示的网格预览虚线，表示将在三块幕墙嵌板上同时创建网格，如图 4-182 所示。

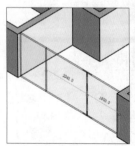 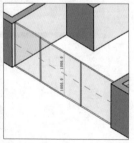

图 4-181　放置网格　　　　　图 4-182　预览位置

单击鼠标左键，对幕墙嵌板执行全部分段的结果如图 4-183所示。在"放置"面板上单击"一段"按钮┼，仅可以在指定的某个幕墙嵌板上放置一条网格线。

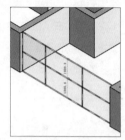

图 4-183　放置网格

将鼠标置于幕墙的边缘，所显示的虚线表示即将创建的网格位置，如图 4-184 所示。在图中，一共有三块幕墙嵌板，系统仅在指定的幕墙嵌板上放置网格，与启用"全部分段"工具得到的效果不同。

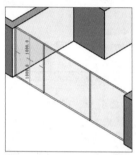

图 4-184　显示虚线

单击鼠标左键，可以在指定的幕墙嵌板上创建水平网格，如图 4-185 所示。在"放置"面板上单击"除拾取外的全部"按钮┼，可以在除了选择排除的幕墙嵌板之外的所有嵌板上，放置网格线段。在幕墙边缘单击鼠标左键，可以预览红色的网格线段，如图 4-186 所示。

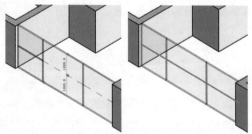

图 4-185　放置网格　　　图 4-186　预览红色的网格线段

在中间的幕墙嵌板上单击红色预览线段，此时该线段的线型转化为虚线段，如图 4-187 所示。按下两次 <Esc> 键退出放置网格的操作，可以发现左、右两侧的嵌板上被放置了水平网格，中间的嵌板由于已被排除，因此未被放置网格线段，如图 4-188 所示。

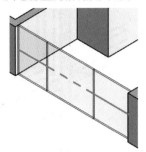

图 4-187　排除嵌板

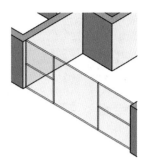

图 4-188　放置网格

> **提示**
> 选择网格，在"幕墙网格"面板上单击"添加 / 删除"线型按钮，在实线网格上单击鼠标左键，可以删除该段网格，在虚线网格线上单击鼠标左键，可以在虚线的位置上创建一段网格。

4.4.3　幕墙竖梃

　　幕墙竖梃是竖梃轮廓沿着幕墙网格方向放样而生成的实体模型。假如将竖梃放置在内部网格上，系统默认其位于网格的中心处。

　　选择"建筑"选项卡，在"构建"面板上单击"竖梃"按钮，转换至"修改 | 放置 竖梃"选项卡，在"放置"面板上单击"网格线"按钮，如图 4-189 所示。在网格上单击鼠标左键，可以在网格的基础上创建竖梃模型，如图 4-190 所示。

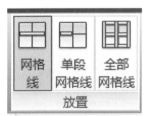

图 4-189　"放置"面板

图 4-190　放置竖梃

> **提示**
> 选择"单段网格线"工具，可以将竖梃放置在指定的一段网格线上。
> 选择"全部网格线"工具，可将竖梃放置在选定网格中的所有网格线上。

　　在选择"网格线"工具创建竖梃的情况下，需要在各段网格上逐次单击鼠标左键，才可为一定范围内的幕墙嵌板创建竖梃模型，如图 4-191 所示。

图 4-191　创建竖梃模型

　　系统默认竖梃的连接方式有两种，一种是打断，另一种是结合。在创建竖梃时，系统默认其连接方式为打断，如图 4-192 所示。

图 4-192　"打断"样式

　　选择竖梃模型，在"竖梃"面板上单击"结合"

按钮，如图 4-193 所示，可以更改竖梃的连接样式。

如图 4-194 所示为竖梃"结合"样式的创建结果。

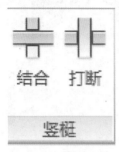

图 4-193 "竖梃"面板

图 4-194 "结合"样式

提示

选择"结合"样式，可以在连接处延伸竖梃的端点，方便竖梃显示为连续的竖梃模型。

选择"打断"样式，可以在连接处修剪竖梃的端点，方便竖梃显示为单独的竖梃模型。

4.4.4 幕墙嵌板

系统默认幕墙嵌板的材质为玻璃，通过单击选择嵌板，可以更改它的属性。将鼠标置于嵌板的边缘，按下键盘上的 <Tab> 键，待选中嵌板时，系统会提示"幕墙嵌板：系统嵌板：玻璃"时单击鼠标左键，可以选中一块嵌板，如图 4-195 所示。在"属性"面板上显示该面板的材质，如图 4-196 所示。

单击材质选项，在调出的列表中选择其他材质，例如子母门，如图 4-197 所示。选中材质后，可以将该材质赋予选中的嵌板，如图 4-198 所示。还可将选中的嵌板材质更改为墙体、门窗等类型。

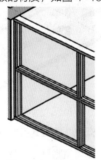

图 4-195 选择嵌板

图 4-197 选择材质

图 4-196 "属性"面板

图 4-198 更换材质

AUTODESK
REVIT

第5章

门窗

Revit Architecture 提供了创建门窗的工具，通过启用这些工具，可以创建门窗，增加样式，调整参数并进行标注。本章将学习设置门窗的方法。

5.1 门

Revit Architecture 中默认包含了门图元，调用"添加门"工具后，可以将门图元添加至指定的主体结构中。还可以从外部载入族，以增加"门图元"的样式。

5.1.1 添加门

选择"建筑"选项卡，在"构建"面板上单击"门"按钮，在"属性"选项板中选择"双扇门-1500×2100mm"样式，如图 5-1 所示。光标置于墙体上，此时显示的临时尺寸标注表示门与两侧墙体的距离值，如图 5-2 所示。移动光标，则距离值实时发生变化。

 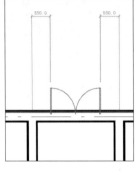

图 5-1 "属性"选项板图　　5-2 显示临时尺寸标注

单击鼠标左键，可以在指定的墙体位置插入门图元，如图 5-3 所示。门图元两侧所显示的临时尺寸标注，标注门与两侧墙体的距离大小，门标记位于门图元的下方。单击选择门标记，按住鼠标左键不放，可以调整门标记的位置。

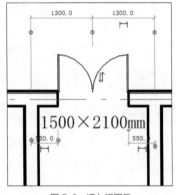

图 5-3 插入门图元

选择门标记，转换至"修改|门标记"选项卡，在左下角的选项栏中，勾选"引线"选项，并设置引线的样式为"附着端点"，如图 5-4 所示。

图 5-4 勾选"引线"选项

此时门标记与门图元之间显示垂直引线，连接标记与图元，如图 5-5 所示。选中引线，显示一个实心圆点。单击激活圆点，在端点位置固定不变的情况下，可以通过调整圆点的位置来定义引线的样式。

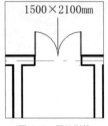

图 5-5 显示引线

选择"自由端点"样式，引线上显示两个实心圆点，单击激活圆点，移动圆点可以改变引线的样式及其端点位置，如图 5-6所示。在选中引线及标记的情况下，将样式修改为"附着端点"，引线样式又恢复显示为垂直线段的样式。

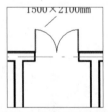

图 5-6 更改引线样式

选择平开门，在图元中间显示"向上/向下"指示箭头，单击箭头，可以翻转门图元，更改其开门方向，如图 5-7 所示。

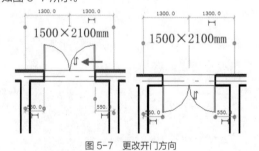

图 5-7 更改开门方向

在有些门图元上会同时显示"向上/向下"和"向左/向右"指示箭头,如图5-8所示,单击箭头,可以在相应方向调整门方向。

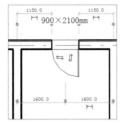
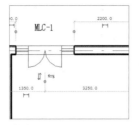

图5-8　显示箭头

5.1.2　门标记

在"属性"选项板中选择门类型,在门图标的右侧显示门标记,如图5-9所示。在墙体中指定门的插入位置,可以同时创建门图元及标记,如图5-10所示。

图5-9　显示门标记

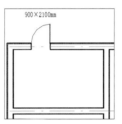

图 5-10　操作结果

选择门图元,在"属性"选项板上单击"编辑类型"按钮,调出【类型属性】对话框,如图5-11所示。单击右侧的"重命名"按钮,在【重命名】对话框中设置门的新名称,如图5-12所示。

图 5-11　【类型属性】对话框图　5-12　【重命名】对话框

单击"确定"按钮,关闭对话框返回【类型属性】对话框,单击"确定"按钮返回工作界面。观察门图元,可以发现门标记已发生了改变,沿袭了在【重命名】对话框中的设置,如图5-13所示。

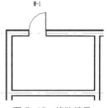

图5-13　修改编号

选择门图元,在"修改"面板上单击"复制"按钮，在源图元上单击鼠标左键指定基点,移动鼠标,单击鼠标左键指定第二点,完成复制门图元的操作如图5-14所示。复制或者放置相同类型的门图元时,编号不会发生改变,仍然沿用第一个图元的标记。

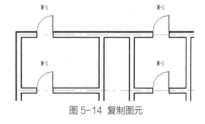

图5-14　复制图元

在执行复制操作时,假如勾选"约束"选项,则鼠标仅能在水平方向上移动并执行复制图元的操作。取消勾选该项,鼠标可以在任意方向移动。也可以在保持勾选该项的情况下,按住<Shift>键,则鼠标可临时在任意方向移动。

5.1.3　编辑门

选择门图元,在"属性"选项板中选择其他样式的门,可以更改所选的门样式。如选择单扇门,接着在"属性"选项板中选择"门连窗（MLC-1）"样式,如图5-15所示。返回绘图区,可以发现单扇门样式已被更换为"门连窗"样式,如图5-16所示。

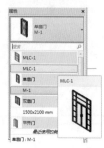

图 5-15 选择门样式

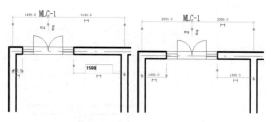

图 5-17 键入距离值图　　5-18 更改门位置

在绘图区中选择门图元，单击"属性"选项板中的"编辑类型"按钮，在【类型属性】对话框中可以更改门的属性参数。如图 5-19 所示为在"宽度"选项中修改宽度值，单击"确定"按钮关闭对话框。返回绘图区，查看门的尺寸已发生了变化，继承了在【类型属性】对话框所定义的宽度值，如图 5-20 所示。

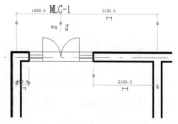

图 5-16 更改门样式

选择门图元，可以显示临时尺寸标注，标注门图元与周围墙体的关系。鼠标左键单击临时尺寸标注文字，进入在位编辑状态。键入新标注文字，如图 5-17 所示。按下 <Enter> 键，可以更改临时尺寸标注文字，并同时修改门的位置，如图 5-18 所示。

 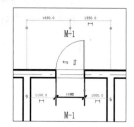

图 5-19 【类型属性】对话框　　图 5-20 更改门宽度

5.2 添加住宅楼门

运用前面小节所介绍的知识，可以为住宅楼添加门图元。在第 4 章中绘制完成的"4.3 创建住宅楼墙体"小节的基础上，本节介绍在住宅楼中添加门的操作方法。

5.2.1 实例——添加住宅楼一层门

住宅楼每一楼层的结构大致相同，但是由于在功能分区上有所调整，因此各层门窗的样式会有差别。本节首先介绍创建 F1 楼层的门图元，其他楼层门图元的创建可以参考本节的介绍。

⭐01 打开"04/4.3 创建住宅楼墙体 .ret"文件，执行"另存为"命令，在【另存为】对话框中设置文件名称为"5.2 添加住宅楼门"，单击"保存"按钮，完成"另存为"文件的操作。

⭐02 选择"建筑"选项卡，在"构建"面板上单击"门"按钮，转换至"修改|放置 门"选项卡，在"标记"面板上单击"在放置时进行标记"选项，如图 5-21 所示，接着单击"模式"面板上的"载入族"按钮。在【载入族】对话框中选择名称为"双扇门"的族文件，如图 5-22 所示，单击"打开"按钮，执行载入族的操作。

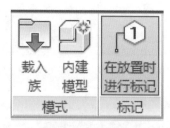

图 5-21 "标记"面板

图 5-22 【载入族】对话框

❤03 保存放置门的状态，此时在"属性"选项板中可以显示所载入的双扇门族图元，单击"编辑类型"按钮，调出【类型属性】对话框。单击"重命名"按钮，在【重命名】对话框中将门图元命名为"SSM-1"，如图 5-23 所示。单击"确定"按钮返回【类型属性】对话框。分别在"高度"和"宽度"选项中修改门参数，其他选项参数保持默认，如图 5-24 所示。

图 5-23 【重命名】对话框

图 5-24 【类型属性】对话框

❤04 返回绘图区，在"属性"面板上修改"底高度"为"-360"，如图 5-25 所示。鼠标置于墙体之上，移动鼠标以指定门的插入位置，如图 5-26 所示。

图 5-25 "属性"面板

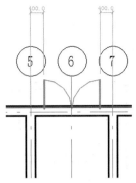

图 5-26 指定插入位置

❤05 点取5轴与7轴之间墙体的中点为门的插入点，添加双扇平开门图元的结果如图 5-27 所示。

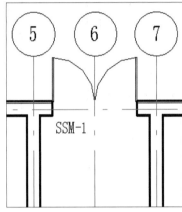

图 5-27 添加双扇平开门

❤06 启用门工具，在"属性"选项板中选择单扇门样式。单击"编辑类型"按钮，在【类型属性】对话框中调出【重命名】对话框，设置单扇门的门标记为"DSM-1"，单击"确定"按钮关闭对话框，在"属性"选项板中设置"底高度"为"-600"，如图 5-28 所示。

图 5-28 "属性"面板

❤07 在内墙上指定门的插入点，创建单扇平开门的结果如图 5-29所示。选择单扇门，在临时尺寸标注

上单击鼠标左键，进入在位编辑状态。在编辑框中键
入新标注文字"220"，如图 5-30 所示。

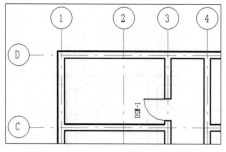

图 5-29 创建单扇平开门

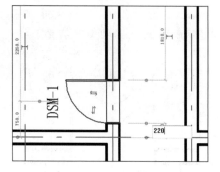

图 5-30 键入新标注文字

08 按下 <Enter> 键，调整门的位置如图 5-31
所示。选中门，单击"向下（向上）箭头"，调整门
的开启方向，如图 5-32 所示。

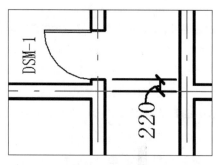

图 5-31 调整门的位置

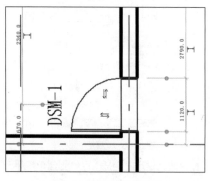

图 5-32 调整门的开启方向

提示

单扇门距墙为"100mm"，轴线也是墙体的中线，
因此"220mm"是门距墙的"100mm+120mm（墙体
总宽为240mm）"之和。

09 选择DSM-1图元，单击"修改"面板上的
"镜像-拾取轴"按钮，拾取箭头所指的轴线，
向下镜像复制"DSM-1"图元，结果如图 5-33 所
示。选择"建筑"选项卡，在"工作平面"面板上
单击"参照平面"按钮，鼠标置于"3轴"与"4
轴"之间的D轴墙体上，键入距离值"850"，如图
5-34所示。

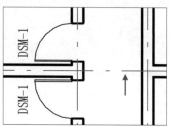

图 5-33 向下镜像复制 DSM-1 图元

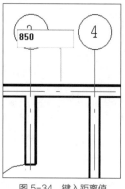

图 5-34 键入距离值

10 单击鼠标左键，向下移动光标，在合适位置单
击鼠标左键，创建参照平面的结果如图 5-35 所示。
选择 DSM-1 图元，启用"镜像 - 拾取轴"工具，拾
取参照平面为镜像轴，向右复制 DSM-1 图元的结果
如图 5-36 所示。

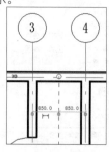

图 5-35 创建参照平面

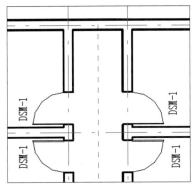

图 5-36 镜像复制 DSM-1 图元

> **提示**
>
> 执行镜像复制门图元时，注意要同时将图元及标记选中，否则系统仅复制选中的图元，而门图元与标记是两种不同类型的图元，需要分别选中。

⭐11 启用门工具，在"3"轴与"4"轴之间的墙体上插入"DSM-1"图元。启用"镜像-拾取轴"工具，以"4"轴为镜像轴，向右复制"DSM-1"图元，如图 5-37 所示。

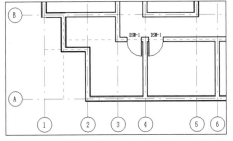

图 5-37 向右复制 DSM-1 图元

⭐12 选中 DSM-1 图元，启用"镜像-拾取轴"工具，以 6 轴为镜像轴，向右镜像复制 DSM-1 图元，如图 5-38 所示。

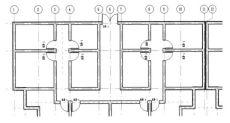

图 5-38 镜像复制图元

⭐13 全选图中所有门图元及标记，单击"修改"面板上的"复制"按钮，取消勾选"约束"选项，单击"6 轴"为基点，向右移动鼠标，单击"17 轴"为下一点，完成复制门图元及标记的复制。保持图元及标记的选择状态，启用"复制"工具，单击"17 轴"为基点，向右移动鼠标，单击"28 轴"为下一点，复制结果如图 5-39 所示。

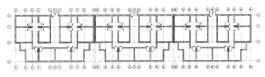

图 5-39 复制图元

> **提示**
>
> 由于篇幅的原因，在书稿中不能清晰的显示复制结果，请前往"资源 /05/5.2 实例——添加住宅楼门 .ret"文件中查看。

5.2.2 实例——添加住宅楼二层门

接上一小节的练习结果，在住宅楼二层墙体上添加门图元。

⭐01 转换至 F2 视图，F1 中的门图元以淡灰色线型显示。SSM-1 图元在视图中以黑色线型显示，如图 5 -40 所示，可以选中并编辑。为方便添加二层门图元，可以将该双扇门图元隐藏。

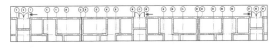

图 5-40 显示图元

⭐02 选中 SSM-1 图元，单击鼠标右键，在弹出的快捷菜单中选择"在视图中隐藏"→"图元"选项，如图 5 -41 所示。所选图元即被隐藏。

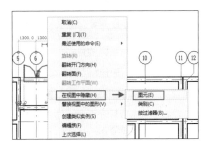

图 5-41 选项菜单选项

通过启用视图控制栏上的"显示隐藏图元"工具，可以显示被隐藏的图元。单击"显示隐藏图元"按钮，系统进入显示图元模式。绘图区边框显示为红色，其他正常显示的图元以淡灰色显示，显示的隐藏图元以红色显示，如图 5-42 所示。

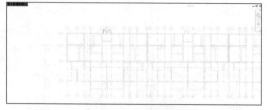

图 5-42　显示隐藏图元

选中图元，单击鼠标右键，在菜单中选择"取消在视图中隐藏"→"图元"选项，如图 5-43 所示。接着再次单击视图控制栏上的[关闭"显示隐藏的图元"]按钮 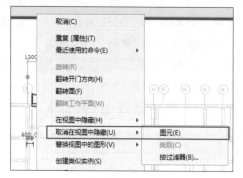，关闭显示界面，重新显示所有图元。

图 5-43　快捷菜单

✪03　启用门工具，在"属性"选项板中选择"DSM"类型，单击"编辑类型"按钮，调出【类型属性】对话框。单击"复制"按钮，以DSM-1为基础，复制族类型副本。在【名称】对话框中，设置新族名称，如图 5-44所示。

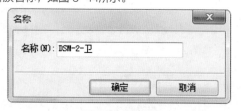

图 5-44　设置名称

✪04　单击"确定"按钮返回【类型属性】对话框，修改门宽度为 700，其他数值保持不变，如图 5-45所示。在墙体上单击鼠标左键完成插入门图元的操作，按下两次 <Esc> 键退出命令，如图 5-46 所示。

门侧柱厚度	44.0
高度	2100.0
Structural Tolerance	0.0
宽度　➡	700

图 5-45　修改宽度

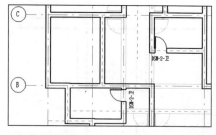

图 5-46　插入图元

✪05　启用门工具，在"属性"选项板中选择"DSM-1"门类型，在墙体上单击鼠标左键指定基点以插入门图元，如图 5-47所示。保持放置门状态，在"属性"面板中选择"SSM-1"门类型，单击"编辑类型"按钮，进入【类型属性】对话框。单击"复制"按钮，在【名称】对话框中设置新族名称，如图 5-48所示。

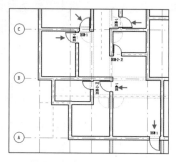

图 5-47　插入 DSM-1 图元

图 5-48　【名称】对话框

提示

"FHM-1"表示该门类型为防火门，编号为 1。

✪06　单击"确定"按钮返回【类型属性】对话框，修改门参数，将"高度"值设置为"2100"而"宽度"值设置为"1200"，如图 5-49 所示。单击"确定"按钮关闭对话框。在楼梯间左侧墙体单击鼠标左键确定插入基点，添加门图元的结果如图 5-50 所示，按下两次 <Esc> 键退出命令。

门侧柱厚度剪切边	32.0
门侧柱厚度	44.0
高度	2100.0
宽度	1200

图 5-49　修改门参数

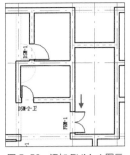

图 5-50　添加 FHM-1 图元

⭐07　选择视图中的所有图元，启用"过滤器"工具
▽，在【过滤器】对话框中选择"门"与"门标记"
选项，如图 5-51 所示。单击"确定"按钮关闭对话
框，被选择的图元显示为选中状态，如图 5-52所示。

图 5-51　【过滤器】对话框

图 5-52　选择图元

5.2.3　实例——添加住宅楼三～七层门

接上一节的练习结果，继续创建三～七层门。

⭐01　在F2视图中选择全部图元，启用过滤器工具，
在【过滤器】对话框单击"放弃全部"按钮，接着勾
选"门"选项，如所示，如图 5-55 所示。单击"确定"
按钮关闭对话框，门图元被全部选中。

⭐02　启用复制到剪切板工具，在"剪贴板"面板
上单击"粘贴"按钮，在弹出的列表中选择"与选定

提示

门图元与门标记为两类独立的图元，在执行逐个选择
的过程中，容易发生遗漏，通过启用"过滤器"工具
▽，可以确保选中每个门及门标记图元。

⭐08　启用"镜像－拾取轴"工具，单击6轴为
镜像轴，可以将选中的门图元镜像复制到右侧，如图
5-53 所示。

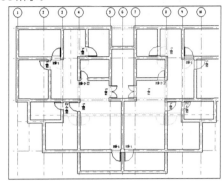

图 5-53　镜像复制结果

⭐09　启用过滤器工具，选择1轴至12轴之间的门
图元及门标记图元。启用复制工具，将选中的图元向
右移动复制，如图 5-54 所示。

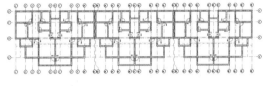

图 5-54　复制图元

提示

在截图中无法清楚地显示编辑结果，请前往"资源／
05/5.2 添加宅楼门 .ret"文件中查看。

图 5-55　【过滤器】对话框

的标高对齐"选项。在【选择标高】对话框中，按住
<Shift>键，连选"F3"~"F7"标高，如图5-56所示。

图5-56 选择图层

门标记属于注释性图元，不能执行"与选定的标高对
齐"操作，因此首先选择门图元执行复制粘贴操作。

⭐03 单击"确定"按钮，系统开始执行粘贴操作。
待操作完成后，转换至F3视图，查看门图元的粘贴
结果，如图5-57所示。在F2视图中全选图形，启
用过滤器工具，在【过滤器】对话框中选择"门标记"
选项，如图5-58所示。

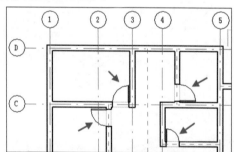

图5-57 查看门图元的粘贴结果

图5-58 【过滤器】对话框

⭐04 启用复制到剪切板工具，接着单击"粘贴"按
钮，在列表中选择"与选定的视图对齐"选项，如图

5-59所示。在【选择视图】对话框中选择"楼层平面:
F3"~"楼层平面: F7"，如图5-60所示。

图5-59 选择"与选定的视图对齐"

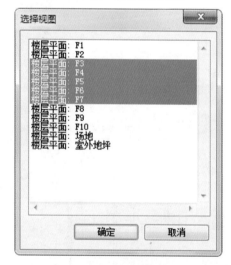

图5-60 选择视图

⭐05 单击"确定"按钮，系统执行复制粘贴门标记
的操作。操作结束后，依次转换至F3—F7视图，检
查复制粘贴门标记的结果，如图5-61所示。

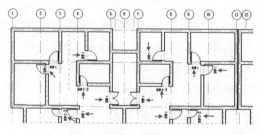

图5-61 复制图元

5.2.4 实例——添加住宅楼跃层（F8）门

在上一节练习的基础上，继续添加跃层（F8）的门图元。

⭐01 转换至 F8 视图，启用门工具，在"属性"选项板中选择"DSM-1"门类型，在墙体上点取基点插入门图元，如图 5-62 所示。按下一次 <Esc> 键结束一轮放置门的操作，在"属性"选项板中选择"DSM-2-卫"门类型，在卫生间墙体上指定基点，插入门图元的结果如图 5-63 所示。

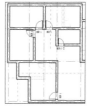

图 5-64 选择图元

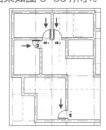

图 5-62 插入单扇门图元

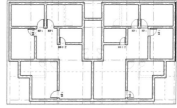

图 5-65 镜像复制图元

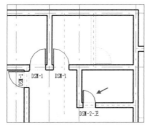

图 5-63 插入卫生间门图元

⭐02 依次选择"DSM-1"和"DSM-2-卫"门图元，如图 5-64 所示。启用"镜像-拾取轴"工具，点取"6 轴"为镜像轴，向右镜像复制门图元，按下两次 <Esc> 键退出命令，如图 5-65 所示。

⭐03 选择视图中所有的门图元与门标记图元，启用复制工具，在"修改|门"选项中取消勾选"约束"选项，选择"多个"选项，点取 6 轴与 D 轴的交点为基点，向右移动鼠标，点取 17 轴与 D 轴的交点为下一点，完成一轮复制操作。此时"约束"选项被选中，鼠标单击此选项，取消其选择状态。向右移动鼠标，点取 28 轴与 D 轴的"交点"为端点，按下两次 <Esc> 键退出命令，如图 5-66 所示。

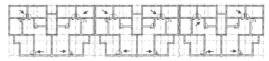

图 5-66 复制图元

5.3 窗

插入窗与编辑窗的方法与插入门与编辑门的方法相同，但是在插入窗图元时，除了要设置窗的宽度与高度外，窗台的高度不可忽视。可以在平面视图中查看窗的宽度，然后转换至立面视图或者三维视图，查看窗以及窗台的高度。

5.3.1 添加窗

选择"建筑"选项卡，在"构建"面板上单击"窗"按钮，在"属性"选项板中选择"外飘窗"样式，如图 5-67 所示。单击"编辑类型"按钮，调出【类型属性】对话框。在对话框中单击"重命名"按钮，在【重命名】对话框中修改窗名称，如图 5-68 所示。

图 5-67 "属性"选项板　图 5-68 修改名称

单击"确定"按钮返回【类型属性】对话框，在"尺寸标注"选项组下修改"高度"以及"宽度"参数，如图 5-69 所示。单击"确定"按钮，关闭对话框。在墙体上单击鼠标左键，插入飘窗图元的结果如图 5-70 所示。

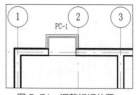

图 5-71 调整标记位置

转换至三维视图，查看飘窗的创建结果，如图 5-72 所示。

图 5-69 修改尺寸参数

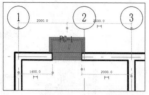

图 5-70 插入飘窗

单击选中窗标记"PC-1"，在标记下方显示由四个方向箭头组成的拖曳符号，单击后选中符号，向上移动鼠标，以向上移动标记的位置，防止因其与窗图元重叠而发生辨认不清的情况，如图 5-71 所示。

图 5-72 三维视图

提示

选中飘窗，通过修改临时尺寸标注，可以调整飘窗在平面视图上的位置。

5.3.2 实例——添加住宅楼一层窗

本节介绍在"5.2 添加住宅楼门"小节的基础上，为住宅楼添加窗的操作方法。

⭐01 打开"05/5.2 添加住宅楼门 .ret"文件，执行"另存为"命令，在【另存为】对话框中设置文件名称为"5.3 添加住宅楼窗"，单击"保存"按钮，完成"另存为"文件的操作。

⭐02 启用窗工具，在"属性"选项板中选择"双扇推拉窗"样式，单击"编辑类型"按钮，调出【类型属性】对话框。单击"重命名"按钮，在【重命名】对话框中设置窗的新名称为"TLC-1"，如图 5-73 所示。单击"确定"按钮返回【类型属性】对话框，在"宽度"选项及"高度"选项中修改窗的参数，如图 5-74 所示。单击"确定"按钮关闭对话框。

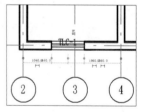

图 5-75 设置窗台高度

图 5-76 插入窗

⭐04 选择窗标记，激活拖动按钮，向上调整标记的位置，如图 5-77 所示。选择窗，单击左侧的临时尺寸标注，进入在位编辑状态，在编辑框中键入距离参数，如图 5-78 所示。

图 5-73 修改名称

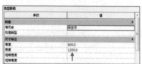

图 5-74 修改参数

⭐03 在"属性"选项板中的"顶高度"选项中设置参数，如图 5-75 所示。鼠标置于 A 轴墙体上，在 2 轴与 4 轴之间的墙体上单击鼠标左键，插入"TLC-1"，结果如图 5-76 所示。按下两次 <Esc> 键，退出放置窗的状态。

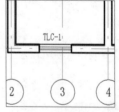

图 5-77 调整标记位置

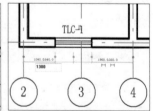

图 5-78 输入距离值

⭐05 按下 <Enter> 键，调整窗位置如图 5-79 所示。重新启用窗工具，参照以上所介绍的方法，在 A 轴上插入 TLC-1，设置其与轴线的间距为"700"，如图 5-80 所示。

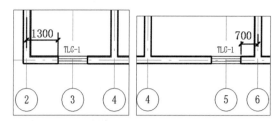

图 5-79　调整窗位置　　　图 5-80　插入窗

在插入窗图形的过程中，不必拘泥于在插入的同时就要确认窗的具体位置。在快速完成插入操作后，通过修改间距参数，可以达到调整窗位置的目的。

⭐06　选择由上一步骤插入的窗图元及标记图元，单击"修改"面板上的"镜像-拾取轴"按钮，拾取"6轴"为镜像轴，向右复制TLC-1图元，如图5-81所示。选择镜像复制得到的窗及标记图元，单击"修改"面板上的"复制"按钮，向右移动复制图元。修改临时尺寸标注参数，使窗与8轴的间距为"1100"，如图 5-82所示。

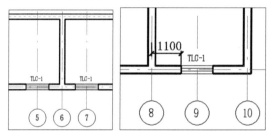

图 5-81　镜像复制图元　　　图 5-82　复制结果

⭐07　选择窗图元，显示由向上／向下箭头组合成的标记符号。符号在窗的内侧，表示窗的外表面装饰朝里，如图 5-83 所示。单击标记符号，当符号的位置转换至窗的外侧时，表示已调整窗外表面装饰的方向，即方向朝外了，如图 5-84 所示。

5.3.3　实例——添加住宅楼二层窗

接上一小节的练习，继续添加二层窗图元。

⭐01　转换至 F2 视图，启用窗工具，在"属性"选项板中选择"双扇推拉窗"，单击"编辑类型"按钮，调出【类型属性】对话框。单击"重命名"按钮，在其中设置新名称，如图 5-87 所示。单击"确定"按钮返回【类型属性】对话框，修改"宽度"值为"1200"，如图 5-88 所示，其他参数保持不变，单击"确定"按钮关闭对话框。

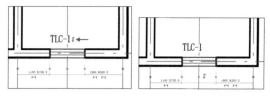

图 5-83　符号在内侧　图 5-84　符号在外侧

⭐08　参考以上步骤所介绍的方法，分别在 B 轴与 C 轴间、1 轴与 3 轴间、4 轴与 5 轴间、7 轴与 8 轴间、9 轴与 11 轴间插入 TLC-1 图元，如图 5-85 所示。

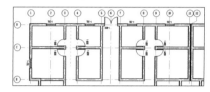

图 5-85　插入窗图元

可以启用窗工具插入图元，或者启用复制工具来复制窗图元，两种方法皆可完成以上图形的创建。

⭐09　按住 <Ctrl> 键不放，全选所绘制的窗图元，启用复制工具，向右移动复制窗图元，如图 5-86 所示。由于篇幅的原因，在书稿中不能清晰的显示复制结果，请前往"资源 /05/5.3 添加住宅楼窗 .ret"文件中查看。

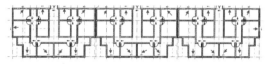

图 5-86　操作结果

待复制操作结束后，通过复制得到的图元副本仍然保持被选中的状态，此时可以再次启用复制工具，移动复制所选中的图元。

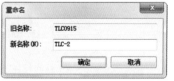

图 5-87　设置新名称

尺寸标注	
高度	1500.0
宽度	➡ 1200
L_窗帘高度	1500.0

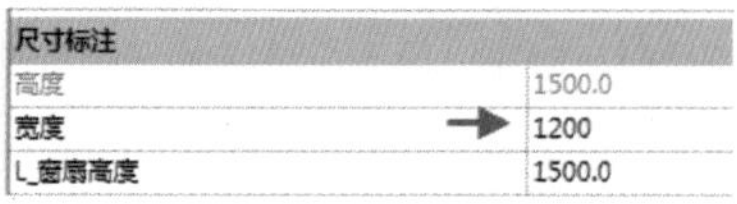

图 5-88　修改参数

⭐02 鼠标置于 A 轴墙体上,在 2 轴与 4 轴开间内的墙体指定插入点,单击鼠标左键,插入 TLC-2 图元如图 5-89 所示。选择窗图元(注:窗标记不选),启用"镜像－拾取轴"工具,单击 3 轴为镜像轴,向右镜像复制窗图元,如图 5-90 所示。

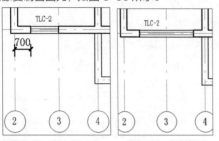

图 5-89　插入 TLC-2　　　图 5-90　复制图元

提示

由于两窗之间的间距为"0",因此合并显示的样式表面看起来像是只有一个窗图元。而用鼠标拾取指定的一个,可以对其编辑,不影响另一个。

⭐03 选择经由上述步骤所创建的窗图元、窗标记图元,以 4 轴为镜像轴,启用"镜像－拾取轴"工具,将图元复制到 4 轴的右侧,如图 5-91 所示。

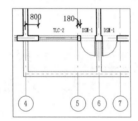

图 5-91　镜像复制图元

⭐04 启用"窗"工具,在"属性"选项板上选择"双扇推拉窗"。单击"编辑类型"按钮,调出【类型属性】对话框。单击"复制"按钮,在【名称】对话框中设置新名称,如图 5-92所示。

图 5-92　设置名称

⭐05 单击"确定"按钮返回【类型属性】对话框,在"尺寸"选项组下设置"宽度"值为"600",如图 5-93所示。单击"确定"按钮关闭对话框。在卫生间墙体上指定基点,单击鼠标左键,插入TLC-3,如图 5-94所示,按下两次<Esc>键退出命令。

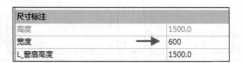

尺寸标注	
高度	1500.0
宽度	→ 600
L_窗扇高度	1500.0

图 5-93　设置宽度值

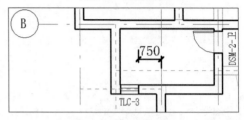

图 5-94　插入 TLC-3

⭐06 在放置窗的状态下,在"属性"选项板中单击"编辑类型"按钮。在【类型属性】对话框中单击"复制"按钮,调出【名称】对话框,在其中设置新名称为"TLC-4",单击"确定"按钮返回【类型属性】对话框。在"尺寸标注"选项组下修改"宽度"值为"900",如图 5-95 所示。

尺寸标注	
高度	1500.0
宽度	→ 900
L_窗扇高度	1500.0

图 5-95　修改参数

⭐07 单击"确定"按钮关闭对话框。在墙体上选择基点并单击鼠标左键,插入 TLC-4 图元,如图 5-96 所示,按下两次 <Esc> 键退出命令。

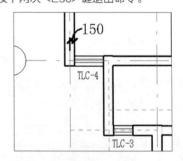

图 5-96　插入 TLC-3

⭐08 启用"窗"工具,在"属性"选项板里确认当前的窗类型为"双扇推拉窗",单击"编辑类型"按钮,在【类型属性】对话框中复制当前窗类型,并在【名称】对话框中设置新名称为"TLC-5"。在【类型属性】对话框中设置窗的宽度为"1800",如图 5-97所示。在墙体上指定基点,插入TLC-5的结果如图 5-98所示。

尺寸标注	
高度	1500.0
宽度	→　1800
L_窗扇高度	1500.0

图 5-97　设置宽度值

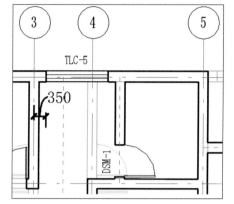

图 5-98　插入 TLC-5

⭐09　参考上述的操作步骤，在【类型属性】对话框中复制一个窗类型，并将其命名为"TLC-6"，设置其窗宽为"1200"，如图 5-99 所示。在 D 轴墙体上的 4 轴与 5 轴开间段内插入 TLC-6，如图 5-100 所示。

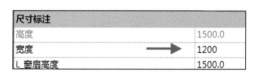

图 5-99　修改宽度

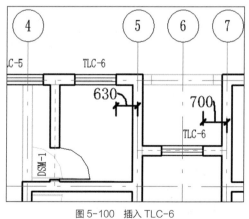

图 5-100　插入 TLC-6

5.3.4　实例——添加住宅楼三~七层窗

继续上一节的练习，本节介绍添加三~七层窗图元的操作过程。

⭐01　全选 F2 视图中的所有图形，启用"过滤器"工具，在【过滤器】对话框中选择"窗"选项，如图 5-104 所示。单击"确定"按钮关闭对话框。启用"复制到剪切板"工具，将窗图元复制至剪切板。启用"粘

⭐10　在"属性"选项板内选择 TLC-2 窗类型，在 D 轴墙体上的 1 轴与 3 轴开间段内插入窗图元，如图 5-101 所示。选择由以上步骤创建的所有窗图元、窗标记图元，启用"镜像-拾取轴"工具，拾取 6 轴为镜像轴，向右复制图元，如图 5-102 所示。

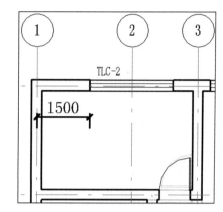

图 5-101　插入 TLC-2

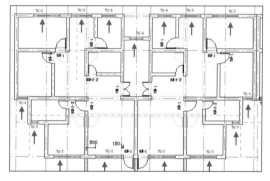

图 5-102　镜像复制图元

⭐11　启用"复制"工具，取消选择"约束"选项，勾选"多个"选项，依次点取 6 轴与 D 轴的交点为基点、17 轴与 D 轴交点 /28 轴与 D 轴交点为下一点，将窗图元、窗标记图元向右移动复制，如图 5-103 所示，按下两次 <Esc> 键退出命令。

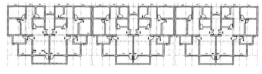

图 5-103　复制图元

贴"工具，在列表中选择"与选定的标高对齐"选项，在【选择标高】对话框按住 <Shift> 键不放，选择标高"F3"~"F7"，如图 5-105 所示。单击"确定"按钮，系统执行粘贴操作。

图 5-104　【过滤器】对话框

图 5-105　【选择标高】对话框

> **提示**
>
> 假如【过滤器】对话框中的选项较多，可以首先单击"放弃全部"按钮，放弃对所有选项的选择，再依次单击选取某个或某几个选项。

⭐ 02　启用"过滤器"工具，在【过滤器】对话框中选择"窗标记"选项，如图 5-106 所示。单击"确定"按钮关闭对话框，依次启用"复制"工具、"粘贴"工具，在"粘贴"列表中选择"与选定的视图对齐"选项，如图 5-107 所示。

图 5-106　【过滤器】对话框

图 5-107　"粘贴"列表

⭐ 03　在【选择视图】对话框中按住 <Shift> 键不放，选择楼层平面："F3"~"F7"，如图 5-108 所示。单击"确定"按钮，可以将选定的窗标记粘贴至选中的视图中去。

图 5-108　【选择视图】对话框

⭐ 04　转换至南立面视图，查看创建的各层窗图元，如图 5-109 所示。

图 5-109　南立面视图

⭐ 05　转换至三维视图，观察门窗模型的三维效果，如图 5-110 所示。

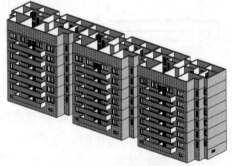

图 5-110　三维视图

5.3.5 实例——添加住宅楼跃层（F8）窗

接上一节的练习结果，继续为跃层（F8）添加窗图元。

⭐01 转换至 F8 视图。启用"窗"工具，在"属性"选项板中选择 TLC-2 类型窗，分别在 A 轴与 B 轴上指定基点，插入窗图元的结果如所示。在放置窗的状态下，在"属性"面板中选择"TLC-4"类型窗，在 TLC-2 的左侧插入窗图元，如图 5-111 所示。

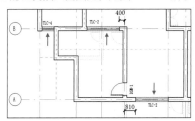

图 5-111 插入窗图元

⭐02 选择由上一步骤所创建的窗图元和窗标记图元，如图 5-112 所示。

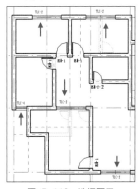

图 5-112 选择图元

⭐03 启用"镜像－拾取轴"工具，拾取"6 轴"为镜像轴，将选中的 TLC-2 图元与 TLC-4 图元向右镜像复制，如图 5-113 所示。

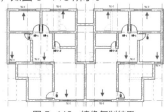

图 5-113 镜像复制结果

⭐04 选择由以上步骤所创建的图元，启用"复制"工具，向右执行移动复制操作，得到所选图元的副本，如图 5-114 所示。

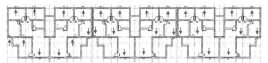

图 5-114 复制图元

⭐05 转换至南立面视图，在其中清楚的显示了各楼层窗模型的创建结果，如图 5-115 所示。

图 5-115 南立面视图

AUTODESK
REVIT

第6章

楼板、天花板与屋顶

通过启用楼板、天花板与屋顶工具，可以创建样式灵活的建筑构件模型。在前面章节学习的基础上，本章将学习创建楼板、天花板与屋顶的方法。

6.1 楼板

Revit Architecture 提供了三种绘制楼板的工具，分别是"楼板：建筑""楼板：结构""面楼板"。此外，还设置了"楼板：楼板边"工具，方便创建基于楼板边缘的放样模型图元。

6.1.1 添加楼板

选择"建筑"选项卡，在"构建"面板上单击"楼板"按钮下方的实心箭头，在调出列表中显示了系统所包含的创建楼板的工具，如图 6-1 所示。单击选择第一项，即"楼板：建筑"选项，转换至"修改|创建楼层边界"选项卡，如图 6-2 所示。在"绘制"面板上提供了多种绘制楼板的方式，有直线、矩形、多边形和圆形等，单击按钮，可以启用指定的绘制方式。启用"修改"面板中的工具，如对齐、复制和镜像等，可以对楼板执行编辑修改。操作完成后，单击"模式"面板中的"完成编辑模式"按钮，结束编辑并退出命令，返回视图。

图 6-3 "属性"选项板

图 6-4 选择墙体

在墙体上单击鼠标左键后，创建如图 6-5 所示的楼板线，以洋红色显示，楼板线的端点显示为蓝色的实心圆。陆续单击房间的四面墙，系统可在墙体周围创建楼板线，如图 6-6 所示。楼板线并不仅限于房间面积内，而是超出房间，延伸至其他区域。

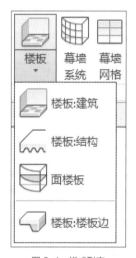

图 6-1 样式列表

图 6-2 "修改 | 创建楼层边界"选项卡

启用"楼板：建筑"工具，设置"偏移"值为"-240"，勾选"延伸到墙中（至核心层）"选项。在"属性"选项板中选择"楼板：混凝土"类型，设置"标高"为"F1"，"自标高的高度偏移"为"0"，如图 6-3 所示。将指针置于外墙上，高亮显示外墙，单击鼠标左键，选中墙体，如图 6-4 所示。

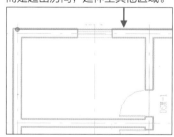

图 6-5 生成楼板线

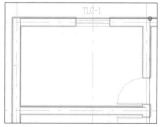

图 6-6 创建楼板线

启用"修改"面板上的"修剪/延伸为角"工具，如图 6-7 所示。单击水平楼板线，如图 6-8 所示。

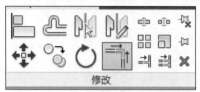

图 6-7 启用"修剪/延伸为角"工具

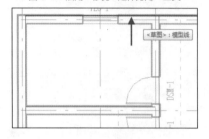

图 6-8 选择线段

接着单击垂直楼板线，如图 6-9 所示，系统对线段执行修剪操作后，多余的线段被修剪掉，两段线形成一个直角。保持"修剪/延伸为角"的状态，继续选择线段以对其执行修剪操作，如图 6-10 所示。

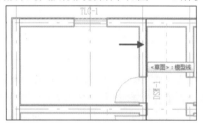

图 6-9 选择另一线段

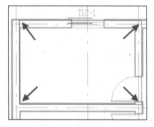

图 6-10 修剪边界

启用"修改"面板上的"对齐"工具，如图 6-11 所示。单击内墙线为对齐参照点，如图 6-12 所示。

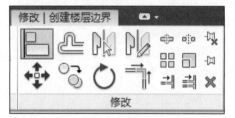

图 6-11 启用"对齐"工具

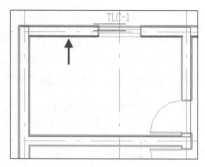

图 6-12 选择对齐参照点

接着单击楼板线，指定其为要对齐的实体，如图 6-13 所示。然后楼板可以与所指定的内墙线对齐，如图 6-14 所示。

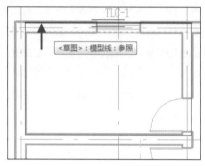

图 6-13 选择对齐实体

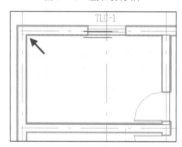

图 6-14 对齐楼板线与墙体

保持"对齐"状态，依次点取对齐参照点（内墙线）与对齐实体（楼板线），结果如图 6-15所示。单击"模式"面板上的"完成编辑模式"按钮 ✓，退出编辑状态。此时调出如图 6-16所示的提示对话框，提醒用户是否允许系统连接几何图形并从墙中剪切重叠的体积，单击"是"按钮，允许系统动作。

图 6-15 对齐结果

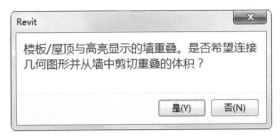

图 6-16　提示对话框

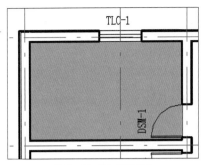

图 6-17　蓝色填充样式

选择"修改／创建楼层边界"选项卡，将其中"偏移"选项的参数值设置为"0"，在此基础上所创建的楼板线与内墙线重合，可以省略"对齐"这一操作。

在平面视图中，楼板被选中后以蓝色的填充样式显示，如图 6-17 所示。转换至三维视图，查看楼板的三维效果，如图 6-18 所示。为方便查看楼板效果，故将房间的其他两面墙隐藏。

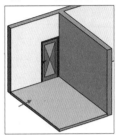

图 6-18　三维视图

6.1.2　编辑楼板

本节介绍编辑楼板的操作，例如编辑楼板类型与属性、在楼板上开洞口、编辑楼板形状。

1. 编辑楼板类型与属性

选择建筑模型图元，启用"过滤器"工具 ▽，在【过滤器】对话框中显示了各类模型图元的类别，取消其他选项的选择状态，仅选择"楼板"选项，如图 6-19 所示，单击"确定"按钮关闭对话框，可以将所有的楼板选中。

图 6-19　【过滤器】对话框

在选择多个楼板（或者单个楼板）的情况下，通过在"属性"选项板中调出类型列表，选择列表选项可以修改楼板类型，如图 6-20 所示。

图 6-20　类型列表

在选择多个楼板图元的情况下，"属性"选项板中的"编辑类型"按钮暗显，不可用，因此不能对楼板的属性进行编辑。选中单个楼板图元，待"编辑类型"按钮亮显后单击，调出如图 6-21 所示的【类型属性】对话框。

图 6-21 【类型属性】对话框

单击"复制"按钮，可以在当前类型的基础上执行复制操作以得到新族，并设定新名称。单击"重命名"按钮，修改当前类型的名称。

单击"结构"选项后的"编辑"按钮，调出如图 6-22 所示的【编辑部件】对话框，在其中显示了楼板的结构层设置。

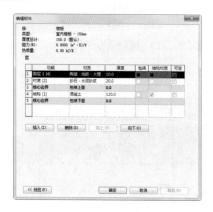

图 6-22 【编辑部件】对话框

在"材质"选项中单击矩形按钮，调出如图 6-23 所示的【材质浏览器】对话框，在其中可以设置楼板的材质类型以及材质填充和截面图案。

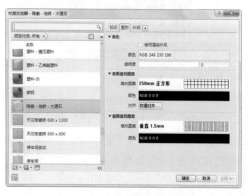

图 6-23 【材质浏览器】对话框

2. 编辑楼板形状

选择楼板，如图 6-24 所示。转换至"修改 | 楼板"选项卡，在"形状编辑"面板上单击"添加点"按钮，如图 6-25 所示。

图 6-24 选择楼板　　图 6-25 "形状编辑"面板

启用"添加点"工具后，以虚线显示楼板线，并在楼板四周顶角显示点，如图 6-26 所示。在楼板中央单击鼠标左键，添加新点，结果如图 6-27 所示。通过在楼板中添加点，并设置这些点的高程，可以形成楼板的斜面。通过添加分割线，将现有楼板分割成更小的子面域，调整点的位置后，可以完成设置斜面的操作。

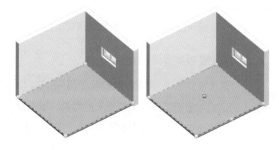

图 6-26 启用"添加点"工具　　图 6-27 添加点

在"形状编辑"面板中启用"添加分割线"工具，首先点取中央的点，移动鼠标，移动至右下角楼板线的中点，单击鼠标左键，创建点并绘制分割线与位于中央的点相连接。保持放置分割线的状态，绘制分割线使中央点与顶角点相连接，如图 6-28 所示。按下一次 <Esc> 键，退出放置分割线状态。

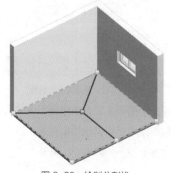

图 6-28 绘制分割线

此时仍处于"修改|楼板"的选项板中，单击选择中央点，此时点呈现由"向上/向下实心蓝色箭头"组合成的控制柄。单击激活控制柄的向上箭头，按住鼠标左键不放，向上移动鼠标，可以将控制柄向上移动，楼板斜面也向上倾斜。激活控制柄的向下箭头，向下移动鼠标，可以向下移动控制柄，楼板斜面向下倾斜。

或者激活控制柄后，单击控制柄一侧的数值，进入在位编辑状态，输入数值以控制移动的方向及距离，如图 6-29 所示。设置正值，点向上移动，设置负值，点向下移动。

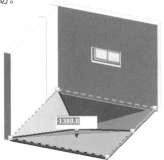

图 6-29　指定数值

参数设置完毕，按下 <Esc> 键退出编辑状态，编辑楼板形状的结果如图 6-30 所示。

图 6-30　设置楼板倾斜面

提示

在调整楼板的过程中，若向上或者向下调整楼板的倾斜度过大，则系统会调出如图 6-31 所示的对话框，提醒用户当前的编辑所会造成的结果。用户应参考这些警示，及时调整编辑行为。

图 6-31　警示对话框

3. 在楼板上开洞口

选择单个楼板，转换至"修改|楼板"选项卡，启用"模式"面板上的"编辑边界"工具 如图 6-32 所示。此时系统进入编辑楼板的模式，模型图元以淡灰色来显示，如图 6-33 所示。

图 6-32　启用"编辑边界"工具

图 6-33　编辑楼板模式

启用"绘制面板"上的"矩形"工具口，在面板上单击指定矩形的对角点，如图 6-34 所示，单击鼠标左键，可以创建矩形洞口。

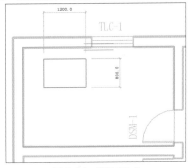

图 6-34　指定对角点

还可以创建其他样式的洞口，如多边形、圆形、椭圆（如图 6-35 所示）等。编辑完成后，单击"完成编辑模式"按钮，退出编辑模式。转换至三维视图，查看洞口的创建结果，如图 6-36 所示。

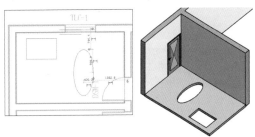

图 6-35　椭圆形洞口　　图 6-36　三维视图

6.1.3 创建斜楼板

通过创建斜楼板，可以将存在高差的两栋建筑物相连接。在 Revit Architecture 中有三种创建斜楼板的方式，即绘制坡度箭头、设置楼板线的"相对基准的偏移"值、设置楼板线的"定义坡度"与"坡度角"参数。

1. 绘制坡度箭头

选择楼板，转换至"修改 | 楼板"选项卡，单击"编辑"面板上的"编辑边界"按钮，进入"修改 | 楼板 > 编辑边界"选项卡。在"绘制"面板上启用"坡度箭头"工具，在楼板线的左侧单击鼠标左键，向右移动鼠标，单击鼠标左键，可以创建坡度箭头，如图 6-37 所示。

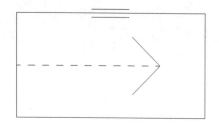

图 6-37　绘制坡度箭头

选择坡度箭头，在"属性"选项板上设置参数。在"指定"选项中选择"尾高"选项，保持"最低处标高"值为默认值，设置"尾高度偏移"值为"300"，保持"最高处标高"值为默认值，设置"头高度偏移"值为"0"，如图 6-38 所示。

图 6-38　选择"尾高"选项

在"指定"选项中选择"坡度"选项，保持"最低处标高"的值为默认值，即"0"。设置"尾高度偏移值"为"300"，如图 6-39 所示。单击"应用"按钮，完成参数的设置。在"模式"面板中单击"完成编辑模式"按钮，返回"修改 | 楼板"选项卡。按下 <Esc> 键，退出编辑状态。

图 6-39　选择"坡度"选项

在平面视图中，楼板的样式发生了变化，如图 6-40 所示。

图 6-40　平面视图

转换至立面视图，查看斜楼板的立面样式，如图 6-41 所示。在三维视图中观察斜楼板的创建效果，如图 6-42 所示。

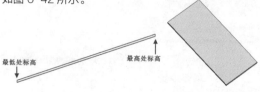

图 6-41　立面视图　　　　图 6-42　三维视图

2. 修改平行线参数以创建斜楼板

选择楼板，进入“修改|楼板”选项卡，通过单击“模式”面板上的“编辑边界”按钮以进入“编辑边界”选项卡。单击选择楼板边界，如图 6-43 所示。在“属性”选项板中勾选“定义固定高度”选项，在“标高”选项中选择标高类型为“F2”，设置“相对基准偏移”值为“300”，如图 6-44 所示。单击“应用”按钮，将参数赋予选中的楼板边界（楼板线）。

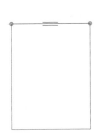

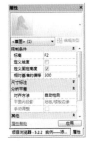

图 6-43　选择楼板边办界

图 6-44　“属性”面板

提示

楼板线“属性”选项板默认“标高”选项暗色显示，只有先勾选“定义固定高度”选项后，“标高”选项才高亮显示，这时可进行设置参数的操作。

属性被更改后，楼板线显示为虚线，如图 6-45 所示。鼠标单击选择另一楼板线，如图 6-46 所示。

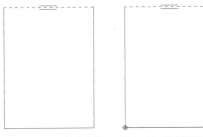

图 6-45　转换为虚线

图 6-46　选择楼板线

在“属性”选项板中设置“标高”为“室外地坪”，“相对基准的偏移”值设置为“300”，如图 6-47 所示。单击“应用”按钮，完成楼板线属性的设置，楼板线线型也被更改为虚线，如图 6-48 所示。

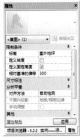

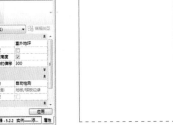

图 6-47　设置参数

图 6-48　更改线型

退出编辑状态，分别在平面视图、立面视图及三维视图中查看斜楼板的设置效果。

提示

两条平行线需要设置不同的标高，即“F1”与“室外地坪”，形成落差才能形成倾斜面。假如标高一致，则为平面。

3. 定义坡度以创建斜楼板

选择楼板，进入“编辑楼板”模式。单击选择其中一条楼板边，如图 6-49 所示。在“属性”面板上依次勾选“定义固定高度”和“定义坡度”选项，在“标高”选项中设置标高，设置“坡度”值为 35，如图 6-50 所示。

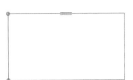

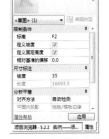

图 6-49　选择楼板线

图 6-50　“属性”选项板

提示

通过定义坡度值，可以使平面按照坡度角发生倾斜，因此无须设置“相对基准的偏移”值，保持默认值“0”就可以。

单击“应用”按钮，被选中的楼板线在右侧显示坡度符号，在左侧显示坡度角度，如图 6-51 所示。突出编辑模式，被定义了坡度的楼板线在平面视图中以黑色粗实线来表示，如图 6-52 所示。

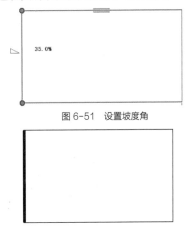

图 6-51　设置坡度角

图 6-52　显示样式

6.1.4 楼板边

选择"建筑"选项卡，在"构建"选项卡中选择"楼板：楼板边"按钮 ，可以启用"楼板边"工具。启用该工具，可以设置楼板水平边缘的形状。

在放置楼板边的状态下，将鼠标置于楼板上，高亮显示楼板的水平边缘或者模型线后，单击左键可以放置楼板边缘。在楼板上连续单击边缘，可以创建一条连续的楼板边缘。楼板边缘的线段在角部相遇，可以自动相互斜接。

重新启用"楼板边"工具后，所创建的楼板边缘与前一次所创建的楼板边缘相互独立，即使在角部相遇，也不会自动相互斜接。

启用"楼板边"工具，选择楼板线，如图 6-53 所示。单击鼠标左键，可以在该楼板线上创建楼板边缘，如图 6-54 所示。在楼板线的上方还显示了由向上 / 向下箭头组合而成的符号，单击符号，可以翻转楼板轮廓。

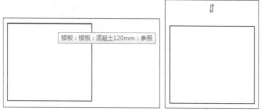

图 6-53 选择楼板线　图 6-54 放置楼板边

在放置楼板边的状态下，依次单击楼板线，创建相互斜接的楼板边缘，如图 6-55 所示。按下两次 <Esc> 键，退出命令。

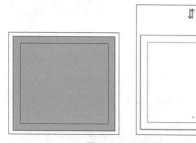

图 6-55 首尾相接

前后两次所创建的楼板边缘，在平面视图中查看时，处于首尾连接的状态，如图 6-56 所示。

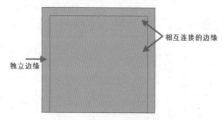

图 6-56 平面视图

转换至三维视图，将鼠标置于楼板边缘上，相互

独立的两段楼板边缘分别高亮显示，如图 6-57 所示。其独立关系在三维视图中才可观察到。

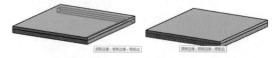

图 6-57 独立显示

在三维视图中选择楼板边缘线，分别显示端点以及翻转符号，如图 6-58 所示。

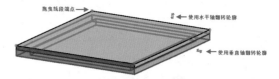

图 6-58 显示符号

单击"水平轴翻转"符号，可以将楼板边缘在水平方向上翻转，即可将楼板边缘的位置设置在楼板的上方或者下方，如图 6-59 所示。

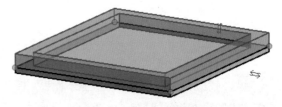

图 6-59 在水平方向上翻转

单击"垂直轴翻转"符号，可以将楼板边缘在垂直方向上翻转，即将楼板边缘的位置设置在楼板的内侧或者外侧，如图 6-60 所示。

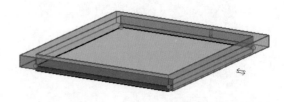

图 6-60 在垂直方向上翻转

单击激活线段端点，按住鼠标左键拖曳鼠标，如图 6-61 所示，在合适位置松开鼠标左键，可以调整楼板边缘的长度，如图 6-62 所示。

图 6-61　拖曳鼠标　　　　图 6-62　拉伸边缘线

也可在拖曳端点时输入距离值，如图 6-63 所示，按下 <Enter> 键，可以按照指定的距离拉伸楼板边缘，如图 6-64 所示。

图 6-63　输入距离值图　　　6-64　延长边缘线

通过单击"垂直轴翻转"符号，调整楼板边缘线的位置，如图 6-65 所示。选择边缘线，进入"修改 | 楼板边缘"选项卡，单击"轮廓"面板上的"添加 / 删除线段"按钮，如图 6-66 所示。

图 6-65　调整位置　　　图 6-66　"轮廓"面板

鼠标置于楼板线上，使楼板线亮显，如图 6-67 所示。单击鼠标左键，与该楼板线相邻的楼板边缘线被删除，如图 6-68 所示。

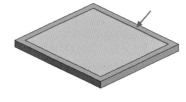

图 6-67　选择楼板线

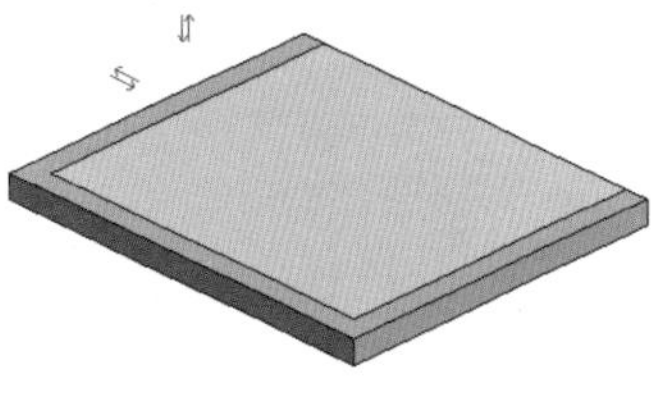

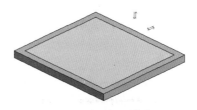

图 6-68　删除边缘线

在相同的位置再次单击鼠标左键，可以在与楼板相邻的一侧创建楼板边缘线，如图 6-69 所示。

图 6-69　创建楼板边缘线

6.2　添加住宅楼楼板

在"5.3 添加住宅楼窗"小节的基础上，为住宅楼创建楼板。

6.2.1　实例——设置楼板材质

在放置楼板之前，应该先设置楼板的材质，如结构层的组成、各层的材质类型等。

⭐01　打开"资源 /05/5.3 添加住宅楼窗 .ret"文件，执行"另存为"命令，在【另存为】对话框中设置文件名称为"6.2 添加住宅楼楼板"，单击"保存"按钮，完成"另存为"文件的操作。

⭐02　选择"建筑"选项卡，在"构建"面板上单击"楼板"按钮，转换至"修改 | 创建楼层边界"选项卡。在"属性"选项板上选择楼板的类型为"混凝土 120mm"，接着单击"编辑类型"按钮，如图 6-70 所示。

⭐03　调出【类型属性】对话框，单击"复制"按钮，在如图 6-71 所示的【名称】对话框中设置名称为"住

宅楼 –120mm– 室内"，单击"确定"按钮关闭对话框，创建新的楼板类型。

图 6-70　"属性"选项板

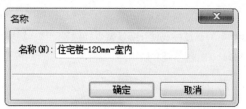

图 6-71 【名称】对话框

图 6-75 设置参数

⭐04 单击"结构"后的编辑按钮,系统调出如图 6-72 所示的【编辑部件】对话框。单击两次"插入"按钮,在"层列表"中新增两个新层,系统将其命名为"结构 [1]",如图 6-73 所示。

图 6-72 【编辑部件】对话框

图 6-73 新增材质层

⭐05 选择新层,单击"向上"按钮,将其位置往上移动,使其位于编号 1 与编号 2 的位置,如图 6-74 所示。将编号 1 的功能名称更改为"面层 2[5]",将编号 2 的功能名称设置为"衬底 [2]"。分别设置其厚度值,在编号为 1 的"面层 2[5]"中,勾选"可变"选项。在编号为 4 的"结构 [1]"中,取消勾选"结构材质"选项,如图 6-75 所示。

图 6-74 调整位置

⭐06 单击编号为"1"的"面层 2[5]"中材质选项后的矩形按钮,调出【材质浏览器】对话框。在材质列表中选择名称为"混凝土 - 沙 / 水泥找平"的材质,如图 6-76 所示。在材质上单击鼠标右键,在菜单中选择"重命名"选项,如图 6-77 所示。

图 6-76 选择材质

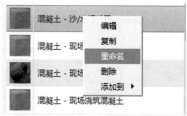

图 6-77 右键菜单

⭐07 此时进入在位编辑框,输入新的材质名称为"住宅楼 - 沙 / 水泥找平",按下 <Enter> 键,完成重命名操作,如图 6-78 所示。保持其他参数不变,单击"确定"按钮,返回【类型属性】对话框,为"面层 2[5]"指定材质的结果如图 6-79 所示。

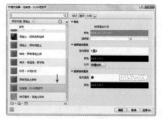

图 6-78 选择材质

	功能	材质	厚度	包络	结构材质	
1	面层 2 [5]	住宅楼 - 沙 / 水泥找平	10.0			
2	衬底 [2]	<按类别>	20.0			
3	核心边界	包络上层	0.0			
4	结构 [1]	<按类别>	120.0			
5	核心边界	包络下层	0.0			

| 插入 (I) | 删除 (D) | 向上 (U) | 向下 (O) |

图 6-79 指定材质

⭐08 单击编号为 2 的"衬底 [2]"中的矩形材质按钮，在【材质浏览器】对话框中选择名称为"混凝土 – 沙 / 水泥砂浆面层"的材质，如图 6-80 所示。在右键菜单中选择"重命名"选项，将材质名称设置为"住宅楼 – 沙 / 水泥砂浆面层"，如图 6-81 所示。保持其他参数的默认值，单击"确定"按钮返回【类型属性】对话框，完成对"衬底 [2]"材质的修改。

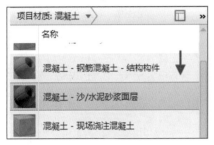

图 6-80 选择材质

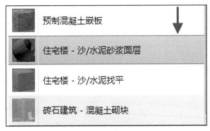

图 6-81 修改名称

⭐09 单击编号为 4 的"结构 [1]"中的材质按钮，在【材质浏览器】对话框中选择"混凝土–现场浇筑混凝土"材质，如图 6-82 所示。进入重命名编辑状态，设置材质的新名称为"住宅楼–现场浇筑混凝土"，如图 6-83 所示。保持其他参数的默认值，单击"确定"按钮返回【编辑部件】对话框，完成对"结构 [1]"材质的修改。

图 6-82 选择材质

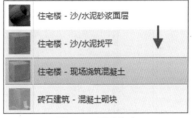

图 6-83 更改名称

⭐10 楼板结构材质的设置结果如图 6-84 所示。单击"确定"按钮返回【类型属性】对话框，再单击"确定"按钮关闭对话框。

图 6-84 设置结果

6.2.2 实例——添加住宅楼一层楼板

楼板结构材质参数设置完毕，系统仍处在放置楼板的状态。不需要退出命令，可以继续执行创建楼板的操作。本节介绍添加住宅楼一层楼层的操作方法。

⭐01 在"修改|创建楼层边界"选项卡中的"绘制"面板上单击"边界线"按钮，指定其为楼板的绘制状态，单击"拾取墙"按钮，指定其为楼板的绘制方式，如图 6-85 所示。设置"偏移"选项参数为"0"，选择"延伸至墙中（至核心层）"，如图 6-86 所示。

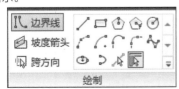

图 6-85 "绘制"面板

图 6-86 设置参数

⭐02 将光标置于 D 轴墙体上，外墙则会高亮显视，如图 6-87 所示，单击鼠标左键以选择墙体。

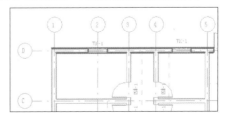

图 6-87 选择墙体

⭐ 03 此时在外墙线显示洋红色的楼板线，如图6-88所示。

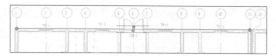

图6-88 显示楼板线

⭐ 04 移动鼠标，将其置于1轴墙体上，如图6-89所示。单击鼠标左键，选择该墙体，生成楼板线的结果如图6-90所示。

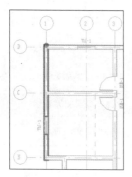

图6-89 选择墙体

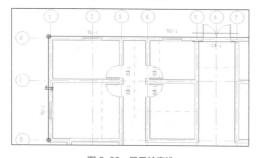

图6-90 显示轮廓线

⭐ 05 依次单击外墙以生成楼板轮廓线，系统默认楼板线首尾相连，如图6-91所示。

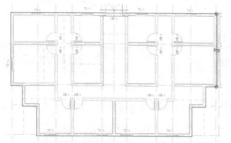

图6-91 生成楼板轮廓线

⭐ 06 在"属性"选项板中设置"标高"的类型为"室外地坪"，如图6-92所示。单击"应用"按钮，将属性参数赋予楼板。单击"模式"面板上的"完成编辑模式"按钮，退出编辑模式。创建完成的室内楼板会以蓝色显示，如图6-93所示。

图6-92 设置标高

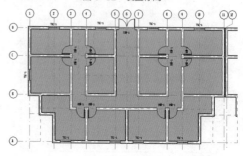

图6-93 创建楼板

提示

将"标高"的类型设置为"室外地坪"，表示楼板的标高与室外地坪的标高一致。

⭐ 07 转换至南立面视图，查看楼板的立面效果，其标高与室外地坪标高处于同一水平线上，如图6-94所示。全选F1平面视图中的所有图形，启用"过滤器"工具，在【过滤器】对话框中选择"楼板"选项，如图6-95所示。

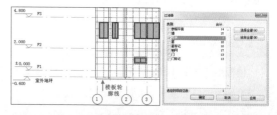

图6-94 南立面视图   图6-95 【过滤器】对话框

⭐ 08 单击"确定"按钮，所有的楼板为选中状态。启用"复制"工具，取消勾选"约束"选项，选择"多个"选项，单击6轴与D轴的交点为起始点，向右移动鼠标，单击17轴与D轴的交点为下一点，继续向右移动鼠标，指定28轴与D轴的交点为端点，按下两次<Esc>键退出命令。复制楼板的结果如图6-96所示。

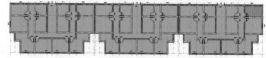

图6-96 复制楼板

6.2.3 实例——添加住宅楼二～七层楼板

接上一节的练习，本节介绍创建住宅楼二～七层楼板。从住宅楼的二层至跃层，均设置了卫生间。其中二～七层的墙体结构、功能分区一致，因此在本节中主要介绍创建二～七层楼板的步骤。跃层楼板在稍后会单独介绍。

卫生间的楼板与普通楼板的标高不同，卫生间楼板板面的标高比普通楼板低40mm。并且，卫生间楼板的材质与普通楼板相比也不同。所以要先设置材质参数，再创建卫生间楼板。

⭐01 F2视图中卫生间的分布区域如图6-97所示，明确了卫生间的位置后，才能有针对性的创建属性不同的楼板。

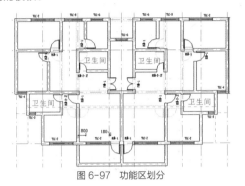

图 6-97 功能区划分

⭐02 启用"建筑：楼板"工具，在"属性"选项板中选择"住宅楼-120mm-室内"类型楼板，单击"编辑类型"按钮。在【类型属性】对话框中复制新楼板类型。将其名称设置为"住宅楼-120mm-卫生间"，如图6-98所示。单击"结构"选项中的"编辑"按钮，调出【编辑部件】对话框。单击编号为1、名称为"面层2[5]"层的矩形材质按钮，在【材质浏览器】对话框中选择瓷砖类材质，在列表中选择名称为"瓷砖-墙体饰面-灰色"的材质，如图6-99所示。

图 6-98 设置名称

图 6-99 选择材质

⭐03 在材质上单击鼠标右键，在菜单中选择"复制"选项，如图6-100所示。得到材质副本后，设置名称为"住宅楼-卫生间瓷砖"，如图6-101所示。

图 6-100 右键菜单

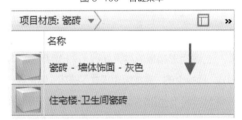

图 6-101 重命名操作

⭐04 保持其他各项参数不变，单击"确定"按钮返回【编辑部件】对话框。更改材质的结果如图6-102所示，不修改其他选项的参数，单击"确定"按钮关闭对话框，在【类型属性】对话框中单击"确定"按钮，关闭对话框以完成材质的设置。

图 6-102 设置材质

⭐05 在"属性"选项板中设置"自标高的高度偏移"选项参数为"-40"，即卫生间楼板面低于F2标高

40mm，如图 6-103 所示。

图 6-103　"属性"选项板

⭐06　在"绘制"面板上启用"矩形"绘制方式，设置"偏移"选项值为"0"，勾选"延伸到墙中（至核心层）"选项。单击房间面积的左上角点为端点，移动鼠标，单击右下角点为另一端点，如图 6-104 所示。

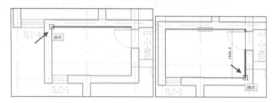

图 6-104　指定对角点

⭐07　创建矩形楼板的结果如图 6-105 所示。单击"模式"面板上的"完成编辑模式"按钮，结束操作。系统调出如图 6-106 所示的警示对话框，提醒用户"是否希望将高达此楼层标高的墙附着到此楼层的底部"，单击"否"按钮，关闭对话框。

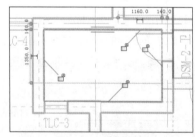

图 6-105　生成轮廓线

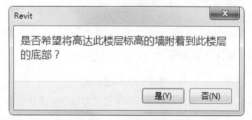

图 6-106　警示对话框

⭐08　在平面视图中选择楼板，可以显示其表面填充图案，如图 6-107 所示。参考上述所介绍的操作步骤，为 4 轴与 5 轴之间的卫生间创建楼板板面，如图 6-108 所示。

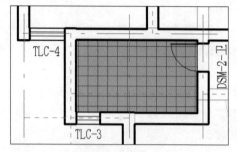

图 6-107　显示样式

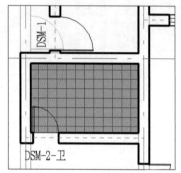

图 6-108　创建楼板

⭐09　依次选择创建完成的卫生间楼面，如图 6-109 所示。启用"镜像 - 拾取轴"工具，单击 6 轴为镜像轴，向右镜像复制楼面图元，如图 6-110 所示。

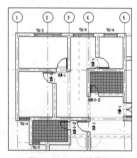

图 6-109　选择楼板

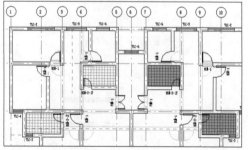

图 6-110　镜像复制楼板

⭐ 10　启用"建筑：楼板"工具，在"属性"选项板中选择楼板类型"住宅楼 -120mm- 室内"，在"绘制"面板上依次单击启用"边界线"与"拾取墙"工具，单击外墙以创建楼板轮廓线，如图 6-111 所示。箭头所指的垂直轮廓线超过了它们之间的水平轮廓线，需要对其执行"修剪"操作。阳台楼面可暂时忽略，后面会单独介绍室外地面的创建方法。

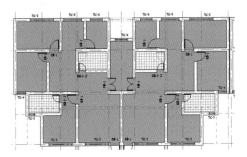

图 6-111　放置楼板轮廓线

⭐ 11　启用"修剪 - 延伸为角"工具 🔧，依次单击要修剪的楼板轮廓线，对其执行修剪操作的结果如图 6-112 所示。

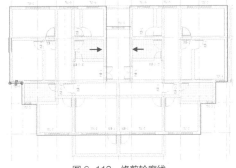

图 6-112　修剪轮廓线

⭐ 12　单击"完成"面板上的"完成编辑模式"按钮，退出命令，创建楼板的结果如图 6-113 所示。

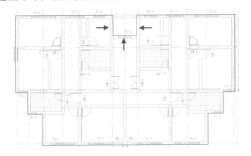

图 6-113　创建楼板

提示

在生成楼板的过程中，系统会自动忽略已有楼板的空间，仅为范围内无楼板的空间生成楼板。

⭐ 13　启用"过滤器"工具，选择所有的楼板图元，如图 6-114 所示。

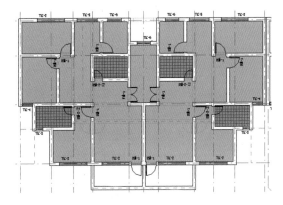

图 6-114　选择楼板

⭐ 14　启用"复制"工具，将选中的楼板图元向右移动复制，如图 6-115 所示。

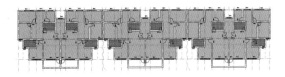

图 6-115　复制楼板

⭐ 15　全选F2视图中的所有楼板，单击"剪切板"上的"复制到剪切板上"按钮。接着单击"粘贴"按钮，在列表中选择"与指定的标高对齐"选项，在调出的【选择标高】对话框中按住<Shift>键，连选F3~F7标高，如图 6-116所示。单击"确定"按钮，系统执行粘贴操作。转换至各平面视图，查看楼板的创建结果。

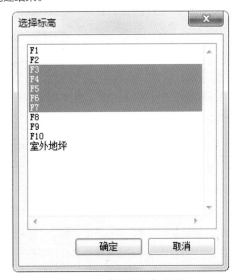

图 6-116　【选择标高】对话框

6.2.4　实例——添加住宅楼跃层（F8）楼板

在上一节的基础上，为跃层（F8）创建楼板。由于跃层的结构与其他楼层不同，每个单元只有两个卫生间，因此楼面需要单独创建。

⭐01　转换至 F8 视图，其功能分区如图 6-117 所示，卫生间位于 4 轴与 5 轴、7 轴与 8 轴、15 轴与 16 轴、18 轴与 19 轴、26 轴与 27 轴、29 轴与 30 轴之间。因为卫生间楼面标高与普通楼面标高不同，可以首先创建卫生间楼面，再接着创建普通楼面。

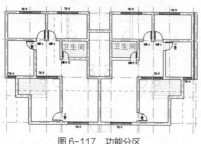

图 6-117　功能分区

⭐02　启用"建筑：楼板"工具，在"属性"选项板中选择"住宅楼-120mm-卫生间"类型楼板。在"绘制"面板上启用"边界线"与"矩形"工具，在卫生间内依次单击指定对角点以生成楼面轮廓线，单击"完成编辑模式"按钮，退出命令，创建楼板的结果如图 6-118 所示。

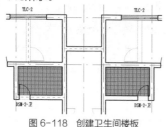

图 6-118　创建卫生间楼板

⭐03　重新启用"建筑：楼板"工具，在"属性"选项板中选择名称为"住宅楼-120mm-室内"类型楼板，在"绘制"面板上启用"边界线"与"拾取墙"工具，设置"偏移"选项参数为0，选择"延伸到墙中（至核心）"选项，分别点取外墙以生成楼板轮廓线。启用"修剪-延伸为角"工具，修剪楼板轮廓线。单击"完成编辑模式"按钮，退出命令，生成楼板的结果如图 6-119 所示。

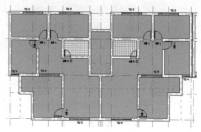

图 6-119　生成楼板

⭐04　全选 F8 视图中的楼板，包括卫生间楼板与普通楼板，启用"复制"工具，取消选择"约束"选项，勾选"多个"选项。依次单击起点与下一点，向右移动复制楼板图元。按下两次 <Esc> 键退出命令，复制楼板的结果如图 6-120 所示。

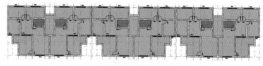

图 6-120　复制楼板

6.2.5　绘制室外楼板

住宅楼室外楼板的范围包括阳台楼板与空调外机搁板等，创建方法与生成室内楼板的相同，本节介绍其操作步骤。

⭐01　在项目浏览器中单击展开"族"列表，在其中选择"楼板"选项，单击选项前的田，在展开的列表中显示了当前所包含的所有类型的楼板，如图 6-121 所示。选中"住宅楼-120mm-室内"楼板类型，双击左键，调出【类型属性】对话框。单击"复制"按钮，在【名称】对话框中设置新类型名称，如图 6-122 所示。

图 6-121　选择类型楼板

图 6-122　设置名称

⭐02 单击"确定"按钮关闭对话框，返回【类型属性】对话框，接着单击"结构"选项后的"编辑"按钮，调出【编辑部件】对话框。选择"面层 2[5]"与"衬底 [2]"选项，单击"删除"按钮，将其删除，如图 6-123 所示。修改编号为 2 的"结构 [1]"层的"厚度"值为"100"，单击"确定"按钮关闭对话框。接着在【类型属性】对话框中单击"确定"按钮，完成楼板类型的设置。

图 6-123 修改参数

⭐03 转换至 F2 视图。选择"建筑"选项卡，单击"工作平面"面板上的"参照平面"按钮，创建如图 6-124 所示的水平参照平面。

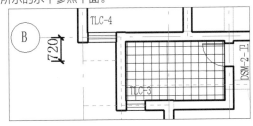

图 6-124 创建参照平面

⭐04 启用"建筑：楼板"工具，在"属性"选项板中选择"住宅楼-100mm-外机搁板"楼板类型，设置"标高"为 F2，"自标高的高度偏移"值为"-20"，如图 6-125 所示。在"绘制"面板中单击"边界线""矩形"按钮，分别点取矩形的对角点，创建空调外机搁板的结果如图 6-126 所示。

图 6-125 "属性"选项板   图 6-126 平面样式

提示

将"自标高的高度偏移"值设置为"-20"，表示搁板位于 F2 标高下方 20mm 的位置。

⭐05 转换至南立面视图，查看搁板的三维效果，如图 6-127 所示。沿用上述的操作方法，继续创建空调外机搁板，如图 6-128 所示。

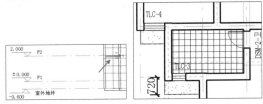

图 6-127 立面视图   图 6-128 创建搁板

⭐06 按住 <Ctrl> 键不放，单击选择搁板，启用"镜像 - 拾取轴"工具，点取 6 轴为镜像轴，将搁板图元镜像复制到右侧，如图 6-129 所示。

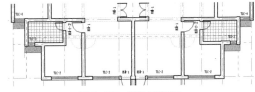

图 6-129 镜像复制图元

⭐07 保持上一步骤中搁板的选择状态，启用"复制"工具，向右移动复制搁板，如图 6-130 所示。

图 6-130 复制搁板

⭐08 全选 F2 视图中的所有搁板图元，单击"剪切板"面板上的"复制到剪切板"按钮，接着单击"粘贴"按钮，在列表中选择"与选定的标高对齐"选项，在【选择标高】对话框中选择标高"F3"～"F7"，如图 6-131 所示。

图 6-131 【选择标高】对话框

⭐09 单击"确定"按钮，系统按照所设定的参数执行粘贴操作。转换至南立面视图，查看外机搁板图元的复制结果，如图 6-132 所示。

图 6-132 南立面视图

⭐ 10 转换至 F8 平面视图。F8 属于跃层，构造与其他标准层不相同，搁板的块数也不同，需要独立绘制，不能通过粘贴操作得到。在 F8 视图中，其他楼层的图形以淡灰色显示，不可编辑，但是可以用来参考。在如图 6-133 所示中，F7 层 B 轴上的搁板以及参照平面都可辨认，可以在此基础上，创建 F8 层的搁板。

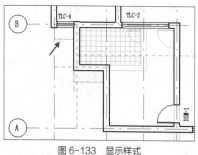

图 6-133 显示样式

⭐ 11 启用"建筑：楼板"工具，在"绘制"面板中依次单击 "边界线"与"矩形"按钮，在 F7 层搁板的基础上，指定矩形的对角点，创建搁板的结果如图 6-134 所示。

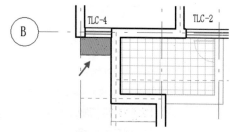

图 6-134 创建搁板

⭐ 12 保持上一步骤搁板的选择状态，启用"镜像 - 拾取轴"工具，单击"6 轴"，指定其为起始轴，向右复制搁板的结果如图 6-135 所示。

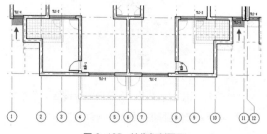

图 6-135 镜像复制图元

⭐ 13 启用"复制"工具，选择"多个"选项，单击 A 轴与 6 轴的交点为基点，向右移动鼠标，单击 A 轴与 17 轴的交点为下一点，继续向右移动鼠标，单击 A 轴与 28 轴的交点为端点，按下两次 <Esc> 键退出命令，复制操作的结果如图 6-136 所示。

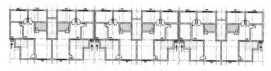

图 6-136 复制搁板

创建阳台楼板

阳台楼板与室内楼板标高不同，为方便编辑，所以需要单独创建。

⭐ 01 转换至 F2 平面视图。启用"建筑：楼板"工具，在"属性"选项板中选择"住宅楼-100mm-外机搁板"楼板类型。单击"编辑类型"按钮，在【类型属性】对话框中单击"复制"按钮，在【名称】对话框中设置新类型的名称，如图 6-137 所示。

图 6-137 【名称】对话框

⭐ 02 单击"确定"按钮关闭对话框。单击"结构"选项中的"编辑"按钮，调出【编辑部件】对话框。保持参数不变，关闭对话框，将属性参数赋予新样板类型。单击"确定"按钮关闭【类型属性】对话框。

⭐ 03 在"属性"选项板中设置"标高"为"F2"，"自标高的高度偏移"为"-100"，如图 6-138 所示。

图 6-138 "属性"选项板

提示

"自标高的高度偏移"选项的值为"-100"，表示阳台楼板位于 F2 标高下面 100mm 的位置。

⭐ 04 在"绘制"面板中选择"矩形"绘制方式，分别指定阳台区域内的左上角点与右下角点，可以完成楼板轮廓线的创建。单击"完成编辑模式"按钮，退出命令，创建楼板的结果如图 6-139 所示。此时系统调出如图 6-140 所示的警示对话框，单击"否"按钮，关闭对话框不予理会。

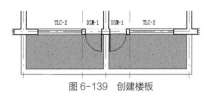

图 6-139 创建楼板

图 6-140 警示对话框

工具，接着在"粘贴"列表中选择"与选定的标高对齐"选项，在【选择标高】对话框中选择标高"F3"~"F7"，单击"确定"按钮关闭对话框并开始执行粘贴操作。到各平面视图中查看阳台楼面的生成情况。

✪05 启用"复制"工具，向右移动复制阳台楼板图元，如图 6-141所示。启用"复制到剪切板"

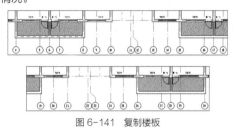

图 6-141 复制楼板

6.3 天花板

Revit Architecture 提供了创建天花板的工具，通过启用该工具，可以轻松地完成创建天花板的操作。选择创建完成的天花板，进入编辑选项板，可以修改参数以适应实际需要。

6.3.1 自动创建天花板

在"天花板"面板中提供了两种创建天花板的方式，即自动创建天花板和绘制天花板，其中自动创建天花板是常用的生成天花板的方式。

启用该工具，可以在天花板所在标高之上按照指定的距离来创建天花板。在 F1 标高对应的楼层平面视图中绘制天花板，系统将在 F1 标高之上，按照指定的距离来生成天花板。

天花板的生成结果需要到对应标高的天花板投影平面视图（RCP）中查看，而住宅楼项目则未有该视图。在本书的后续章节中将介绍创建视图的方法，届时可以了解查看天花板视图的方法。

选择"建筑"选项卡，在"构建"面板上单击"天花板"按钮，在"属性"选项板中选择名称为"复合天花板 600×600mm 轴网"天花板类型，如图 6-142 所示。单击"编辑类型"按钮，调出如图 6-143 所示的【类型属性】对话框，在其中不执行复制或者重命名操作，但是需要修改结构参数。

2[5]"层中的矩形材质按钮，调出【材质浏览器】对话框。在对话框的左下角单击"材质"按钮，在列表中选择"新建材质"选项，如图 6-145所示。

图 6-144 【编辑部件】对话框

图 6-142 "属性"选项板　图 6-143 【类型属性】对话框

单击"构造"选项中的"编辑"按钮，调出如图 6-144所示的【编辑部件】对话框。单击"面层

图 6-145 【材质浏览器】对话框

在列表中选择新材质，单击鼠标右键，在菜单中选择"重命名"选项，设置新材质名称为"住宅楼-石膏板"，如图 6-146 所示。单击"确定"按钮返回【编辑部件】对话框，在"厚度"表列中更改"结构[1]""面层2[5]"的厚度值，如图 6-147 所示。

图 6-146　修改名称　　　图 6-147　设置厚度

在【编辑部件】对话框与【类型属性】对话框中依次单击"确定"按钮以执行关闭操作。在"天花板"面板上选择"自动创建天花板"按钮，如图 6-148 所示。将鼠标置于房间面积内，系统显示红色天花板轮廓线，如图 6-149 所示，单击鼠标左键，可以完成创建。

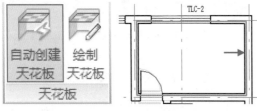

图 6-148　"天花板"面板　　图 6-149　显示天花板轮廓线

此时系统会弹出如图 6-150 所示的警示对话框，提醒用户因为天花板的高度比楼层平面视图的剖切高度要高，因此所创建的天花板在当前视图中不可见，单击右上角的关闭按钮，关闭对话框不予理会。

图 6-150　提醒信息

通过执行上述所介绍的方法，可以完成各个房间天花板的创建。

图 6-151　警示对话框

6.3.2　绘制天花板

在"天花板"面板中选择"绘制天花板"按钮，可以基于选定的墙或者线来创建天花板。启用该工具后，转换至"修改 | 创建天花板边界"选项卡，在"绘制"面板中分别单击"边界线"按钮和"直线"按钮，如图 6-152 所示。在"属性"选项板中设置天花板参数，请参考上一小节的介绍。

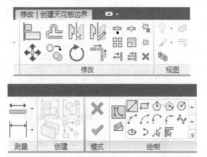

图 6-152　"修改 | 创建天花板边界"选项卡

在房间区域中单击一个角点作为起点，如图 6-153 所示，移动鼠标，依次在房间角点单击鼠标左键，最后回到起点，单击鼠标左键，闭合轮廓线，可以生成楼板轮廓线，如图 6-154 所示。

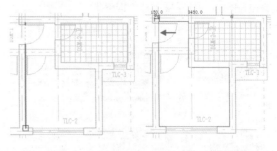

图 6-153　点取起点　　　图 6-154　生成轮廓线

在"模式"面板中单击"完成编辑模式"按钮，退出绘制模式，完成天花板的创建。

6.3.3　实例——创建住宅楼天花板

在住宅楼项目中，F1~F2 的层高为"2000"，为架空层。F2~F8 的层高为"2800"，其中 F2~F7 为标准层，F8 为跃层。因为层高不一致，因此在创建天花板时，需要分步骤来绘制。

⭐01　打开"06/6.2 添加住宅楼楼板 .ret"文件，执行"另存为"命令，在【另存为】对话框中设置文件名称为"6.3 添加住宅楼天花板"，单击"保存"按钮，完成"另存为"文件的操作。

⭐02　启用"天花板"工具，在"属性"选项板中设置当前天花板类型为"复合天花板 600mm×600mm 轴网"，"标高"为"F1"，"自标高的高度偏移"为"2600"，选择"房间边界"选项，可以生成房间边界，如图 6-155 所示。

图 6-155　设置参数

⭐03　选择"自动创建天花板"工具，在"修改 | 创建天花板边界"选项卡中的"绘制"面板上显示了多种绘制方式，如直线和矩形等。单击"矩形"按钮，分别指定矩形的对角点，创建矩形天花板轮廓线，如图 6-156 所示。

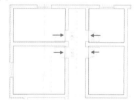

图 6-156　创建闭合空间天花板

> **提示**
> 在"自标高的高度偏移"选项中设置参数为"2600"，包含 F1 ~ F2 的标高（2000），以及室外地坪至 F1 的标高（600）。

⭐04　由于楼梯间和过道空间为开放空间，不可能使用"矩形"方式创建天花板轮廓线，所以在"绘制"面板上单击"直线"按钮，通过自定义边界线的位置来创建天花板轮廓线，如图 6-157 所示。

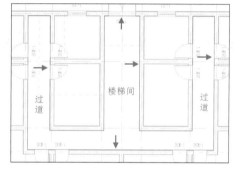

图 6-157　创建开放空间天花板

⭐05　按下"完成编辑模式"按钮，退出绘制状态，完成创建天花板的操作。

⭐06　沿用以上所介绍的创建天花板的方式，继续为其他楼层的房间创建天花板。

> **提示**
> 系统针对不同的建筑类型设置了创建天花板的工具，用户需要根据实际的情况来灵活运用绘图工具，使得制图工作得以顺利进行。

6.4　屋顶

Revit Architecture 为用户创建不同的屋顶设置了屋顶工具，用户通过启用这些工具，可以创建常见的迹线屋顶、拉伸屋顶以及面屋顶，还可对屋檐、屋顶封檐板、屋顶檐槽进行编辑修改。

6.4.1　迹线屋顶

启用"迹线屋顶"工具，在创建屋顶时使用建筑迹线来定义屋顶的边界。首先打开建筑楼层平面视图，或者打开天花板投影平面视图，在创建迹线屋顶的过程中，可以为屋顶指定不同的坡度和悬挑，或者按照系统所设定的默认值来创建屋顶，然后再执行修改编辑操作，使屋顶符合使用要求。

1. 创建屋顶

选择"建筑"选项卡，在"构建"面板中单击"屋顶"按钮，在列表中选择"迹线屋顶"选项，如图6-158所示。勾选"定义坡度"选项，设置"悬挑"为"1200"，取消勾选"延伸到墙中（至核心层）"选项，如图6-159所示。

图6-158 工具列表

图6-159 设置参数

在"属性"选项板中设置屋顶类型，并设置"自标高的底部偏移"值，该值表示从标高F1之上4800mm为屋顶的位置，如图6-160所示。在"修改|创建屋顶迹线"选项卡中，单击"绘制"面板上的"拾取墙"按钮，如图6-161所示。

图6-160 "属性"选项板

图6-161 "修改|创建屋顶迹线"选项卡

> **提示**
> 系统默认"自标高的底部偏移"值为"0"，表示屋顶与标高位于同一水平线上，因此需要设置一个高度值。

将鼠标置于墙体之上，墙体高亮显示，如图6-162所示。单击鼠标左键，可以创建屋顶迹线，如图6-163所示，迹线由线段及坡度符号组成。

图6-162 拾取墙体　　　图6-163 创建屋顶迹线

> **提示**
> 在拾取墙体以创建迹线时，鼠标单击外墙线，迹线位于墙体的外侧，如图6-164所示。鼠标单击内墙线，迹线位于墙体的内侧，如图6-165所示。

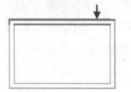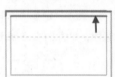

图6-164 拾取外墙线　　　图6-165 拾取内墙线

依次拾取墙体以创建屋顶迹线，结果如图6-166所示。此时单击"完成编辑模式"按钮，系统调出如图6-167所示的警示对话框，提醒用户有未闭合的线段。单击"继续"按钮，返回绘图区中去编辑线段。

图6-166 创建屋顶迹线　　　图6-167 警示对话框

单击"修改"面板上的"修剪-延伸为角"按钮，拾取水平迹线，如图6-168所示，接着拾取垂直迹线，如图6-169所示。

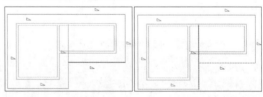

图6-168 拾取水平迹线　　　图6-169 拾取垂直迹线

修剪线段的结果如图6-170所示。此时单击"完成编辑模式"按钮，退出绘制状态。如图6-171所示为迹线屋顶的平面效果。

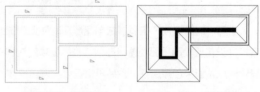

图6-170 修剪迹线　　　图6-171 平面效果

转换至三维视图，查看迹线屋顶的三维效果，如图 6-172 所示。

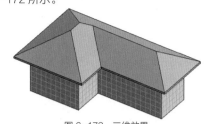

图 6-172　三维效果

提示：单击坡度符号 ⟋，进入在位编辑框，在其中可以修改坡度值，如图 6-173 所示。

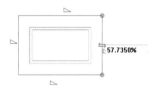

图 6-173　设置坡度值

启用"迹线屋顶"工具也可以创建平屋顶。如图 6-174 所示，取消勾选"定义坡度"选项，设置"悬挑"值为"0"，勾选"延伸至墙中（至核心层）"选项。依次拾取墙体以创建迹线，由于"悬挑"值为"0"，因此迹线与墙线重合，如图 6-175 所示。

□定义坡度	悬挑: 0.0	☑延伸到墙中(至核心层)

图 6-174　设置参数

图 6-175　创建屋顶迹线

"悬挑"值表示屋顶与墙体的距离，类似于"偏移值"的含义。

单击"完成编辑模式"按钮，平屋顶的平面视图效果如图 6-176 所示。转换至三维视图，查看屋顶的三维效果，如图 6-177 所示。

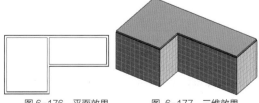

图 6-176　平面效果　　　图 6-177　三维效果

2. 修改屋顶

选中平屋顶，进入"修改 | 屋顶"选项卡，通过使用"形状编辑"面板中的工具，如图 6-178 所示，可以编辑屋顶的形状。

图 6-178　"形状编辑"面板

选中屋顶后，屋顶的转角显示顶点，如图 6-179 所示，拖曳顶点，改变其位置，可以影响屋顶的形状。在"形状编辑"面板中单击"添加点"按钮，单击屋面以创建点。启用"添加分割线"工具，鼠标单击顶点，移动鼠标单击另一顶点，可以在两点之间绘制分割线，如图 6-180所示。

图 6-179　选择屋顶　　　图 6-180　添加分割线

按下 <Esc> 键，退出添加分割线的操作。启用"修改子图元"工具，在点上单击鼠标左键，可以在点的上下两侧显示箭头符号，如图 6-181 所示。鼠标单击激活向上箭头符号，向上拖曳，调整点的位置，同时影响了屋顶的形状，如图 6-182 所示。

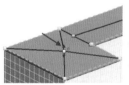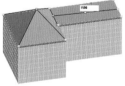

图 6-181　选择点　　　图 6-182　向上拖曳

启用"添加点"工具，在分割线线上单击鼠标左键以添加点，如图 6-183 所示。按下 <Esc> 键，启用"修改子图元"工具，激活向上箭头，输入距离值"1500"，如图 6-184 所示。

图 6-183　添加点　　　图 6-184　输入距离

按下 <Enter> 键，该点会按照所定义的距离被向上拖曳。保持点的选择状态，可以显示点被拖曳的距离，如图 6-185 所示。按下 <Esc> 键退出操作，平屋顶已被修改，如图 6-186 所示。再次选择编辑后的屋顶，启用"重设形状"工具，可以撤销对屋顶所做的一切编辑，恢复平屋顶样式。

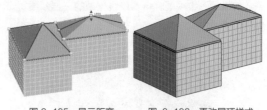

图 6-185　显示距离　　　图 6-186　更改屋顶样式

6.4.2　拉伸屋顶

启用"拉伸屋顶"工具，可以通过拉伸指定的轮廓来创建屋顶模型。要创建拉伸屋顶，需要先打开立面视图、三维视图或者剖面视图，假如未打开，则系统会提示用户。根据实际情况，使用直线和弧线，或者两者结合来创建弧线。

1. 创建屋顶

首先需要在平面视图绘制墙体模型，如图 6-187 所示。此时启用"拉伸屋顶"工具的话，系统调出如图 6-188 所示的【工作平面】对话框，提醒用户需要转到其他工作平面才可继续创建拉伸屋顶的操作。在其中选择"名称"选项，在列表中选择"轴网：C"选项，单击"确定"按钮。

图 6-187　绘制墙体　　图 6-188　【工作平面】对话框

在【转到视图】对话框中选择"立面：北视图"选项，如图 6-189 所示，指将在北立面视图中创建拉伸屋顶。单击"确定"按钮，调出如图 6-190 所示的【屋顶参照标高和偏移】对话框，在其中设置参照标高类型以及偏移参数。需要注意的是，在对话框中所设置的标高以及偏移参数并不与实际的模型相对应，系统为了方便过滤统计，而需要对用户收集数据。

图 6-189　【转到视图】对话框

图 6-190　【屋顶参照标高和偏移】对话框

单击"确定"按钮关闭对话框。进入"修改 | 创建拉伸屋顶轮廓"选项卡，在"绘制"面板中选择"直线"按钮，点取墙体的中点为起点，向上移动鼠标，键入距离值，如图 6-191 所示。按下回车键结束垂直线段的绘制，接着绘制斜线段连接墙体与垂直线段，如图 6-192 所示。

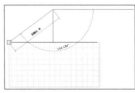

图 6-191　绘制垂直线段　　图 6-192　指定斜线端点

按下回车键完成斜线段的绘制，如图 6-193 所示。保持放置线的状态，继续绘制右侧的斜线段，如图 6-194 所示。

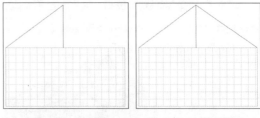

图 6-193　绘制结果　　图 6-194　绘制斜线段

删除中间的垂直线段，如图 6-195 所示，保留两侧的斜线段。单击进入斜线段的编辑模式，于在位编辑框中输入长度参数，如图 6-196 所示。

图 6-195　删除线段　　　图 6-196　输入长度值

按下回车键完成修改斜线段长度的操作，继续对右侧的斜线段的长度进行更改，设置长度值为"8000"，更改其长度的结果如图 6-197 所示。在"属性"选项板中设置"拉伸终点"的参数，如图 6-198所示。单击"应用"按钮，将参数赋予所创建的轮廓线。

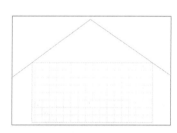

图 6-197　修改长度　　　图 6-198　"属性"选项板

提示

"拉伸起点"与"拉伸终点"的间距即屋顶的宽度。

单击"模式"面板上的"完成编辑模式"按钮，拉伸屋顶轮廓线的结果如图 6-199 所示。转换至三维视图，查看屋顶的拉伸结果，如图 6-200 所示。其中墙体未与屋顶附着，需要对墙体执行修改。

图 6-199　拉伸墙体轮廓线　　　图 6-200　三维样式

6.4.3　玻璃斜窗

选择迹线屋顶或者拉伸屋顶，在"属性"选项板中选择"玻璃斜窗"，如图 6-207 所示。被选中的屋顶被转换为透明的玻璃窗样式，如图 6-208所示。

选择墙体，如图 6-201 所示，单击"修改墙"面板上的"附着 顶部/底部"按钮，如图 6-202 所示。通过执行该工具，可以通过延伸墙体的高度，使其与屋顶相接。

图 6-201　选择墙体

图 6-202　"修改墙"面板

将鼠标置于屋顶上，如图 6-203 所示，单击选择屋顶，可以将墙体附着于屋顶上，连接屋顶与墙体的结果如图 6-204 所示。

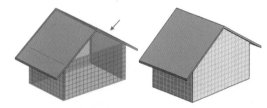

图 6-203　选择屋顶　　　图 6-204　附着墙体

2. 编辑屋顶

选择拉伸屋顶，激活右侧（向右的）蓝色实心箭头，通过指定方向拖曳鼠标可以调整屋顶的宽度，如图 6-205 所示。激活左侧（向左的）蓝色实心箭头，同样可以调整屋顶，如图 6-206 所示。

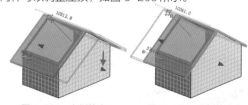

图 6-205　右侧箭头　　　图 6-206　左侧箭头

默认的玻璃斜窗未分区，启用"幕墙网格"工具，为玻璃窗放置网格，如图 6-209 所示。在放置网格的基础上，启用"竖梃"工具，在幕墙网格上放置水平或者垂直的竖梃，如图 6-210 所示。

图 6-207 "属性"选项板

图 6-208 玻璃斜窗

图 6-209 放置网格

图 6-210 放置竖梃

6.4.4 封檐板

启用"屋顶：封檐板"工具，可以将封檐板添加到屋顶、檐底板或者其他封檐板的边缘，或者将封檐板添加到模型线。单击连续边以添加封檐板时，封檐板的线段在角部相遇时会相互斜接。

在"构建"面板上单击"屋顶"按钮，在列表中选择"屋顶：封檐板"选项，鼠标置于屋顶边上，高亮显示边，如图 6-211 所示，单击鼠标左键，创建封檐板与屋顶边相连接，如图 6-212 所示。

"属性"选项板中"垂直轮廓偏移"选项参数值默认为"0"，表示封檐板与屋顶边的距离为"0"，处于连接状态。设置距离参数，如图 6-215 所示，可以控制封檐板与屋顶边的垂直距离，如图 6-216 所示。

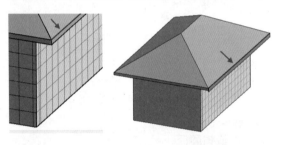

图 6-211 选择屋顶边 　　图 6-212 放置封檐板

继续单击屋顶边以创建封檐板，封檐板会自动连接，如图 6-213 所示。选择封檐板，显示翻转符号，如图 6-214 所示。单击"水平轴翻转轮廓"符号，封檐板可以向上或者向下移动。单击"垂直轴翻转轮廓"符号，封檐板在水平方向上移动。

图 6-215 设置垂直偏移参数 　图 6-216 垂直偏移

修改"水平轮廓偏移"选项参数，如图 6-217 所示，控制封檐板与屋顶边的水平距离，如图 6-218 所示。

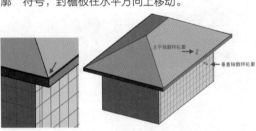

图 6-213 相互连接 　　图 6-214 翻转轴符号

图 6-217 设置水平偏移参数 　图 6-218 水平偏移

在"修改 | 封檐板"选项卡中选择"轮廓"面板上的"添加 / 删除线段"按钮，如图 6-219 所示，可添加或者删除封檐板线段。在启用该工具的过程中，请注意状态栏的语言提示，如"单击屋顶边、檐底板、

> **提示**
>
> 翻转轮廓符号的操作结果与名称表述相反。"水平翻转"符号控制封檐板上、下移动，"垂直翻转"符号控制封檐板左、右移动。移动方向与符号箭头相一致。

封檐板或模型线进行添加。再次单击进行删除"。参考提示信息来进行编辑操作。

图 6-219 "轮廓"面板

鼠标置于封檐板边线上,高亮显示线段,如图 6-220 所示。

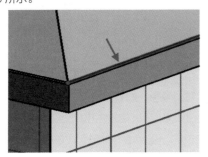

图 6-220 高亮显示封檐板边线

选择封檐板,按下 <Delete> 键,也可将其删除。

单击鼠标左键,删除封檐板,如图 6-221 所示。重新启用"添加 / 删除线段"工具,鼠标置于屋顶边上,高亮显示边线,如图 6-222 所示。单击鼠标左键,创建封檐板与该屋顶边相接。

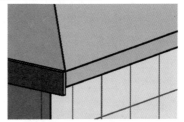

图 6-221 删除封檐板

图 6-222 高亮显示屋顶边

6.4.5 檐槽

启用"屋顶:檐槽"工具,可将檐槽添加到屋顶、檐底板或者封檐板的边缘,也可添加到模型线。

单击"构建"面板上的"屋顶"按钮,在列表中选择"屋顶:檐槽"选项,将光标置于屋顶线上,高亮显示屋顶线,如图 6-223 所示。单击鼠标左键,放置檐槽与屋顶线相接,如图 6-224 所示。

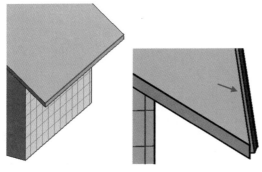

图 6-223 选择屋顶线 　　图 6-224 放置檐槽

选择檐槽,显示翻转符号以及线段端点,如图 6-225 所示。单击翻转符号,可以控制檐槽在指定方向上进行翻转。单击左键激活线段端点,拖曳鼠标,如图 6-226 所示,可以调整檐槽的长度。

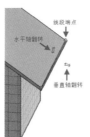

图 6-225 显示符号 　　图 6-226 拖曳端点

也可在拖曳鼠标的过程中输入距离参数,如图 6-227 所示,按下回车键,可以将檐槽拉伸至指定的长度。为屋顶放置檐槽的结果如图 6-228 所示。

图 6-227 输入参数 　　图 6-228 操作结果

6.4.6 实例——添加住宅楼屋顶

启用"迹线屋顶"工具为住宅楼添加屋顶，屋顶材质为英红瓦，需要以住宅楼为名称创建一个新屋顶类型。

⭐01 打开"资源 /06/6.3 添加住宅楼天花板 .ret"文件，执行"另存为"命令，在【另存为】对话框中设置文件名称为"6.4 添加住宅楼屋顶"，单击"保存"按钮，完成"另存为"文件的操作。

⭐02 转换至 F1 平面视图。选择"建筑"选项卡，在"构建"面板上单击"屋顶"按钮，在列表中选择"迹线屋顶"选项，启用"迹线屋顶"工具。在"属性"选项板上单击"编辑类型"按钮，调出【类型属性】对话框。在对话框中选择名称为"系统族：基本屋顶"的族，选择类型为"混凝土 120mm"的屋顶类型，单击"复制"按钮，如图 6-229 所示。

图 6-229 【类型属性】对话框

⭐03 在调出的【名称】对话框中设置新屋顶类型的名称为"住宅楼－屋顶"，如图 6-230 所示。

图 6-230 【名称】对话框

⭐04 单击"确定"按钮完成设置操作。单击"结构"选项后的"编辑"按钮，进入【编辑部件】对话框。单击"插入"按钮，在类别中插入两个新结构层，如图 6-231 所示。选择新层，单击"向上"按钮，向上移动其位置。修改新层的功能名称为"面层 2[5]"和"涂膜层"，如图 6-232 所示。

图 6-231 插入新层　　图 6-232 修改功能名称

⭐05 单击"面层2[5]"层后的材质矩形按钮，进入【材质浏览器】对话框。在材质列表中选择名称为"屋顶材料-瓦"的材质，如图 6-233所示。单击鼠标右键，在右键菜单中选择"复制"选项，复制一个材质副本。接着继续调出右键菜单，选择"重命名"选项，设置材质名称为"住宅楼-屋顶-瓦"，如图 6-234所示。

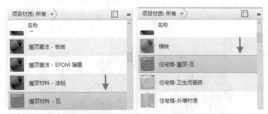

图 6-233 选择材质　　　图 6-234 重命名

⭐06 在"着色"选项组下单击"颜色"按钮，调出【颜色】对话框。在其中设置屋顶着色类型，如图 6-235所示。单击"确定"按钮返回【材质对话框】，设置颜色的结果如图 6-236所示。

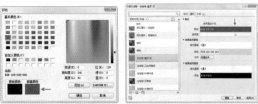

图 6-235 【颜色】对话框　　图 6-236 设置颜色

⭐07 单击"确定"按钮返回【编辑部件】对话框，设置"面层2[5]"的厚度为"20"，勾选"可变"选项，如图 6-237所示。通过单击"确定"按钮，依次关闭【编辑部件】对话框以及【类型属性】对话框。在"属性"选项板中设置"底部标高"为"F9"，"自标高的底部偏移"值为"690"，如图 6-238所示。

图 6-237 设置参数　　　图 6-238 "属性"选项板

⭐08 拾取墙体，以创建屋顶迹线。拾取 10~13 轴之间的墙体时，从左至右，首先拾取 10 轴墙体，接着拾取 A 轴墙体，如图 6-239 所示。单击鼠标左键，拾取 A 轴墙体的结果如图 6-240 所示。

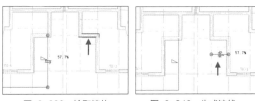

图 6-239 拾取墙体　　图 6-240 生成迹线

⭐09 继续向右移动鼠标，单击鼠标左键以拾取墙体，在拾取了 33 轴墙体后，按下 <Esc> 键退出拾取墙体操作，结果如图 6-241 所示。

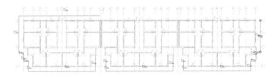

图 6-241 放置迹线

⭐10 启用"修改"面板上的"修剪 - 延伸为角" 工具，拾取由 A 轴墙体偏移得到的屋顶迹线，如图 6-242 所示。接着向左移动鼠标，拾取由 10 轴墙体偏移得到的屋顶迹线，此时可以引出虚线，预览其修剪结果，如图 6-243 所示。

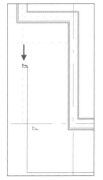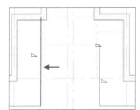

图 6-242 拾取迹线 1　　图 6-243 拾取迹线 2

⭐11 单击鼠标左键，完成修剪屋顶迹线的操作，结果如图 6-244 所示。

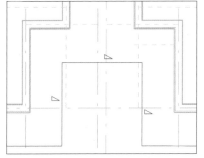

图 6-244 修剪迹线

⭐12 向右移动鼠标，依次对屋顶迹线执行修剪操作，使其相互连接成为一个闭合整体，如图 6-245 所示。

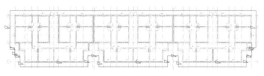

图 6-245 屋顶迹线

⭐13 单击"模式"面板上的"完成编辑模式"按钮，退出命令。转换至三维视图，查看屋顶的三维效果，如图 6-246 所示。

图 6-246 三维视图

⭐14 转换至南立面视图，查看屋顶的立面效果，如图 6-247 所示。

图 6-247 南立面视图

⭐15 在"构建"列表上单击"屋顶"按钮，在列表中选择"屋顶：檐槽"选项，单击屋顶线，为屋顶创建檐槽，如图 6-248 所示。按下 <Esc> 键退出命令，完成放置檐槽的操作。

图 6-248 放置结果

提示

檐槽通常在建筑物的南立面以及北立面创建，东立面、西立面一般不设置檐槽。如图 6-249 所示为住宅楼南、北立面创建檐槽的结果。在平面视图中，遵循上北下南、左西右东的规律来分辨视图的方向，如图 6-250 所示。但这不一定是项目的实际方位。

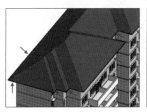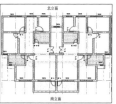

图 6-249 放置檐槽　　图 6-250 视图方向

AUTODESK
REVIT

第7章

洞口、楼梯、坡道与扶手

Revit Architecture 提供了创建建筑构件的工具，通过启用这些工具，可以创建洞口、楼梯、坡道与

扶手等。本章将介绍这些工具的使用方法。

7.1 楼梯

在"楼梯坡道"面板中提供了两种创建楼梯的方式，分别为"楼梯（按构件）"与"楼梯（按草图）"，本节介绍这两种创建楼梯的方法。

7.1.1 绘制梯段以创建楼梯

1. 直线梯段

选择"建筑"选项卡，在"楼梯坡道"面板上单击"楼梯"按钮，在列表中选择"楼梯（按构件）"选项，如图 7-1 所示。转换至"修改 | 创建楼梯"选项卡，在"构件"面板中选择"梯段"按钮，选择"直梯"绘制方式，如图 7-2 所示。

图 7-1　选择"楼梯（按构件）"选项

图 7-2　"修改 | 创建楼梯"选项卡

设置"定位线"为"梯段: 中心"，"偏移量"为 0，"实际梯段宽度"为"1000"，勾选"自动平台"选项，如图 7-3 所示。在"属性"选项板中选择楼梯的样式，如"现场浇筑楼梯 – 整体式楼梯"，单击名称选项，可在列表中更改楼梯样式，如图 7-4 所示。

图 7-3　设置参数

图 7-4　"属性"选项板

单击梯段起点，向右移动鼠标，显示临时尺寸标注，并提示当前的踢面数，如图 7-5 所示。在端点单击鼠标左键，可以完成创建梯段的操作，如图 7-6 所示。

图 7-5　指定起点和端点

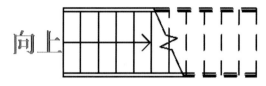

图 7-6　创建梯段

> **提示**
> 在"属性"选项板中的"所需踢面数"选项中设置了踢面数目后，从起点到端点，中间的踢面数与所设数值相对应。

单击梯段，进入"修改 | 楼梯"选项卡，如图 7-7 所示。单击"编辑"面板中的"编辑楼梯"按钮，进入"修改 | 创建楼梯"选项卡。单击选中梯段，显示操纵柄符号以及梯段末端符号，如图 7-8 所示。

图 7-7　"修改 | 楼梯"选项卡　　图 7-8　显示符号

单击激活梯段边线上侧的"造型操纵柄"符号，向上拖曳鼠标，可以调整梯段的宽度，如图 7-9 所示。单击激活梯段方向指示箭头一侧的"梯段末端"符号，向右拖曳鼠标，可以增加梯段的踢面数，如图 7-10 所示。

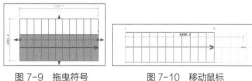

图 7-9　拖曳符号　　　　图 7-10　移动鼠标

单击鼠标左键指定拖曳端点，临时尺寸标注显示当前梯段的长度，并在梯段的右上角显示踢面数位"12+4"，即在 12 踢面数的基础上增加了四个踢面，如图 7-11 所示。

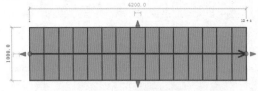

图 7-11　拖曳端点

单击"完成编辑模式"按钮，系统调出如图 7-12 所示的警示对话框，提醒用户梯段踢面数与梯段的高度不匹配，请用户修改踢面数或者修改相对高度值。

图 7-12　警示对话框

单击"关闭"按钮关闭警示对话框。在"属性"选项板中显示梯段当前的参数，在"所需踢面数"选项中显示在当前标高下所需要的踢面数，如图 7-13 所示。在"实际踢面数"选项中显示当前梯段所有的踢面数，选项为灰色，即参数在"属性"选项板中不可修改。在"限制条件"选项组下修改标高参数，以符合踢面所需的高度。

图 7-13　显示踢面数

在"修改 | 创建楼梯"选项卡中单击"工具"面板上的"翻转"按钮，如所示，可以调整楼梯的方向但是却不会更改布局。梯段方向被调整后，箭头指示方向改变，以标明上楼方向，如图 7-14 所示。选择梯段一侧的扶手，进入"修改 | 栏杆扶手"选项卡，

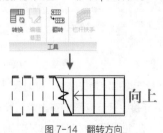

图 7-14　翻转方向

提示

或者重新进入梯段编辑状态，激活"梯段末端"符号，调整符号的端点位置，也可以恢复梯段实际的踢面数。

转换至三维视图，查看梯段的三维效果，如图 7-15 所示。

图 7-15　三维效果

2. 双跑楼梯

在绘制直线梯段的过程中增加休息平台，可以创建双跑楼梯。启用"楼梯（按构件）"工具，分别点击"梯段"和"直梯"按钮，设置"定位线"为"梯段：左"，"偏移量"为"0"，"实际梯段宽度"为"1000"，选择"自动平台"选项。

在"属性"选项板中设置梯段的标高，将"顶部标高"更改为"F3"，在"所需踢面数"选项中绘制自动计算在该标高范围内所需要的踢面数，如图 7-16 所示。

图 7-16　"属性"选项板

单击鼠标左键指定梯段的起点，向右移动鼠标，如图 7-17 所示。

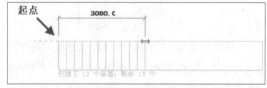

图 7-17　指定起点

在合适位置单击鼠标左键，指定梯段的端点，如图 7-18 所示。向上移动鼠标，输入休息平台的宽度，如图 7-19 所示。

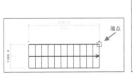

图 7-18　指定端点

图 7-19　输入参数值

按下回车键确定休息平台的端点，继续向上移动鼠标绘制剩余的踢面，如图 7-20 所示。在实时标注文字指示创建了"27 个踢面，剩余 0 个"时，单击鼠标左键，退出绘制。按下"完成编辑模式"按钮，退出命令。双跑楼梯的创建结果如图 7-21 所示。

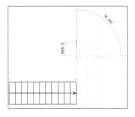

图 7-20　指定平台端点

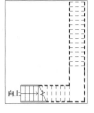

图 7-21　双跑楼梯

转换至三维视图，查看双跑楼梯的创建结果，如图 7-22 所示。

图 7-22　三维效果

7.1.2　全踏步螺旋楼梯

启用"全踏步螺旋"工具，通过指定起点和半径创建螺旋梯段。所创建的螺旋梯段可大于 360°。创建梯段时采用逆时针方向，旋转方向可以修改。

在"构件"面板中单击"梯段"按钮，启用"全踏步螺旋"工具，如图 7-23 所示。单击指定梯段的起点，同时显示半径值，如图 7-24 所示。

输入数值以指定半径值，如图 7-25 所示。按下回车键，完成全踏步螺旋楼梯的创建，如图 7-26 所示。

图 7-23　"构件"面板

图 7-24　指定起点　　　图 7-25　指定半径值　　　图 7-26　螺旋楼梯

单击"模式"面板上的"完成编辑模式"按钮，退出命令，螺旋楼梯的平面样式如图 7-27 所示。转换至三维视图，查看螺旋楼梯的三维样式，如图 7-28 所示。

图 7-27　平面样式

图 7-28　三维样式

7.1.3　圆心-端点螺旋楼梯

启用"圆心-端点螺旋"工具，通过指定圆心、起点、端点来创建螺旋楼梯。所创建的梯段可小于 360°，选择圆心以及起点后，以顺时针或逆时针的方向移动鼠标以指示旋转方向，单击鼠标左键指定端点，完成创建楼梯的操作。

在"构件"面板中选择"梯段"按钮，启用"圆心-端点螺旋"工具，如图 7-29 所示。单击指定起点，向上移动鼠标，指定半径大小，如图 7-30 所示。

图 7-29　启用"圆心－端点螺旋"工具

图 7-30　指定起点及半径

向左下角移动鼠标，单击指定端点，如图 7-31 所示。按下回车键，结束绘制，圆心－端点螺旋楼梯的绘制结果如图 7-32 所示。

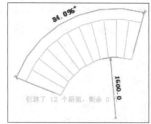 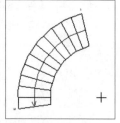

图 7-31　指定端点　　　　图 7-32　绘制结果

单击"完成编辑模式"按钮，退出命令，圆心－端点螺旋楼梯的平面样式如图 7-33 所示。转换至三维视图，查看楼梯的三维样式，如图 7-34 所示。

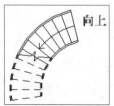

图 7-33　平面样式　　　　图 7-34　三维样式

7.1.4　L 形转角楼梯

启用"L 形转角"工具，通过指定较低端以创建 L 形斜踏步梯段。在"构件"面板中单击"梯段"按钮，启用"L 形转角"工具。在"属性"选项中设置梯段的底部标高以及顶部标高，单击鼠标左键，放置梯段。单击"模式"面板上的"完成编辑模式"按钮，退出命令。

L 形转角梯段的平面视图样式如图 7-35 所示，在梯段的起点或者终点处包含平面踢面。转换至三维视图，查看梯段的三维样式，如图 7-36 所示。

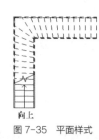 

图 7-35　平面样式　　　　图 7-36　三维样式

7.1.5　绘制边界及踢面线来创建梯段

启用"楼梯（按草图）"工具，通过依次指定楼梯的边界线以及踢面线，来生成梯段。在"修改 | 创建楼梯草图"选项卡中，单击"梯段"按钮及"直线"按钮，如图 7-37 所示。在"属性"选项板中设置底部标高与顶部标高，系统显示所需的踢面数，如图 7-38 所示。

图 7-38　"属性"选项板

图 7-37　"修改 | 创建楼梯草图"选项卡

单击鼠标左键指定梯段起点，此时可以预览梯段的轮廓线，如图 7-39 所示。向下移动鼠标，单击鼠标左键指定端点，如图 7-40 所示。

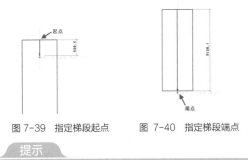

图 7-39　指定梯段起点　　　图 7-40　指定梯段端点

提示

除了垂直方向外，可以在任何方向指定端点以创建梯段，如图 7-41 所示。

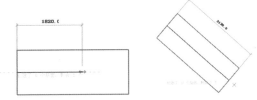

图 7-41　在其他方向指定端点

在端点单击鼠标左键，完成创建梯段的结果如图 7-42 所示。单击"完成编辑模式"按钮，退出命令。在梯段平面视图中，虚线部分表示被剖切的部分，在当前视图中不可见。箭头指示方向为上楼方向，如图 7-43 所示。

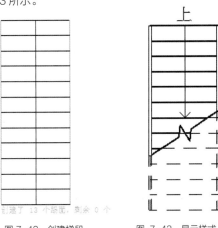

创建了 13 个踢面，剩余 0 个

图 7-42　创建梯段　　　　图 7-43　显示样式

7.1.6　实例——添加住宅楼楼梯

在创建楼梯之前，应该先确定放置楼梯的基点。通过创建参照平面，可以在此基础上放置楼梯。接着设置梯段的属性、指定梯段的起点、端点，完成梯段的创建。本节介绍在 Revit Architecture 中为各楼层创建楼梯的方法。

⭐01　转换至 F1 平面视图。选择"建筑"选项卡，单击"工作平面"面板上的"参照平面"按钮，以 5 轴和 B 轴为参考，创建参照平面，如图 7-44 所示。

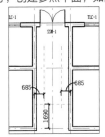

图 7-44　创建参照平面

⭐02　在"楼梯坡道"面板上单击"楼梯"按钮，在列表中选择"楼梯（按构件）"选项，进入"修改 | 创建楼梯"选项卡。在"属性"选项板上单击"类型属性"按钮，调出【类型属性】对话框。在"类型"选项中选择名称为"整体板式-公共"类型，如图 7-45 所示。

图 7-45　【类型属性】对话框

⭐03　单击"复制"按钮，在【名称】对话框中设置新类型的名称为"住宅楼 - 楼梯"，如图 7-46 所示。单击"确定"按钮关闭对话框。

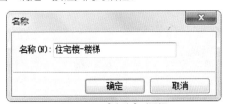

图 7-46　【名称】对话框

⭐04　在"计算规则"选项组下设置"最大踏面高度"为"170"，"最小踏板深度"为"260"，"最小梯段宽度"为"1000"，如图 7-47 所示。单击"确定"按钮关闭对话框。

图 7-47　"构造"选项组

⭐05 在"属性"选项板中设置"底部标高"为"室外地坪","顶部标高"为"F2",系统可自动计算"所需踢面数"为"16","实际踏板深度"为"260",如图 7-48 所示。

图 7-48 "属性"选项板

⭐06 单击起点 a 开始绘制梯段,向上移动鼠标,单击端点 b 结束梯段的绘制;单击起点 c 为另一梯段的起点,向下移动鼠标,单击端点 d,完成梯段的绘制,如图 7-49 所示。

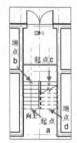

图 7-49 创建梯段

⭐07 选择楼梯,进入"修改"|"楼梯"选项卡,单击"编辑"面板上的"编辑楼梯"按钮,进入编辑楼梯模式。单击整体平台轮廓线,输入平台宽度值"1650",如图 7-50 所示。单击"完成编辑模式"按钮,退出编辑模式,完成修改平台宽度的操作。

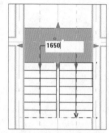

图 7-50 修改宽度

⭐08 沿用本节介绍的方法,继续为其他楼层创建楼梯。在剖面视图中查看各楼层楼梯的创建结果,如图 7-51 所示。

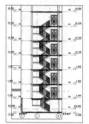

图 7-51 剖面视图

7.2 栏杆扶手

扶手的创建方式有两种,一种是通过绘制路径来创建扶手,另一种是直接在主体上创建扶手。本节介绍这两种方式的使用方法。

7.2.1 绘制路径创建扶手

启用"绘制路径"工具,通过绘制栏杆扶手的走向路径来创建扶手。选择"建筑"选项卡,单击"楼梯坡道"上的"扶手栏杆"按钮,在列表中选择"绘制路径"选项,如图 7-52 所示。选择"链"选项,设置"偏移量"为"100",不选择"半径"选项,如图 7-53 所示。

图 7-52 选择"绘   图 7-53 设置参数
制路径"选项

提示

偏移是指输入线与栏杆的距离。

鼠标在输入线上单击,指定起点,如图 7-54 所示。向下移动鼠标,在端点处单击鼠标左键,完成一段栏杆路径的绘制,如图 7-55 所示。

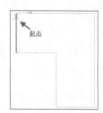

图 7-54 指定起点   图 7-55 指定端点

移动鼠标,陆续在端点单击鼠标左键,以创建栏杆路径。由于勾选了"链"选项,因此各段路径相互连接。单击"完成编辑模式"按钮,退出命令。按照所指定的路径生成栏杆的结果如图 7-56 所示。

在"属性"选项板中设置"底部偏移"值，如图7-57所示。"底部偏移值"表示栏杆在标高F1之下"100mm"。单击"应用"按钮，将参数赋予栏杆。

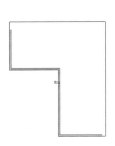

图 7-56　创建栏杆

图 7-57　"属性"选项板

转换至三维视图，查看栏杆的三维效果，如图7-58所示。选择栏杆，在"属性"选项板中单击以调出类型列表，在列表中显示了各类栏杆的样式，如图7-59所示，单击选择其中的样式，可以更改栏杆的类型。

图 7-58　三维样式　　图 7-59　类型列表

7.2.2　拾取主体以放置栏杆

启用"放置在主体上"工具，通过拾取楼梯或者坡道，可以将栏杆扶手置于其上。在放置栏杆时，还可选择是将栏杆放置在楼梯踏板或梯边梁上。

在"栏杆扶手"列表中选择"放置在主体上"选项，启用"放置在主体上"工具。在"修改|创建主体上的栏杆扶手位置"选项卡中单击"位置"面板上的"踏板"按钮，如图7-60所示，可在所选主体的踏板上生成栏杆。将鼠标置于楼梯上，主体高亮显示，如图7-61所示。

图 7-60　"位置"面板　　图 7-61　拾取主体

单击鼠标左键，在所选主体上放置栏杆的结果如图7-62所示。在"属性"选项板中设置"踏板/梯边梁偏移"选项参数，如图7-63所示，控制栏杆与踏板的距离。

图 7-62　放置栏杆　　图 7-63　"属性"选项板

在"踏板/梯边梁偏移"选择中设置正值，栏杆向内偏移，如图7-64所示，设置负值，栏杆向外偏移。

图 7-64　向内偏移

> **提示**
> 在"位置"面板上选择"梯边梁"按钮，在拾取主体时，系统会调出如图7-65所示的警示对话框。提醒用户当前所选主体没有梯边梁，栏杆会放置在踏板上。为楼梯创建了梯边梁后，可以使用该方式放置栏杆。

图 7-65　警示对话框

7.2.3　编辑扶手

1. 修改扶手结构

选择扶手，在"属性"选项板中单击"编辑类型"

按钮，调出【类型属性】对话框。单击"栏杆结构（非连续）"选项后的"编辑"按钮，如图7-66所示。

调出【编辑扶手（非连续）】对话框，在其中显示了被选中扶手的名称、高度、偏移、轮廓以及材质，如图 7-67 所示。

图 7-66 【类型属性】对话框

图 7-67 【编辑扶手（非连续）】对话框

或者单击"插入"按钮，创建扶手栏杆新样式，如图 7-68 所示。修改选项参数，可以控制扶手的显示样式。选择扶手类型，单击"向上"按钮，可以调整其在列表中的位置，如图 7-69 所示。

图 7-68 新建栏杆类型　　　图 7-69 调整位置

单击"确定"按钮返回【类型属性】对话框，接着继续单击"确定"按钮关闭【类型属性】对话框，完成参数的设置。

2. 修改扶手连接

选择扶手，进入"修改|栏杆扶手"选项卡，在"模式"面板中单击"编辑模式"按钮，如图 7-70 所示，进入"修改|栏杆扶手>绘制路径"选项卡，单击"工

具"面板上的"编辑连接"按钮，如图 7-71 所示。

图 7-70 "模式"面板　　　图 7-71 "工具"面板

将鼠标置于栏杆轮廓线的连接处，光标显示为方框，如图 7-72 所示。单击鼠标左键，进入编辑模式，光标显示为交叉的短斜线，如图 7-73 所示。

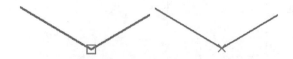

图 7-72 方框显示　　　图 7-73 选择连接处

单击"扶栏连接"选项，在列表中显示了各种连接样式，如图 7-74 所示。单击选择其中的一种，如"延伸扶手使其相交"选项，可以按照所设置的类型来修改扶手的连接样式，如图 7-75 所示。

单击"模式"面板上的"完成编辑模式"按钮，退出编辑模式。

图 7-74 连接类型　　　图 7-75 更改连接类型

3. 修改扶手的高度和坡度

选择扶手栏杆，进入"修改|栏杆扶手"选项卡，单击"编辑"面板上的"编辑路径"按钮，进入编辑模式。单击选择栏杆的路径线，如图 7-76 所示。

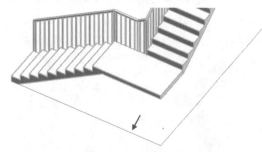

图 7-76 选择栏杆的路径线

在"修改|栏杆扶手>绘制路径"选项栏中设置"坡度"及"高度校正"参数，如图 7-77 所示。单击"坡度"选项，在选项列表中显示了三种坡度样式。选择"按主体"选项，设置扶手的坡度与主体，如坡道或

者楼梯一致。选择"水平"选项，即使主体为倾斜状，扶手仍然为水平扶手。选择"带坡度"选项，设置扶手为倾斜扶手，并且扶手与相邻扶手之间是连续连接的样式。

图 7-77　"修改 | 栏杆扶手 > 绘制路径"选项栏

在"高度校正"选项中，默认"按类型"样式为栏杆扶手的高度类型。选择"自定义"选项，后面选项被激活，在此输入高度值，可以控制栏杆的高度。

4. 替换栏杆样式

选择栏杆，单击"属性"选项板上的"类型属性"按钮，进入【类型属性】对话框。单击"栏杆位置"选项后的"结构"按钮，如图 7-78 所示，进入【编辑栏杆位置】对话框。

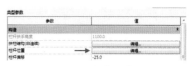

图 7-78　单击"编辑"按钮

在对话框中显示了所选栏杆的样式参数，如图 7-79 所示。选择"楼梯上每个踏板都使用栏杆"选项，在"每踏板的栏杆数"选项中设置栏杆数目。单击"栏杆族"选项，在列表中显示了多种类型的栏杆样式，单击选择其中一种，可以将该样式赋予所选的栏杆。

通过单击"确定"按钮，依次关闭【编辑栏杆位置】对话框与【类型属性】对话框，完成替换栏杆样式的操作。

图 7-79　【编辑栏杆位置】对话框

7.3　洞口

启用"洞口"工具，可以为墙、楼板、天花板及屋顶等创建洞口，本节介绍创建洞口的操作方法。

7.3.1　墙洞口

启用"墙洞口"工具，可以在直墙或者弯曲墙中剪切一个矩形洞口。使用一个视图来创建视口，该视图显示要剪切的墙的表面，例如立面或者剖面。或者在平面视图中创建洞口，接着通过墙洞口属性调整其"顶部偏移"及"底部偏移"。

在墙体上只能创建矩形洞口。需要创建圆形或者多边形洞口，需要选择对应的墙体并使用"编辑轮廓"工具。

选择"建筑"选项卡，单击"洞口"面板上的"墙"按钮，如图 7-80 所示。转换至平面视图，用鼠标单击选择需要创建洞口的墙体，如图 7-81 所示。

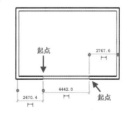

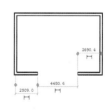

图 7-82　指定洞口位置　　　图 7-83　创建洞口

按下两次 <Esc> 键退出命令，如图 7-84 所示为洞口的在平面视图中的显示样式。转换至三维视图，查看墙体洞口的三维效果，如图 7-85 所示。

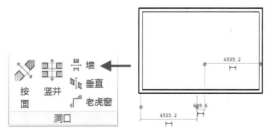

图 7-80　"洞口"面板　　图 7-81　选择墙体

点取洞口的起点以及端点，如图 7-82 所示。单击鼠标左键，创建洞口的结果如图 7-83 所示。

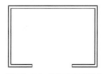

图 7-84　洞口平面样式　　　图 7-85　矩形洞口

选择洞口，在"属性"选项板中显示其参数。分别修改"顶部偏移"选项以及"底部偏移"选项的参数，控制洞口在墙体上的位置，如图 7-86 所示。其中，"顶部偏移"选项值代表从墙体顶部与洞口上方边界之间的距离；"底部偏移"选项表示墙体底部边线与洞口底部边线之间的距离，如图 7-87 所示。

在三维视图中创建洞口，首先点取矩形洞口的起点，拖动鼠标，指定另一对角点，在墙体上可以预览洞口的样式，如图 7-88 所示。在对角点上单击鼠标左键，创建洞口如图 7-89 所示。选择洞口，可以在"属性"选项板中编辑参数。

图 7-86 "属性"选项板

图 7-87 编辑洞口参数

图 7-88 指定对角点

图 7-89 创建洞口

7.3.2 面洞口

启用"面洞口"工具，可以创建一个垂直于屋顶、楼板或者天花板选定面的洞口。单击"洞口"面板上的"按面"按钮，将鼠标置于屋面上，高亮显示屋面轮廓线，如图 7-90 所示。单击鼠标左键，进入编辑模式，如图 7-91 所示，转换至"修改 | 创建洞口边界"选项卡。

在"绘制"面板中选择"矩形"按钮，在屋面上指定矩形的对角点，预览洞口的效果，如图 7-92 所示。单击鼠标左键，完成定义矩形洞口边界的操作，如图 7-93 所示。

图 7-90 选择屋顶

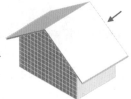
图 7-91 编辑模式

图 7-92 指定洞口对角点

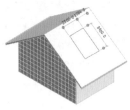
图 7-93 指定洞口边界

在"模式"面板上单击"完成编辑模式"按钮，退出命令，在屋面上创建矩形洞口的结果如图 7-94 所示。选择洞口，转换至"修改 | 屋顶洞口剪切"选项卡，单击"编辑草图"按钮，进入"修改 | 创建洞口边界 > 编辑边界"选项卡，拖曳鼠标来调整边界的位置，如图 7-95 所示。或者通过定义距离，来指定边界的位置。

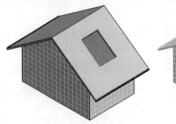
图 7-94 创建矩形洞口

图 7-95 拖曳洞口边界

7.3.3 竖井

启用"竖井"工具，可以创建一个跨多个标高的垂直洞口，贯穿其中的屋顶、楼板及天花板进行剪切。

在"洞口"面板上单击"竖井"按钮，启用竖井工具，进入编辑模式，并转换至"修改|创建竖井洞口草图"选项卡。在"绘制"面板上单击"边界线"按钮，选择"矩形"绘制方式，如图 7-96 所示。设置"偏移"值为"0"，不勾选"半径"选项。

图 7-96　"绘制"面板

在平面视图中单击鼠标左键指定洞口的对角点，用以定义洞口的位置，如图 7-97 所示。单击鼠标左键，可以完成创建洞口的操作，系统显示临时尺寸标注，标注洞口的尺寸及其与周围墙体的距离，如图 7-98 所示。

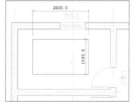 

图 7-97　指定对角点　　　图 7-98　确定竖井位置

单击"模式"面板上的"完成编辑模式"按钮，退出命令，竖井洞口的平面样式如图 7-99 所示。保持洞口的选择状态，在"属性"选项板中可以显示其参数。在其中设置"底部限制条件"为"F1"，"顶部约束"为"直到标高：F5"，如图 7-100 所示。单击"应用"按钮，将参数赋予矩形洞口。

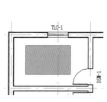 

图 7-99　创建竖井　　　图 7-100　设置限制条件

单击转换至"视图"选项卡，在"创建"面板上单击"剖面"按钮，如图 7-101 所示。在 D 轴墙体上单击鼠标左键，向下移动鼠标，引出剖切线，如图 7-102 所示。

图 7-101　"视图"选项卡　　图 7-102　向下移动鼠标

提示

竖井的创建效果需要到剖面图中查看。需要创建剖切符号，生成剖面图，才可以到剖面图中查看图形。

在 B 轴墙体下方单击鼠标左键，创建剖切符号的结果如图 7-103 所示。在"属性"选项板中选择剖切符号的样式为"建筑剖面-国内符号"，如图 7-104 所示。

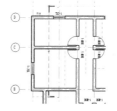 

图 7-103　创建剖视符号　　图 7-104　"属性"选项板

在"项目浏览器"中生成名称为"Section0"的剖面图，如图 7-105 所示，视图与剖切符号相关联。在视图名称上双击鼠标左键，转换至剖视图。查看 F2~F5 楼板中竖井的创建结果，如图 7-106 所示。

 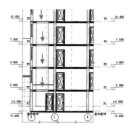

图 7-105　生成剖视图　　　图 7-106　剖视图

7.4　坡道

启用"坡道"工具，可将坡道添加到建筑模型中去。在执行添加坡道的操作之前，需要打开一个平面视图或者三维视图。坡道的长度由"顶部标高"以及"顶部偏移"决定，假如"顶部标高"和"顶部偏移"的默认值使得坡道过长，可以将"顶部标高"设置为当前标高，将"顶部偏移"设置为较低的值。

选择"建筑"选项卡,单击"楼梯坡道"面板上的"坡道"按钮,鼠标点取坡道起点,向右移动鼠标,单击鼠标左键点取终点,如图 7-107 所示。

图 7-107　指定起点与终点

假如所设置的坡道长度不足,系统会调出如图 7-108 所示的警示对话框,提醒用户修改坡道属性。

图 7-108　警示对话框

单击"模式"面板上的"完成编辑模式"按钮,退出命令,放置坡道的结果如图 7-109 所示。

图 7-109　放置坡道

在"属性"选项板中修改"限制条件"选项组中的参数,可控制坡道的长度。系统默认坡道宽度为"1000",在"宽度"选项中修改参数值,可以更改坡道的宽度,如图 7-110 所示。

图 7-110　"属性"选项板

单击"编辑类型"按钮,调出如图 7-111所示的【类型属性】对话框。通过修改"尺寸标注"选项组下的"最大斜坡长度"与"坡道最大坡度"选项参数,可以解决由于坡度与最大斜坡长度所产生的矛盾。

图 7-111　【类型属性】对话框

转换至三维视图,查看坡道的三维效果,如图 7-112 所示。

图 7-112　三维样式(结构板样式)

在【类型属性】对话框中设置"造型"选项的参数为"实体",更改坡道的样式,结果如图 7-113 所示。

图 7-113　"实体"样式

提示:系统默认坡道的造型样式为"结构板"。

AUTODESK
REVIT

第8章

视图设计

　　本章介绍在进行建筑设计的过程中所需要的各类视图的设计，例如平面视图、立面视图及剖面视图等。另外，颜色方案的设置、房间及面积的计算、面积分析的使用、明细表的制作，在使用 Revit Architecture 开展建筑设计工作时，都有涉及，本章将逐一介绍。

8.1 平面视图设计

在平面视图显示了建筑项目的基本信息，如轴网、墙体、门窗等，本节将介绍创建及编辑平面视图的操作方法。

8.1.1 创建天花板投影平面视图

选择"视图"选项卡，单击"创建"面板上的"平面视图"按钮，如图 8-1 所示，在调出的列表中选择"天花板投影平面"选项，如图 8-2 所示。

调出如图 8-3 所示的【新建天花板平面】对话框，在列表中选择需要生成平面图的标高，按住 <Ctrl> 键可以选择多个标高。单击"确定"按钮，系统可以为指定的标高添加天花平面图。

图 8-1 "视图"选项卡　　图 8-2 选项列表　　图 8-3 【新建天花板平面】对话框

> **提示**
>
> 楼层平面图和结构平面图可以通过在对话框中选择标高来生成。平面区域需要在平面内绘制闭合的区域并指定不同的视图范围来创建。

8.1.2 平面区域

启用"平面区域"工具，可以在视图中创建平面区域。通过在平面图内绘制闭合的区域并指定不同的视图范围，可以显示被剖切面上下的附属构件。视图中的多个平面区域不能彼此重叠，但是可以具有重合边。

在"创建"面板上单击"平面视图"按钮，在列表中选择"平面区域"选项，进入"修改 | 创建平面区域边界"选项卡，在"绘制"面板中单击选择"直线"按钮，如图 8-4 所示。鼠标依次单击指定平面区域边界的各顶点，如图 8-5 所示。

按下回车键完成区域轮廓线的绘制，单击"模式"面板上的"完成编辑模式"按钮，退出命令。单击"属性"选项板中"视图范围"选项内的"编辑"按钮，调出如图 8-6 所示的【视图范围】对话框，在其中指定"主要范围"以及"视图深度"参数。

图 8-4 "修改 | 创建平面区域边界"选项卡

图 8-6 【视图范围】对话框

系统默认将"剖切面"的标高与当前视图的标高一致，表示所有的剪裁平面（"顶""剖切面""底""视图深度"）的标高与整个平面视图的标高相同。

此外，在设置各平面的偏移量时，需要注意，"顶"偏移量不能小于"剖切面"偏移量，"剖切面"偏移量不能小于"底"偏移量。

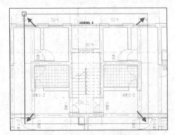

图 8-5 指定平面区域轮廓线

单击"确定"按钮关闭对话框，完成参数的设置。选择平面区域轮廓线，显示形状操纵柄，如图 8-7 所示，激活操纵柄，拖曳鼠标，可以调整平面区域轮廓线的范围。

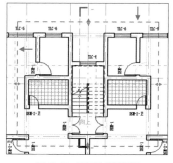

图 8-7 显示形状操纵柄

8.2 立面视图设计

在项目浏览器中可以查看项目自带的四个立面视图，分别为东立面、西立面、南立面及北立面。双击立面图名称，可以打开该立面图。除了这四个系统自带的立面图之外，还可以自定义其他方向上的立面视图，本节介绍其操作方法。

在 Revit Architecture 中使用立面标记来表示立面方向，如图 8-8 所示。通常情况下，在四个立面标记内创建图元，超出立面标记范围的图元不被显示在立面图中。此时可以选中标记，拖曳鼠标改变标记的位置，扩大绘图范围，使得图元全部位于标记范围内。

图 8-8 立面符号标记

打开平面视图，选中"视图"选项卡，单击"创建"选项卡上的"立面"按钮，在调出的列表中选择"立面"选项，如图 8-9 所示。移动鼠标，在平面视图中选择合适的位置，如图 8-10 所示，单击鼠标左键，可以在指定的位置放置立面符号。

图 8-9 选择"立面"选项　图 8-10 指定位置

系统自定义为立面符号命名，如图 8-11 所示。同时生成与该立面相对应的立面图，在项目浏览器中单击展开"立面"选项名称前的"+"，在弹出的列

表中显示与立面符号名称一致的立面图，如图 8-12 所示。

图 8-11 创建立面符号　图 8-12 项目浏览器

双击立面图名称，可以打开立面图，如图 8-13 所示。

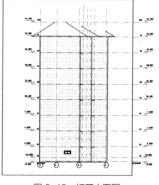

图 8-13 打开立面图

提示

在平面视图中选择立面符号，按下 <Delete> 键，系统调出如图 8-14 所示的提示对话框，提醒用户在删除立面符号的同时与其相对应的立面图会一并被删除。单击"确定"按钮，同时删除立面符号以及立面图。

启用"框架立面"工具，可以创建框架立面，以方便显示竖向支撑。在框架立面图中，工作平面和视图范围将在选定的网格或者参照平面上自动进行设置。裁剪区域也被限制为垂直于选定网格线的相邻网格线之间的区域。

在"立面"列表下选择"框架立面"选项，启用"框架立面"工具，如图 8-15 所示。单击轴网，如轴，如图 8-16 所示。

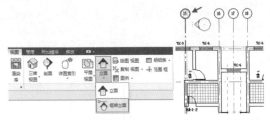

图 8-15　选择"框架立面"选项　　图 8-16　拾取轴线

单击鼠标左键，可以在轴线的一侧创建立面符号，如图 8-17 所示。转换至与该立面符号相对应的立面图，查看生产框架立面图的效果，如图 8-18 所示。

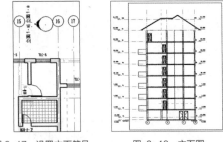

图 8-17　设置立面符号　　图 8-18　立面图

在"属性"选项板中为指定的参照平面设置名称，如"1-1"，如图 8-19 所示。所设置的名称会显示在参照平面的一端，如图 8-20 所示。

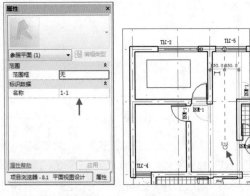

图 8-19　设置名称　　图 8-20　命名操作

启用"框架立面"工具，选择参照平面，可以在参照平面的一侧创建立面符号，如图 8-21 所示。转换至立面图，查看框架立面图的创建效果，如图 8-22 所示。

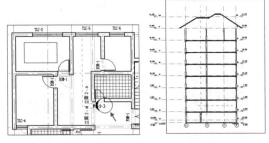

图 8-21　创建立面符号　　图 8-22　框架立面图

提示

未命名的参照平面，必须对其执行命名操作，才可以生成框架立面图。

8.3　剖面视图设计

启用"剖面"工具，可用来创建剖面视图。剖面视图将剖切模型，可以在平面、剖面、立面以及详图视图中绘制剖面视图。剖面视图在相交视图中显示为剖面表示。

1. 创建剖切符号

选择"视图"选项卡，在"创建"面板中单击"剖面"按钮，如图 8-23 所示，启用"剖面"工具。在"属性"选项板中设置剖面符号的样式为"建筑剖面－国内符号"样式，设置视图比例为 1：100，如图 8-24 所示。

图 8-23　单击"剖面"按钮　　图 8-24　"属性"选项板

在平面图的上方单击鼠标左键，点取剖切符号的起点，向下移动鼠标，选择剖切符号的终点，如图8-25所示。单击鼠标左键，创建剖面剖切符号的结果如图8-26所示。

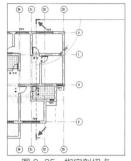 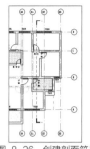

图 8-25　指定剖切点　　　　图 8-26　创建剖面符号

选择剖切符号，显示的虚线框表示裁剪范围，激活虚线框上的操纵柄，拖曳鼠标，调整虚线框的范围来改变裁剪区域大小，如图8-27所示。在绘制剖切符号的同时，系统生成与剖切符号相对应的剖面图。在"项目浏览器"选项板中单击"剖面（建筑剖面-国内符号）"选项前的"+"，在展开的列表中显示剖面图名称，如图8-28所示。

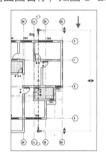 

图 8-27　创建立面符号　　图 8-28　"项目浏览器"选
　　　　　　　　　　　　　　　　　　　　 项板

双击剖面图名称，打开与其对应的剖面图，如图8-29所示。在平面视图中选择剖切符号，单击裁剪区域一侧的"翻转剖面"符号，如图8-30所示，可以调整裁剪轮廓线的方向。

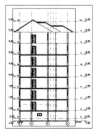 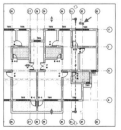

图 8-29　生成剖面图　　　　图 8-30　翻转剖面方向

2. 翻转剖面方向

裁剪区域的更改，剖面图的剖切内容也会随之变

动。在翻转了裁剪框的方向后，再次打开剖面图，可以发现剖面图的内容发生了变化，其与裁剪区域相对应，如图8-31所示。

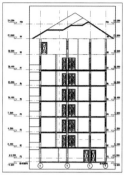

图 8-31　剖面图内容变动

选择剖切符号后，在裁剪区域轮廓线的一侧显示"截断控制柄"，如图8-32所示。单击控制柄，可以截断剖面线，以使得剖面线不显示在图纸中，但是同时不会影响剖切效果。

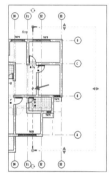

图 8-32　显示截断控制柄

单击控制柄，以控制柄为中心，剖面线向两端移动，如图8-33所示。激活剖面线端点，拖曳鼠标，可以调整端点的位置，使其位于图纸之外，不与图纸相交，如图8-34所示。

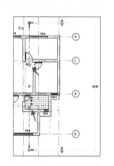 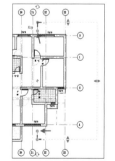

图 8-33　截断剖面线　　　　图 8-34　调整端点位置

提示

截断剖面线后单击"截断控制柄"符号，可以恢复剖面线完整。

3. 创建分段剖面视图

选择剖面线，单击"修改 | 视图"选项卡中"剖面"面板上的"拆分线段"按钮，如图 8-35 所示。在剖面线上单击指定目标点的位置，如图 8-36 所示。

按住鼠标左键不放，拖曳鼠标以指定目标点的移动方向及位置，如图 8-37 所示。松开鼠标，创建剖面线分段的结果如图 8-38 所示。通过为剖面线创建分段，可以创建分段剖面视图。在不必创建多个剖面图的情况下，改变模型的剖切方向或者范围，来显示模型的其他部分。

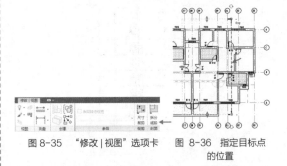

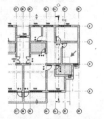 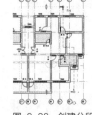

图 8-35　"修改 | 视图"选项卡　图 8-36　指定目标点的位置

图 8-37　指定目标点的方向和位置　图 8-38　创建分段

8.4　三维视图设计

通过创建三维视图，可以在显示建筑模型的三维样式，呈现建筑设计的初步效果。有两种三维视图在 Revit Architecture 中最常用，一种是正交三维视图，另外一种是透视三维视图。本节介绍这两种视图的创建方法。

8.4.1　创建正交三维视图

选择"视图"选项卡，单击"三维视图"按钮，在调出的列表中选择"相机"选项，如图 8-39 所示。在选项栏中取消选择"透视图"选项，如图 8-40 所示，可以创建正交三维视图。

松开鼠标，指定相机位置与透视方向的结果如图 8-43 所示。系统按照所设置的相机参数，生成三维视图。在"项目浏览器"中单击"三维视图"选项前的"+"，在展开的列表中显示了当前视图所包含的三维视图，其中"三维视图 1"是系统自动为相机透视图所设置的名称，如图 8-44 所示。

图 8-39　选择"相机"选项

图 8-40　设置参数

在视图中单击点取相机的位置，如图 8-41 所示，按住鼠标左键不放，拖曳鼠标，指定透视方向，如图 8-42 所示。

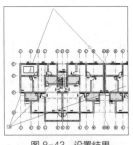 

图 8-43　设置结果　图 8-44　项目浏览器

转换至三维视图，查看正交三维视图的生成效果，如图 8-45 所示。

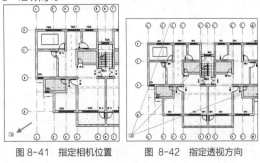

图 8-41　指定相机位置　图 8-42　指定透视方向

图 8-45　正交三维视图

8.4.2 编辑三维视图

本节介绍编辑三维视图的操作方法,如旋转视图深度与调整视图深度等。

1. 旋转视图深度

在"项目浏览器"中选择与相机相对应的三维视图,单击鼠标右键,在调出的右键菜单中选择"显示相机"选项,如图 8-46 所示,可以在视图中显示相机。

图 8-46　右键菜单

单击选择粉红色圆形端点,拖曳鼠标,通过更改圆形端点的位置来旋转视图,如图 8-47 所示。松开鼠标,指定圆形端点的位置,如图 8-48 所示,旋转视图后三维视图中所显示的模型样式同步更改。

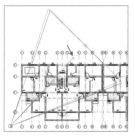

图 8-47　激活端点　　　图 8-48　调整端点位置

转换至三维视图,查看旋转三维视图的结果,如图 8-49 所示。

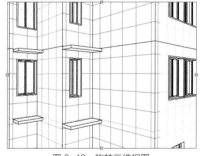

图 8-49　旋转三维视图

2. 调整视图深度

通过调整视图的深度,可以控制三维视图中模型的显示范围及深度。在视图中显示相机,单击透视

范围线上的蓝色圆圈符号,如图 8-50 所示。按住鼠标左键不放,拖曳鼠标以调整圆圈符号的位置,如图 8-51 所示,完成调整视图深度范围的操作。

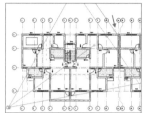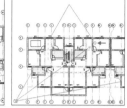

图 8-50　激活符号　　　图 8-51　调整深度范围

转换至三维视图,观察指定范围内模型的范围及其深度表现,如图 8-52 所示。

图 8-52　三维视图

3. 修改相机位置

单击选择相机,按住鼠标左键不放,拖曳鼠标以更改相机的位置,如图 8-53 所示。松开鼠标左键,调整相机位置的结果如图 8-54 所示。

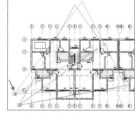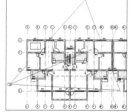

图 8-53　拖曳鼠标　　　图 8-54　调整相机位置

转换至三维视图,视图内容由于相机位置的改变而实时更改,如图 8-55 所示。

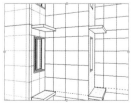

图 8-55　更改视图内容

4. 修改视图的视点高度

选择相机，修改"属性"选项板中的"视点高度"及"目标高度"的选项参数，可以控制视图的视点高度及目标高度，如图 8-56 所示。如系统默认的视点高度及目标高度为"3750"，修改视点高度及目标高度为"4500"后，与图 8-55 相比，三维视图中图形的显示样式发生了变化，如图 8-57 所示。

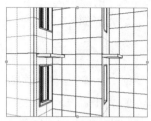

图 8-56　修改参数　　　图 8-57　修改视点及目标高度

8.4.3　创建透视三维视图

启用"相机"工具，在选项栏中旋转"透视图"选项，如图 8-58 所示，可以创建透视三维视图。点取相机的位置，按住鼠标左键不放，拖曳鼠标，单击指定深度符号（蓝色圆圈）位置，如图 8-59 所示，可以创建透视三维视图。

图 8-58　选择"透视图"选项

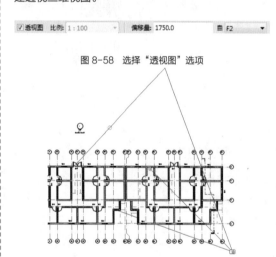

图 8-59　设置相机

在"项目浏览器"中的"三维视图"选项中新增了一个透视图，系统在"三维视图 1"的基础上将新视图命名为"三维视图 2"，如图 8-60 所示。转换

至三维视图，查看透视三维视图的生成结果，如图 8-61 所示。

图 8-60　新增透视图　　图 8-61　透视三维视图

提示

选择相机，按下 <Delete> 键可将相机删除，同时系统调出如图 8-62 所示的警示对话框，提醒在删除相机的同时与其相对应的三维视图也会被删除。单击"确定"按钮，同时删除相机及三维视图。

图 8-62　警示对话框

8.5　详图设计

详图用来表现建筑构件的细部构造，说明该构件的组成方式、尺寸、材质等。在建筑设计中需要对重要的构件绘制详图，本节介绍创建建筑详图的操作方法。

8.5.1　矩形详图索引

启用"矩形详图索引"工具，可以在视图中创建矩形详图索引符号。详图索引（平面或者详图）可以隔离模型几何图形的特定部分，以方便显示详图的更高标高。参照详图索引允许在项目中多次参照同一个视图。

选择"视图"选项卡，在"创建"面板中单击"详图索引"按钮，在列表中选择"矩形"选项，如所示。在平面视图上指定对角点以创建矩形轮廓线，如图8-63所示。单击鼠标左键完成索引符号的创建，如图8-64所示。在矩形轮廓线的右侧连接着详图索引标头。

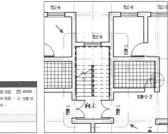

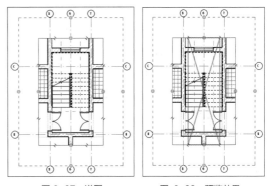

图 8-67　详图　　　　图 8-68　预览效果

单击鼠标左键，完成详图在垂直方向上截断的操作效果如图8-69所示。同理，将光标置于"水平视图截断"符号上，预览截断效果如图8-70所示。

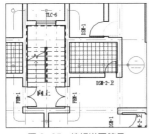

图 8-63　"创建"面板　　图 8-64　创建详图符号

选择详图索引符号，在轮廓线上显示蓝色实心圆点，单击激活圆点，拖曳鼠标，可以调整矩形轮廓线的大小。激活索引标头左侧的蓝色实心圆点，拖曳鼠标，可以调整标头的位置，如图8-65所示。

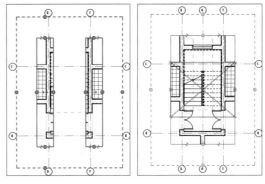

图 8-69　垂直截断　　　图 8-70　预览效果

单击鼠标左键，水平截断视图的结果如图8-71所示。查看截断效果可以得知，对角线范围内的图形被删除，其他图形被保留。选项详图轮廓线，单击激活控制符号，向一侧（如右侧）移拖曳鼠标，可以调整轮廓线的范围，如图8-72所示。

图 8-65　编辑详图符号

在创建详图索引符号的同时，系统同步生成详图索引图。在"项目浏览器"中单击"楼层平面"选项前的"+"，在展开的列表中显示了详图的名称，由"楼层-详图名称"组成，如"F2-详图索引1"，如图8-66所示。

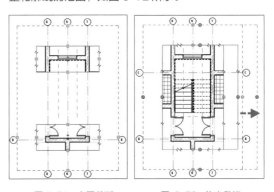

图 8-66　生成详图索引图

双击详图名称，打开详图索引图纸，如图8-67所示。选择详图轮廓线，显示控制符号及试图截断符号，单击选择符号，可以对详图执行指定的操作。

将鼠标置于"垂直视图截断"符号上，可以预览详图在垂直方向上截断的效果，如图8-68所示。

图 8-71　水平截断　　　图 8-72　拖曳鼠标

单击鼠标左键，指定控制点的位置，向右调整详图轮廓线的结果如图8-73所示。转换至平面视图，在详图中所调整的轮廓线样式，同样反映到平面视图中去，图8-74所示。

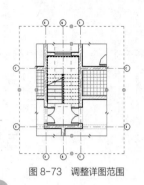

图 8-73 调整详图范围

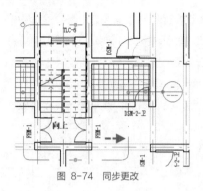

图 8-74 同步更改

8.5.2 填充区域

以详图索引轮廓为边界,对其执行填充图案的操作,可以使得被索引部分在平面视图中突出显示,方便查找。

选择"注释"选项卡,单击"尺寸标注"上的"区域"按钮,在列表中选择"填充区域"选项,如图 8-75 所示。进入"修改 | 创建填充区域边界"选项卡,如图 8-76 所示。

在"绘制"面板上选择"直线"按钮以及"起点 – 终点 – 半径弧"按钮,以详图轮廓线为基础,配合使用直线以及圆弧线,绘制填充区域。单击"模式"面板上的"完成编辑模式"按钮,退出命令,填充详图轮廓的结果如图 8-77 所示。

选择填充图案,在"属性"选项板中单击"填充区域"图案选项,在列表中可以设置填充图案的样式,如图 8-78 所示。

图 8-75 "注释"选项卡

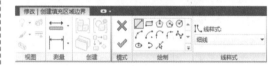

图 8-76 "修改 | 创建填充区域边界"选项卡

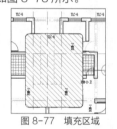

图 8-77 填充区域

图 8-78 设置填充图

8.5.3 使用草图工具创建详图索引

选择"视图"选项卡,单击"创建"面板上的"详图索引"按钮,在列表中选择"草图"选项,启用"草图"工具,如图 8-79 所示。在平面视图中依次单击指定详图索引轮廓线,如图 8-80 所示。

单击"完成编辑模式"按钮,退出命令,创建不规则形状的详图索引轮廓线的结果如图 8-81 所示。系统同步创建了详图索引图,在"详图索引 -1"的基础上将其命名为"详图索引 -2",如图 8-82 所示。

图 8-79 选择"草图"选项

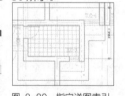

图 8-80 指定详图索引轮廓线

图 8-81　创建详图轮廓线　　图 8-82　项目浏览器

转换至详图索引图纸中，查看生成详图的结果，如图 8-83 所示。通过启用"填充区域"命令，对详图轮廓线执行填充操作，结果如图 8-84 所示。

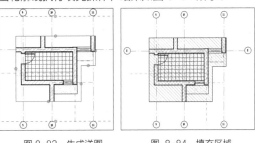

图 8-83　生成详图　　　　图 8-84　填充区域

8.6　房间和面积

房间属于注释图元，基于墙、楼板、屋顶和天花板等图元对建筑模型中的空间进行划分，并以这些图元来定义边界。房间是计算周长、面积及体积的参考图元。面积图元是对建筑模型中的空间进行划分再分割形成的，通常情况下范围也比各个房间的范围大，面积也不一定以模型图元为边界。可以绘制面积边界，也可以拾取模型图元作为边界。本节介绍房间和面积的创建方法。

8.6.1　创建房间

启用"房间"工具，可以创建以模型图元（如墙、楼板和天花板）和分隔线为界限的房间。

选择"建筑"选项卡，在"房间和面积"面板上单击"房间"按钮，启用"房间"工具，如图 8-85 所示。进入"修改 | 放置房间"选项卡，单击"标记"面板中的"在放置时进行标记"按钮，如图 8-86 所示。

图 8-85　"房间和面积"面板

图 8-86　"修改 | 放置房间"选项卡

在"修改 | 放置房间"选项栏中，选择"上限"为"F2"，房间标记方向为"水平"，不选择"引线"选项，设置"房间"类型为"新建"，如图 8-87 所示。

图 8-87　"修改 | 放置房间"选项栏

"上限"选项参数指定测量房间上边界的标高。在 F1 楼层中添加一个房间，将"上限"参数设置为"F2"，则该房间可从 F1 扩展至 F2。

"偏移"选项参数指定房间上边界相对于指定标高的偏移量。正值表示向"上限"标高上方偏移，负值表示向"上限"标高下方偏移。

Revit 提供了三种标记房间方向的方式，分别是水平、垂直、模型。

选择"引线"选项，房间标记带有引线。

可以选择"新建"选项来创建房间，也可调出列表，在列表中选择现有的房间。

光标置于房间内，高亮显示房间边界，房间名称及面积标注以灰色文字显示，如图 8-88 所示。单击鼠标左键，完成创建房间的操作，如图 8-89 所示。

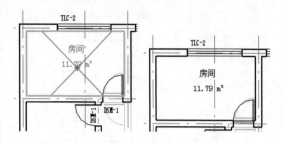

图 8-88　高亮显示房间边界　图 8-89　创建房间

在房间名称上双击鼠标左键进入在位编辑框，在其中输入房间名称，如"卧室"，如图 8-90 所示。

在空白处单击鼠标左键，退出在位编辑状态，修改房间名称的结果如图 8-91 所示。

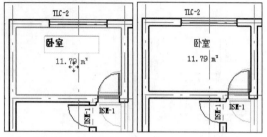

图 8-90　输入房间名称　图 8-91　修改名称

8.6.2　查看房间边界

启用"房间"工具，进入"修改 | 放置房间"选项卡，单击"房间"面板上的"高亮显示边界"按钮，如图 8-92 所示。在平面视图中以黄色显示房间边界，如图 8-93 所示。

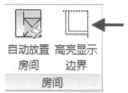

图 8-92　"房间"面板

图 8-93　高亮显示房间边界

同时系统调出如图 8-94 所示的警示对话框，提示用户房间的边界已高亮显示。单击"展开"按钮，弹出另一提示对话框，如图 8-95 所示，其中显示了消息的层级，单击选择"警告 1"选项。

图 8-94　警示对话框

图 8-95　显示消息层级

展开"警告 1"选项列表，在其中显示了平面视图中所有的房间边界，如图 8-96 所示。单击"关闭"按钮关闭对话框，返回绘图区。

图 8-96　选项列表

8.6.3　房间分隔

启用"房间分隔"工具，可以创建分割线，方便对不存在墙或者其他房间边界图元的房间进行分界。假如空间中已经包含有一个房间，则房间边界将随新的分隔线进行调整。假如空间中没有房间，则可以创建一个房间。

在"房间和面积"面板上单击"房间分隔"按钮，启用"房间分隔"工具。光标置于水平轴线上，输入距离参数以确定分隔线的起点，如图 8-97 所示。向下移动鼠标，单击鼠标左键以及指定分隔线的端点，如图 8-98 所示。

创建分隔线后，房间被分隔为两个区域，如图 8-99 所示。启用"房间"工具，以分隔线为界线，可以创建两个房间边界，如图 8-100 所示。

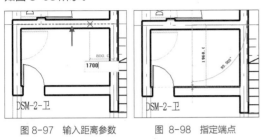

图 8-97 输入距离参数　　图 8-98 指定端点

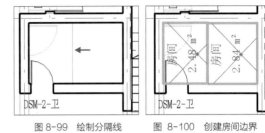

图 8-99 绘制分隔线　　图 8-100 创建房间边界

8.6.4 标记房间

启用"标记房间"工具，可以将标记添加到尚未标记的选定房间中。在"房间和面积"面板中单击"标记房间"按钮，在列表中选择"标记房间"选项，如图 8-101 所示。在"修改 | 放置房间标记"选项栏中设置标记方向为"水平"，不选择"引线"选项，如图 8-102 所示。

图 8-103 高亮显示房间边界

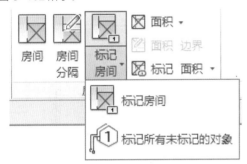

图 8-101 选择"标记房间"选项

图 8-102 设置参数

鼠标置于未标记的房间内，高亮显示房间边界，并且显示标记文字，格式为"房间名称 + 房间面积"，如图 8-103 所示。单击鼠标左键，可完成标记操作，按下 <Esc> 键退出命令，如图 8-104 所示。

图 8-104 创建房间标记

提示

启用"标记所有未标记的对象"工具，可一步将标记添加到多个图元中。在如图 8-105 所示的【标记所有未标记的对象】对话框中定义参数，单击"确定"按钮，可完成标记操作。

图 8-105 【标记所有为标记的对象】对话框

8.6.5 面积平面

启用"面积平面"工具，可用来创建面积平面视图。面积平面可以定义建筑中的空间关系。创建面积方案在平面中定义面积后，可以为面积平面中的各个面积指定面积类型。

在"房间和面积"选项卡中单击"面积"按钮，在调出的列表中选择"面积平面"选项，如图 8-106 所示。随后调出【新建面积平面】对话框，在"类型"选项中选择"出租面积"选项，在类别中选择当前视图的标高，如图 8-107 所示。

单击"确定"按钮，调出如图 8-108 所示的提示对话框，提示用户是否要自动创建与所有外墙关联的面积边界线，单击"是"按钮关闭对话框。系统可在平面视图中生成蓝色面积边界线，如图 8-109 所示。

图 8-106 选择"面积平面"选项

图 8-108 提示对话框

图 8-107 【新建面积平面】对话框

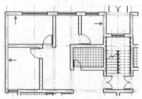

图 8-109 生成蓝色面积边界线

8.6.6 房间面积

启用"面积"工具，可创建由墙和边界线定义的面积。在面积平面视图中单击以放置面积。假如将面积放置在面积边界形成的范围内，则该面积会充满此范围。还可将面积放置在自由空间中，或者放置在未完全分界的空间中，并在以后定义面积边界。

单击"房间和面积"面板上的"面积"按钮，在列表中选择"面积"选项，如图 8-110 所示。将鼠标置于已定义了面积边界的范围内，高亮显示面积边界，并显示该区域内的面积标记，如图 8-111 所示。

移动鼠标，指定标记所在的位置，单击鼠标左键，创建面积标记的结果如图 8-112 所示。

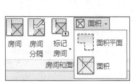

图 8-110 选择"面积"选项

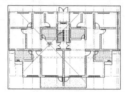

图 8-111 高亮显示面积边界

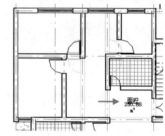

图 8-112 创建面积标记

> **提示**
> 可在自由空间中放置面积边界，系统调出如图 8-113 所示的警示对话框，提醒用户该面积不在完全闭合的区域中。

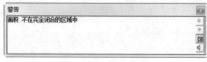

图 8-113 警示对话框

8.7 颜色方案

在楼层平面中设置每个房间的名称，接着根据名称来创建颜色方案，按房间名称来填充房间颜色后，需要添加颜色方案图例，以方便识别每种颜色所代表的用途。

通过设置颜色方案，可以对空间进行分类以方便优化设计，本节介绍设置颜色方案的操作方法。

8.7.1　创建颜色方案

单击"房间和面积"面板中的"颜色方案"按钮，如图 8-114 所示。调出【编辑颜色方案】对话框，在"类别"选项中选择"房间"如图 8-115 所示。

图 8-114　单击"颜色方案"按钮

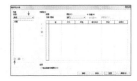

图 8-115　【编辑颜色方案】对话框

单击对话框左下角的"复制"按钮，在【新建颜色方案】对话框中设置方案名称，如图 8-116 所示。单击"确定"按钮关闭对话框，新建方案显示在方案列表中，如图 8-117 所示。

图 8-116　【新建颜色方案】对话框

图 8-117　新建方案

在"方案定义"选项组下单击"颜色"选项，在调出的列表中选择"名称"选项，如图 8-118 所示。系统调出如图 8-119 所示的【不保留颜色】对话框，提醒用户在修改着色参数时，不保留颜色。

图 8-118　选择"名称"选项　图 8-119　【不保留颜色】对话框

单击"是"按钮，转换配色方案，系统按照平面视图中的房间名称来生成配色方案，如图 8-120 所示。在"值"表列中显示各房间名称，不可更改名称。勾选"可见"选项，可以在平面视图中显示配色方案效果。在"颜色"表列中显示系统为指定房间定义的颜色种类，单击该项，调出【颜色】对话框。

图 8-120　住宅楼配色方案

在【颜色】对话框中可以更改该房间的配色，单击选择"基本颜色"列表中的颜色色块，或者在调色板窗口中任意位置单击鼠标左键，拾取该区域的颜色，同时窗口下方的颜色参数实时调整。也可通过定义颜色参数来选择颜色。在名称选项组下显示颜色的名称，以及"原始颜色"的色块与"新建颜色"的色块，如图 8-121 所示。

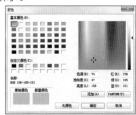

图 8-121　【颜色】对话框

单击"确定"按钮关闭对话框，完成设置颜色的操作。在"填充样式"表列中单击选项后的向下实心三角形箭头，在调出的列表中显示了各类填充样式，如图 8-122 所示，系统默认使用实体填充。

在"预览"表列中显示了该颜色的填充效果。"使用中"表列的参数为"是"时，表示该颜色方案正在使用，当参数为"否"时，表示该颜色方案尚未付诸使用。

单击"确定"按钮关闭对话框，完成创建颜色方案的操作。

图 8-122　填充样式列表

8.7.2　应用配色方案

待关闭【编辑颜色方案】对话框后，所设置的方案并不会马上显示在平面视图中，需要将其设置为当前正在使用的颜色方案。

在"项目浏览器"中选择需要应用颜色方案的楼层平面视图，单击鼠标右键，在右键菜单中选择"属性"选项，如图 8-123 所示，转换至"属性"选项板。在"属性"选项板中单击"颜色方案"选项后的"无"按钮，如图 8-124 所示。

调出【编辑颜色方案】对话框，在左侧"类别"类别中选择"房间"选项，显示"住宅楼配色方案"，单击选择该配色方案，单击"确定"按钮关闭对话框。将"住宅楼配色方案"设置为当前楼层平面图的用色方案，如图 8-125 所示。平面视图中的房间按照所设定的颜色方案被填充，如图 8-126 所示。

图 8-123　右键菜单

图 8-124　"属性"选项板

图 8-125　设置配色方案

图 8-126　填充房间

8.7.3　放置颜色填充图例

启用"颜色填充图例"工具，可以在视图中放置图例，以表明房间或者面积的颜色填充含义。打开楼层平面视图或者剖面视图，以执行放置颜色填充图例的操作。假如未将颜色方案分配到视图，系统将提示用户选择一种颜色方案。

选择"注释"选项卡，在"颜色填充"面板上单击"颜色填充图例"按钮，如图 8-127 所示，启用"颜色填充图例"工具。单击"属性"选项板上的"类型属性"按钮，进入【类型属性】对话框，如图 8-128 所示。

图例的高度及宽度。选择"显示标题"选项，可以在图例的上方显示标题的名称，即"方案图例"。设置标题文字与图例文字的字体均为宋体，标题文字的尺寸要比图例文字的尺寸大。

在合适的位置单击鼠标左键，点取填充图例的位置，放置结果如图 8-129 所示。

图 8-127　设置配色方案　　图 8-128　填充房间
在"样例高度"及"样例宽度"选项中设置填充

图 8-129　放置填充图例

8.8　明细表视图

通过创建明细表，能以表格形式显示建筑模型信息，模型信息是从项目中的图元属性中提取的。在创建明细表后对建筑模型所做的修改，在明细表中会自动更新。

8.8.1 创建明细表

选择"视图"选项卡，单击"创建"面板上的"明细表"按钮，在弹出的列表中选择"明细表/数量"选项，如图 8-130 所示。调出【新建明细表】对话框，在"类别"列表中选择"门"选项，在"名称"选项中设置明细表名称为"住宅楼 - 门明细表"，选择"建筑构件明细表"选项，如图 8-131 所示，单击"确定"按钮。

图 8-130　选择"明细表 / 数量"选项

图 8-131　【新建明细表】对话框

转换至【明细表属性】对话框，在其中设置明细表的属性。选择"字段"选项卡，在"可用的字段"选项列表中选择"类型"选项，如图 8-132 所示。单击中间的"添加"按钮，将其添加至右侧的"明细表字段"列表中，如图 8-133 所示。

图 8-132　选择字段

图 8-133　添加字段

在"可用的字段"选项列表中依次选择"类型""宽度""高度""注释""合计""框架类型"选项，

并将其添加到"明细表字段"列表中，如图 8-134 所示。列表中字段的从上到下的排序反映到明细表中为从左到右的排序。

图 8-134　添加结果

选择"排序/成组"选项卡，选择"排序方式"为"类型"，选择"升序"选项，取消勾选"逐项列举每个实例"选项，如图 8-135 所示。

图 8-135　"排序 / 成组"选项卡

> **提示**
> 取消勾选"逐项列举每个实例"选项，可按"门"类型参数值在明细表中汇总显示每项已选字段。

选择"外观"选项卡，勾选"网格线"选项，设置线型属性为"细线"，选择"轮廓"选项，设置线型属性为"中粗线"。勾选"显示标题""显示页眉"选项，"标题文本""标题"及"正文"的字体，以及大小分别选择"明细表默认"样式，如图 8-136 所示。

图 8-136　"外观"选项卡

单击"确定"按钮，系统切换至"明细表视图"，如图 8-137 所示。同时转换至"修改明细表 / 数量"选项卡。

图 8-137　门明细表

8.8.2 编辑明细表

在明细表中按住鼠标左键不放，拖动鼠标依次选择“宽度”和“高度”表头，如图 8-138 所示。在“修改明细表/数量”选项卡中的“标题和页眉”面板中单击“成组”按钮，如图 8-139 所示。

<住宅楼-门明细表>			
类型	宽度	高度	注释
DSM-1	900	2100	
DSM-2-卫	700	2100	
FHM-1	1200	2100	
SSM-1	1800	2400	

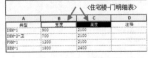

图 8-138　选择表头

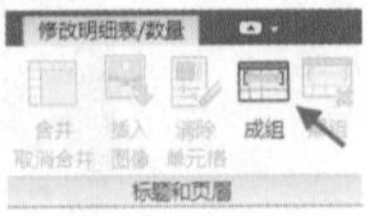

图 8-139　单击“成组”按钮

两个表头经合并后生成新表头单元格，如图 8-140 所示。在单元格中双击鼠标左键进入编辑状态，在其中输入“尺寸参数”为新页眉行名称，如图 8-141 所示。

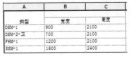

类型	宽度	高度
DSM-1	900	2100
DSM-2-卫	700	2100
FHM-1	1200	2100
SSM-1	1800	2400

图 8-140　生成新表头单元格

	尺寸参数	
类型	宽度	高度
DSM-1	900	2100
DSM-2-卫	700	2100
FHM-1	1200	2100
SSM-1	1800	2400

图 8-141　输入文字

在表头单元格中双击鼠标左键进入在位编辑模式，输入文字，可以更改页眉名称。如将“类型”和“注释”表头文字更改为“编号”和“标准图集”，结果如图 8-142 所示。

<住宅楼-门明细表>					
	尺寸参数				
编号	宽度	高度	标准图集	合计	框架类型
DSM-1	900	2100		233	
DSM-2-卫	700	2100		72	
FHM-1	1200	2100		36	
SSM-1	1800	2400		3	

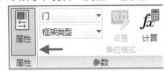

图 8-142　更改页眉名称

在“修改明细表/数量”选项卡中单击“属性”按钮，如图 8-143 所示，打开“属性”选项板。

图 8-143　单击“属性”按钮

在“属性”选项板中单击展开“其他”选项组，单击“过滤器”选项后的“编辑”按钮，如图 8-144 所示，使用过滤器工具来剔除所设条件范围外的图元，保留符合条件的图元。

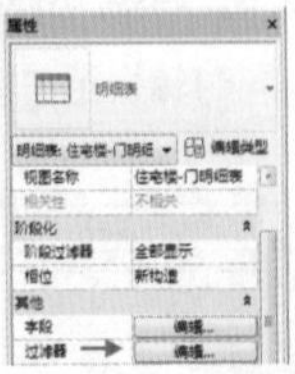

图 8-144　单击“编辑”按钮

在【明细表属性】对话框中选择“过滤器”选项卡，在“过滤条件”选项中选择第一过滤条件为“宽度”，第二过滤条件为“不等于”，第三过滤条件为“1800”。接着第二组过滤条件选项卡高亮显示，依次设置过滤条件为“高度”“不等于”“2400”，如图 8-145 所示。

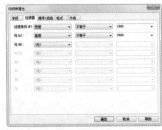

图 8-145　“过滤器”选项卡

提示

可以将上述过滤条件描述为“宽度不等于 1800 且高度不等于 2400 的门图元”。

单击“确定”按钮关闭对话框，系统剔除不符合过滤条件的图元，即将宽度等于“1800”，高度等于“2400”的图元删除，仅显示“宽度不等于‘1800’及高度不等于‘2400’的门图元”，如图 8-146所示。

<住宅楼-门明细表>					
	尺寸参数				
编号	宽度	高度	标准图集	合计	框架类型
DSM-1	900	2100		233	
DSM-2-卫	700	2100		72	
FHM-1	1200	2100		36	

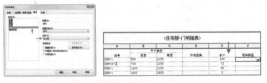

图 8-146　过滤图元

在“属性”选项板中单击“格式”选项后的“编辑”按钮，调出【明细表属性】对话框。在“格式”选项卡中的“字段”列表中选择“合计”选项，在“对齐”选项下选择“中心线”选项，如图 8-147 所示。单击“确定”按钮关闭对话框，故“合计”表列的统计数据居中对齐显示，如图 8-148 所示。

图 8-147　“格式”选项卡

<住宅楼-门明细表>					
	尺寸参数				
编号	宽度	高度	标准图集	合计	框架类型
DSM-1	900	2100		233	
DSM-2-卫	700	2100		72	
FHM-1	1200	2100		36	
SSM-1	1800	2400		3	

图 8-148　居中对齐

在明细表中选择第一列，即“DSM-1”表行，如图 8-149 所示。

图 8-149　选择表行

在"修改明细表 / 数量"选项卡中单击"图元"面板上的"在模型中高亮显示"按钮，如图 8-150 所示。系统转换至平面视图，并弹出如图 8-151 所示的提示对话框，在其中单击"显示"按钮多次以显示不同的视图。

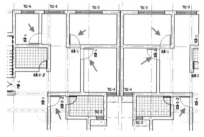

图 8-150　"图元"面板　　图 8-151　提示对话框

单击"关闭"按钮关闭对话框，在平面视图中，编号为"DSM-1图元"全部亮显，如图 8-152 所示。

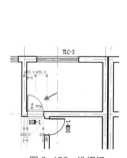

图 8-152　选择门图元

在平面视图中选择"DSM-1图元"，如图 8-153 所示，在门"属性"选项板中更改门的样式，如图 8-154 所示。

图 8-153　选择门　　图 8-154　选择门样式

转换至明细表视图，在表格中新增一个表行，名称为"PKM0821"，在"宽度"与"高度"表列中分别显示其参数值，在"合计"表列中显示数目为"1"，即仅对选择的一个门图元执行修改操作。在"DSM-1"表行中，"合计"表列的数目由"233"减至"232"，如图 8-155 所示。

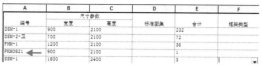

图 8-155　更新明细表

在"属性"选项板中单击"字段"选项后的"编辑"按钮，调出【计算值】对话框，在其中计算门洞洞口的面积。在"名称"选项中设置字段名称为"洞口面积"，如图 8-156 所示。单击"公式"选项后的矩形按钮，在【字段】对话框中选择"宽度"选项，如图 8-157 所示。

图 8-156　【计算值】对话框　　图 8-157　【字段】对话框

单击"确定"按钮返回对话框，在"宽度"字段后输入"×"（乘号），如图 8-158所示。接着单击后方的矩形按钮，重新调出【字段】对话框，其中选择"高度"选项，单击确定按钮返回【计算值】对话框。在"类型"选项中选择"面积"选项，如图 8-159所示。

图 8-158　输入乘号　　图 8-159　选择"面积"选项

单击"确定"按钮返回【明细表属性】对话框，在"明细表字段"列表中将"洞口面积"字段置底，使其位于明细表的最右端，如图 8-160 所示。

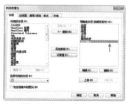

图 8-160　置底字段

单击"确定"按钮关闭对话框，在"洞口面积"表列中显示了按照各门图元具体情况所计算得到的洞口面积，如图 8-161 所示。由于在【计算值】对话框中选择了类型为"面积"，因此此计算结果后面自带了面积单位。

〈住宅楼-门明细表〉						
A	B	C	D	E	F	G
编号	尺寸参数		标准图集	合计	框架类型	洞口面积
	宽度	高度				
DSM-1	900	2100		233		1.89 ㎡
DSM-2-卫	700	2100		72		1.47 ㎡
FHM-1	1200	2100		36		2.52 ㎡
SSM-1	1800	2400		3		4.32 ㎡

图 8-161　计算洞口面积

8.8.3　材质提取

启用"材质提取"明细表工具，用来创建所有 Revit 族类别的子构件或者材质的列表。材质提取明细表具有其他明细表视图的所有功能和特征，但是通过材质提取明细表可以了解组成构件部件的材质数量。

在"创建"面板上单击"明细表"按钮，在弹出的列表中选择"材质提取"选项，如图 8-162 所示。在【新建材质提取】对话框中"类别"列表中选择"墙"选项，在"名称"选项中设置明细表名称，如图 8-163 所示。

单击"确定"按钮，关闭对话框，系统按照所设定的参数生成材质提取明细表，如图 8-166 所示。在"材质：体积"表列为空白状态，需要为其指定参数。在"属性"选项板中单击"格式"选项后的"编辑"按钮，如图 8-167 所示。

图 8-162　选择"材质提取"选项

图 8-163　选择"墙"选项

单击"确定"按钮，在【材质提取属性】对话框中的"可用字段"列表中选择"材质：名称""材质：体积"选项，单击"添加"按钮，将其添加到"明细表字段"列表中，如图 8-164 所示。选择"排序 / 成组"选项卡，在"排序方式"选项中选择"材质：名称"选项，取消勾选"逐项列举每个实例"选项，如图 8-165 所示。

图 8-166　材质提取明细表

图 8-167　"属性"选项板

调出【材质提取属性】对话框，在"字段"列表中选择"材质：体积"选项，勾选"字段格式"选项组下的"计算总数"选项，如图 8-168 所示。

图 8-168　"格式"选项卡

单击"确定"按钮，在"材质：体积"表列中显示各类材质的汇总体积，如图 8-169 所示。

图 8-164　【材质提取属性】对话框

图 8-165　"排序 / 成组"选项卡

〈住宅楼-墙材质明细〉	
A	B
材质：名称	材质：体积
住宅楼-F1-外墙粉	35.76 ㎡
住宅楼-内墙粉刷	310.94 ㎡
住宅楼-外墙衬底	107.28 ㎡
砖石建筑 - 多孔	0.81 ㎡
砖石建筑 - 砖	2294.77 ㎡

图 8-169　汇总体积

8.9　布图与打印

建筑项目设计的最终结果是要付诸使用，通过将施工图纸打印和发布，为各类人员交流提供范本，帮助他们了解建筑模型，以方便施工。本节介绍图纸布置与打印发布的操作方法。

8.9.1　图纸布置

通过将图形或者明细表布置到图纸上，可以形成视口，视口即放置到图纸上的图形或者明细表的表示。

在"项目浏览器"中单击选择"图纸（全部）"选项，在选项名称上单击鼠标右键，在调出的菜单中选择"新建图纸"选项，如图 8-170 所示。在随后调出的【新建图纸】对话框中显示了系统所提供的标题栏样式，如图 8-171 所示。

图 8-170　选择"新建图纸"选项

图 8-171　【新建图纸】对话框

单击"载入"按钮，调出【载入族】对话框，在其中选择"A0"公制，如图 8-172 所示，单击"打开"按钮，载入该族。完成载入族操作后，在"选择标题栏"列表中显示标题栏名称，如图 8-173 所示。

图 8-172　【载入族】对话框　　　图 8-173　载入族

单击"确定"按钮关闭对话框，系统以"A0"公制标题栏创建新图纸视图，并会自动切换至该视图。该视图组织位于"图纸（全部）"类别中，系统将其命名为"003- 未命名"，如图 8-174 所示。单击"图纸组合"面板上的"视图"按钮，如图 8-175 所示，执行往图纸中添加视图的操作。

图 8-174　创建新　　　图 8-175　"图纸组合"面板
　图纸视图

在【视图】对话框中显示了当前项目中包含的所有视图及明细表，包括三维视图、天花板投影平面图、明细表、楼层平面图、立面图。单击选择"立面：南立面"图，如图 8-176 所示，单击"在图纸中添加视图"按钮，将其添加到到图纸中去。

图 8-176　【视图】对话框

系统转换至立面视图范围预览窗口，在"修改"选项栏中将"在图纸上旋转"选项参数设置为"无"，当立面视图范围完全位于标题栏范围内时，如图 8 -177 所示，单击鼠标左键以放置立面视图。

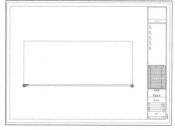

图 8-177　确定视图位置

在图纸中放置立面视图的结果如图 8-178 所示。在图纸中放置的视图称为视口，视口边框以黑色粗实线显示。在视口的左下角，系统自动添加视口标题，如图 8-179 所示，默认以该视图的视图名称来命名来视口，如"南立面"。

在标题栏的右下角，系统以"图纸（全部）"选项栏中该图纸视图默认的命名方式"003- 未命名"为参考，为该视图命名，如图 8-180 所示。

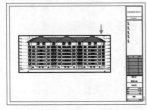

图 8-178 放置立面视图　图 8-179 命名视口

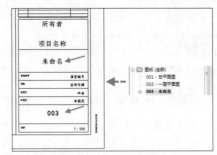

图 8-180 命名视图

8.9.2 载入视口标题

通过将图形或者明细表布置到图纸上，可以形成视口，视口即放置到图纸上的图形或者明细表的表示。

在"项目浏览器"中选择"图纸（全部）"选项，在选项名称上单击鼠标右键，在调出的菜单中选择"新建图纸"选项，调出【新建图纸】对话框。单击对话框右上角的"载入"按钮，在【载入族】对话框中选择名称为"视图标题"的文件，如图 8-181 所示，单击"打开"按钮，将其载入当前视图中。

图 8-181 【载入族】对话框

成功载入族后，在"图纸（全部）"选项列表中可以显示。单击"003- 未命名"选项名称前的"+"，展开列表，在其中显示了上一步骤所载入的视口标题，即立面：南立面，如图 8-182 所示。

图 8-182 载入族

在视口中选择视口标题，打开"属性"选项板，在选项板中显示了该视口标题的信息，如图 8-183 所示。单击"编辑类型"按钮，调出如图 8-184 所示的【类型属性】对话框。

图 8-183 "属性"选项板　图 8-184 【类型属性】对话框

单击"复制"按钮，在【名称】对话框中设置新名称为"住宅楼 - 视图标题"，如图 8-185 所示，单击"确定"按钮返回【类型属性】对话框。在其中设置"标题"的样式为"视图标题""显示标题"的样式为"是"，取消选择"显示延伸线"选项，修改"线宽"为"2"，设置"线型图案"为"实线"，如图 8-186 所示。

图 8-185 【名称】对话框　图 8-186 设置参数

提示

要记得取消选择"显示延伸线"选项，否则会在视口标题的下划线上绘制显示水平的延伸线。

单击"确定"按钮关闭对话框，视口标题样式的修改结果如图 8-187 所示。选择视口标题，启用"移动"工具，将其移动至立面图的正下方法，如图 8-188 所示。

图 8-187 修改样式　　图 8-188 移动视口标题

保持视口标题的选择，进入其"属性"选项板，在"图纸上的标题"选项中设置其名称为"南立面视图"，如图 8-189 所示。单击"应用"按钮，修改视口标题的结果如图 8-190 所示。

图 8-189 修改参数　　图 8-190 修改视口标题

在不选择任何图元的情况下，在"属性"选项板中修改图纸属性参数。修改"图纸名称"为"南立面视图"，选择"显示在图纸列表中"选项，依次修改"审核者""设计者""审图员""绘图员"选项中的参数，如图 8-191 所示。

图 8-191 修改图纸属性参数

8.9.3 放置明细表

在"项目浏览器"中单击展开"明细表/数量"选项，在列表中显示当前视图中所包含的所有明细表，如图 8-192 所示。在其中选择明细表，按住鼠标左键不放，将其拖到至图纸视图中，在预览状态下移动鼠标指定明细表的位置，单击鼠标左键，完成放置明细表的操作，如图 8-193 所示。

图 8-192 选择明细表　　图 8-193 放置明细表

在明细表中显示蓝色实心倒三角形控制符号，激活控制符号，移动鼠标，如图 8-194 所示，可以调整列宽，如图 8-195 所示。

图 8-194 移动鼠标　　图 8-195 调整列宽

单击表格一侧的"拆分"符号，可以拆分明细表，并为每个表格设置名称及表头，如图 8-196 所示。

图 8-196 拆分明细表

8.9.4 打印

将布置完成的图纸通过打印机打印输出，既可以付诸使用。Revit 一般将图纸输出为 PDF 模式，方便共享图档，因此在实际工作中运用得很多。

在 Revit 中输出 PDF 文件，需要安装外部 PDF 打印机。此外，Revit 也可以使用 Windows 系统中所配置的所有打印机，在未安装 PDF 打印机时，可以选用系统配置中的任意打印机来打印输出图纸。

单击"应用程序"图标按钮，在弹出的列表中选择"打印"选项，在其子菜单中选择"打印"，如图 8-197 所示，系统调出如图 8-198 所示的【打印】对话框。在"打印机"选项组下，单击"名称"选项，在列表中选择打印机类型，如选择 Windows 自带的打印机——"Microsoft XPS Document Writer"。在"打印范围"选项中设置待打印的视口或者图纸，选择"所选视图 / 图纸"选项，激活"选择"按钮。

图 8-197　选择"打印"选项　图 8-198　【打印】对话框

单击"选择"按钮，调出如图 8-199 所示的【视图 / 图纸集】对话框在对话框中显示了当前项目中所包含的图纸以及视图。取消勾选"视图"选项，仅在列表中显示图纸，如图 8-200 所示。选择图纸，对其执行打印输出操作。

图 8-199　【视图 / 图纸集】对话框　图 8-200　仅显示图纸

在【打印】对话框中的"设置"选项组下单击"设置"选项，调出如图 8-201 所示的【打印设置】对话框。在其中设置打印的尺寸、方向、页面位置等。单击"重命名"按钮，调出【重命名】对话框，在其中修改打印设置的名称。为打印样式设置名称后，在下一次打印输出时，通过该名称系统可以自动搜索到该打印样式，不需要再重复进行参数设置操作。单击"确定"按钮返回【打印】对话框。

图 8-201　【打印设置】对话框

单击"打印"按钮，可以将所选择的视图发送至打印机，按照所设置的打印样式输出图纸。

8.9.5　导出为 CAD 文件

完整的建筑项目包括建筑、给水排水、暖通通风、装饰等工种协同作业，不同的工种之间使用图纸进行交流。CAD 格式文件是各类设计人员所普遍使用的软件之一，因此，使用 Revit Architecture 创建的项目图纸，需要导出为 CAD 文件格式，以为各类设计人员提供参考。

单击"应用程序"图标按钮，在调出的列表中选择"导出"→"CAD 格式"→"DWG"选项，如图 8-202 所示。系统调出【DWG 导出】对话框，如图 8-203 所示。

图 8-202　程序列表　图 8-203　【DWG 导出】对话框

单击"选择导出设置"选项后的矩形按钮，调出

如图 8-204 所示的【修改 DWG/DXF 导出设置】对话框。在其中包含多个选项卡，如"层"选项卡、"线"选项卡、"填充图案"选项卡、"文字和字体"选项卡、"颜色"选项卡、"实体"选项卡以及"单位和坐标"、"常规"选项卡。

图 8-204　"层"选项卡

默认选择"层"选项卡。在"根据标准加载图层"选项中，系统提供了四种标准，在这里保持系统默认

选项的类型，"美国建筑师学会标准（AIA）"。在列表中指定各类对象类别及其子类别（单击类别名称前的"+"，展开列表，显示子类别）的投影和截面图形在导出 DWG/DXF 文件时对应的图层名称和线型颜色 ID。

修改图层配置的方法有：第一是逐一修改图层名称、线型、颜色等，第二是通过加载图层映射标准进行批量修改。

单击"展开全部"按钮，可以将列表中所有包含子类别的菜单全部展开，单击"收拢全部"按钮，可以将菜单向上收拢，仅显示大类别名称。

选择"线"选项卡，如图 8-205 所示。在列表中显示了 Revit 中线条图案在 DWG 中的显示样式，因为 Revit 有些线条图案 CAD 不能识别，所以可以在"DWG 中的线型"列表中单击选项，在列表中选择线型样式，以方便 CAD 能正确识别并显示线条图案。

图 8-205　"线"选项卡

选择"填充图案"选项卡，如图 8-206 所示。系统将 Revit 中的填充图案设置为在 DWG 中自动生成填充图案，即保持 Revit 中的填充样式方法不改变。为了防止 CAD 不能识别某些 Revit 图案，可以单击"DWG 中的填充图案"选项，在类别中选择 CAD 内部的填充样式便可。

图 8-206　"填充图案"选项卡

选择"文字和字体"选项卡，如图 8-207 所示。在其中显示了 Revit 文字字体在导出为 DWG 时是自

动映射字体，可以单击"DWG 中的文字字体"选项，在列表中选择 CAD 内部的字体。

图 8-207　"文字和字体"选项卡

在【修改 DWG/DXF 导出设置】对话框中单击"确定"按钮，返回【DWG 导出】对话框。

单击"下一步"按钮，调出【导出 CAD 格式 - 保存到目标文件夹】对话框，如图 8-208 所示。在"文件名/前缀"选项中设置文件名称，在"文件类型"列表中选择 CAD 文件的类型。单击"命名"选项，在列表中显示了两种命名方式，单击选择其中的一种。单击"确定"按钮，系统执行导出文件的操作。

图 8-208　设置参数

打开保存文件的目标文件夹，Revit 已经定义了CAD 文件的名称，与图纸视图同名，如图 8-209 所示。双击打开 CAD 文件，将在 CAD 布局空间中显示图形，如图 8-210 所示。单击左下角的"模型"按钮，可转换至模型空间查看图纸。

图 8-209　命名图纸　　图 8-210　打开 CAD 图形

在"应用程序菜单"列表中选择"导出"→"DWF/

DWFx"选项,调出【DWF 导出设置】对话框,如图 8-211 所示。在"导出"选项中设置将要的导出的图纸,选择"仅当前视图 / 图纸"选项,可以在左侧窗口中预览图纸。在选项列表中选择"任务中的视图 / 图纸集"选项,可以在右侧的列表中显示当前任务中所包含的所有视图(图纸集),勾选要导出的视图(图纸),双击图纸标题,可在左侧窗口中预览视图(图纸)。

图 8-211 【DWF 导出设置】对话框

此外,在"导出"选项中保存了名称为"设置 1"的视图(图纸集),这是在进行打印设置时所创建的样式。选择该项,可以在列表中显示"视图 / 图纸"的相关信息。

单击"下一步"按钮,在【导出 DWF- 保存到目标文件夹】对话框,设置文件名称及保存路径,单击"确定"按钮完成导出文件的操作。

选择"管理"选项卡,单击"设置"面板上的"清除未使用项"按钮,如图 8-212 所示。调出【清除未使用项】对话框,如图 8-213 所示。在对话框中显示了当前项目中所包含的内容,单击内容选项名称前的"+",展开列表,选择需要清除的选项,单击"确定"按钮,可以将选中的内容清除掉。

图 8-212 "设置"面板

图 8-213 【清除未使用项】对话框

通过清除不需要的项目,可以减小项目文件的体积,提高软件的运行速度,保持电脑性能。

AUTODESK
REVIT

第9章

尺寸标注与注释

　　在进行建筑设计时，通常需要为项目视图添加尺寸标注、高程点、注释文字、符号等注释信息，以
完善项目设计，充实施工图中的内容。本章将介绍在项目视图中添加或编辑尺寸标注、高程点等注释信
息的操作方法。

9.1 临时性尺寸标注

在项目视图中，选择任意图元，系统会显示临时尺寸标注，以表示该图元与相距最近的构件的尺寸。如图 9-1 所示选择单扇平开门图元，系统显示门洞与左、右两侧轴线的距离，以及两侧轴线到门洞中点的距离。

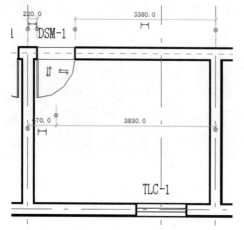

图 9-1 临时尺寸标注

选择图元，启用"移动"工具，在调整图元位置时，系统按照所设定的增量值来定义每次移动的距离。选择"管理"选项卡，单击"设置"选项卡上的"捕捉"按钮，如图 9-2 所示，调出【捕捉】对话框。

图 9-2 "设置"面板

提示

在【捕捉】对话框中单击右下角的"恢复默认值"按钮，可以撤销更改选项参数的操作，恢复系统的默认值。

在【捕捉】对话框中选择"长度标注捕捉增量"选项，在其中设置增量值，如将参数值设置为"100"，如图 9-3 所示，单击"确定"按钮关闭对话框以完成设置。

启用"移动"工具，假如在距离值为"900"的基础上向右移动鼠标，每一次移动，系统将按照增量值来控制门图元的移动距离，即在增量值为"100"的情况下，在"900"的基础上移动到"1000"，如图 9-4 所示。继续移动鼠标，图元按照每移动一次距离为"100"的标准来改变位置。

图 9-3 【捕捉】对话框

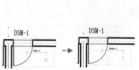

图 9-4 按照增量移动图元

单击临时尺寸标注，进入在位编辑状态，如图 9-5 所示，修改其中的参数值，可以修改图元的位置，同时临时尺寸也会同步更新，如图 9-6 所示。

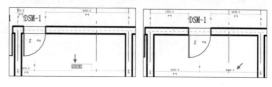

图 9-5 在位编辑状态　　图 9-6 修改尺寸标注文字

同时选择多个图元，系统将关闭临时尺寸标注，如图 9-7 所示，以提高系统的运算速度。在绘图区左上角，面板的左下角，显示"修改 | 选择多个"选项栏，单击其中的"激活尺寸标注"按钮，如图 9-8 所示，调整临时尺寸标注的显示样式。

图 9-7 选择多个图元

图 9-8 单击按钮

在启用"激活尺寸标注"工具的情况下，所选择的图元将显示临时尺寸标注，如图 9-9 所示。值得注意的是，为完整地显示临时尺寸标注，以提供准确的参考，并提供系统的性能，不宜一次选择过多的图元。

在临时尺寸标注上单击尺寸标注符号，如图 9-10所示，可以使得临时尺寸标注称为永久性尺寸标注。

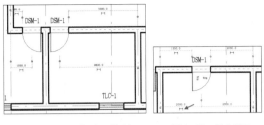

图 9-9 显示临时尺寸标注

图 9-10 单击符号

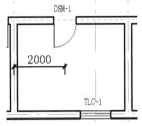

图 9-11 更改尺寸标注类型

在尺寸标注符号上单击鼠标左键，可以转换临时尺寸标注的类型，使其以永久性尺寸标注的方式显示，如图 9-11 所示。

提示

临时尺寸标注可以通过更改其尺寸标注数字来控制图元位置，但是永久性尺寸标注不能用这种方法进行操作。

9.2 永久尺寸标注

通过启用尺寸标注来创建的尺寸标注，属于永久性尺寸标注。临时尺寸标注为系统自定义的尺寸标注，永久性尺寸标注可以通过参数来定义其标注样式。本节介绍设置永久尺寸标注的方法以及放置尺寸标注的操作步骤。

9.2.1 设置尺寸标注样式

选择“注释”选项卡，启用“尺寸标注”面板上的尺寸标注工具，如单击“对齐”按钮，可以启用“对齐”尺寸标注工具，如图 9-12 所示。在“属性”选项板上单击“编辑类型”按钮，如图 9-13 所示，进入【类型属性】对话框，在其中设置尺寸标注样式。

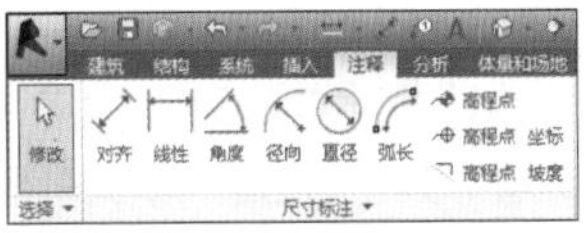

图 9-12 显示临时尺寸标注

图 9-13 单击符号

1. “图形”参数分组

在【类型属性】对话框中设置当前的尺寸标注类型为“线性尺寸标注样式—固定尺寸界线”，如图 9-14 所示，在“类型参数”选项列表中设置各类参数。

在“标注字符串类型”选项中选择“连续”类型，设置“引线类型”为“弧”。将“引线记号”设置为“无”，在“文本移动时显示引线”选项中选择“超出尺寸界线”。

设置“记号”的样式为“对角线 3mm”，即尺寸线记号以对角线的样式显示，且对角线的长度为 3mm。在“线宽”选项中自定义宽度值为 3mm，将“记号线宽”值设置为 6mm。

在“尺寸界线控制点”选项中设置样式为“固定尺寸标注线”，更改“尺寸界线长度”为 8mm，“尺寸界线延伸”为 2mm，即尺寸界线长度为固定的 8mm，并且延伸 2mm，如图 9-15 所示。

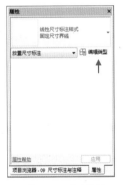

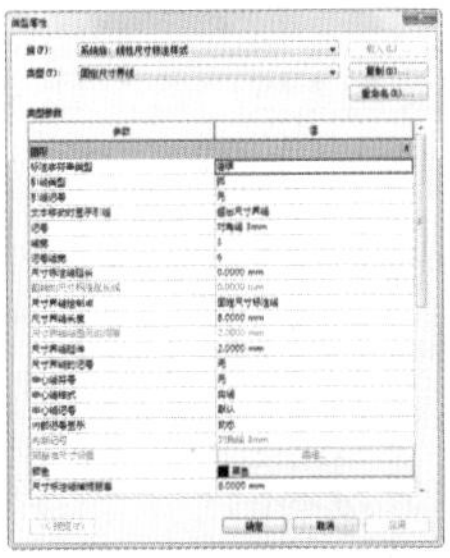

图 9-14 “图形”参数分组

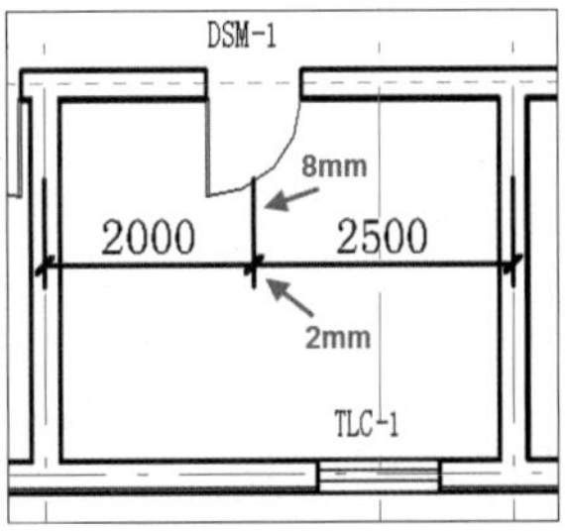

图 9-15 设置尺寸线长度

单击“颜色”选项后的颜色按钮，调出如图 9-16 所示的【颜色】对话框。在其中可以更改尺寸标注的颜色，为与图元颜色相区别，可以在其中选择一个比较鲜明的颜色，也可根据自己的喜好来设置颜色的种类，单击“确定”按钮，关闭对话框完成设置。

在"尺寸标注线捕捉距离"选项中设置距离值为8mm，完成"图形"参数选项组的设置。

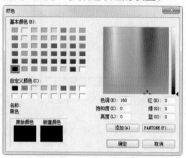

图 9-16 【颜色】对话框

2. "文字"参数分组

在"文字"参数分组下，设置"宽度系数"为"1"，即不修改文字的宽度比。设置"文字大小"为4mm，"文字偏移"为0.5mm，"文字字体"为"仿宋"。在"文

字背景"选项中选择"透明"样式，"单位格式"保持默认格式，即"1235[mm]（默认）"，即使用与项目单位相同的标注单位显示尺寸长度值。

取消勾选"显示洞口宽度"选项，如图 9-17 所示。单击"确定"按钮，关闭对话框，完成设置尺寸标注样式的操作。

图 9-17 "文字"参数分组

9.2.2 对齐尺寸标注

启用"对齐"工具，可在平行参照之间或者多点之间放置尺寸标注。在绘图区域上移动光标时，可以使用尺寸标注的参照点将高亮显示。按 <Tab> 键可以在彼此靠近的图元的不同参照点之间循环切换。

启用"对齐"工具后，在"修改 | 放置尺寸标注"选项栏中设置"参照类型"为"参照墙中心线"，"拾取方式"为"单个参照点"，如图 9-18 所示。光标置于墙线，高亮显示墙线作为参照点，如图 9-19 所示，单击鼠标左键拾取该参照点，移动鼠标，如图 9-20所示拾取另一墙线，单击鼠标左键完成拾取操作，向右移动鼠标单击鼠标左键，完成放置对齐标注的操作，如图 9-21 所示。

图 9-18 "修改 | 放置尺寸标注"选项栏

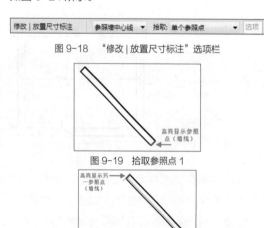

图 9-19 拾取参照点 1

图 9-20 拾取参照点 2

图 9-21 对齐标注

在"修改 | 放置尺寸标注"选项栏中修改参数，将"参照类型"修改为"参照墙面"，"拾取方式"修改为"整个墙"。此时"选项"按钮亮显，如图 9-22所示。单击按钮，调出如图 9-23 所示的【自动尺寸标注选项】对话框。在"洞口"选项组下选择"宽度"选项，选择 "相交墙"选项，单击"确定"按钮关闭对话框。

图 9-22 单击"选项"按钮

图 9-23 【自动尺寸标注选项】对话框

鼠标置于墙体上,高亮选中墙体,如图9-24所示。移动鼠标单击鼠标左键,创建以整个墙为参照点的对齐标注。标注的范围包括墙宽、窗宽。选中尺寸标注,显示在右侧的等分符号"EQ"上带了红色的斜划线,表示该组尺寸标注不是等分标注,如图9-25所示

选择尺寸标注,在"修改|尺寸标注"选项栏中选择"引线"选项,如图9-26所示。激活墙宽标注文字240右侧的蓝色实心圆点,在圆点上按住鼠标左键不放,将尺寸标注文字移动到一侧,使其与其他尺寸标注文字不重叠。此时有引线将尺寸标注文字与尺寸标注线相连,以明确表示该标注文字所标示的区域,如图9-27所示。

图 9-24　选择墙体

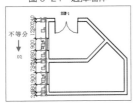

图 9-25　创建尺寸标注

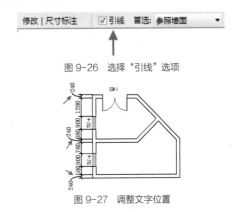

图 9-26　选择"引线"选项

图 9-27　调整文字位置

9.2.3　线性标注

启用"线性"工具,可以放置水平或者垂直标注,以方便测量参照点之间的距离。与对齐标注不同的是,线性标注与视图的水平轴或垂直轴对齐。

启用"线性"工具后,在墙体上单击以选取参照点。被选中的参照点以高亮提示,此时通过移动鼠标指定尺寸标注的位置,并单击鼠标左键退出命令,可以完成创建线性标注的操作。

"线性"工具仅在两个方向上创建尺寸标注,即水平方向与对齐方向,如图9-28所示。当尺寸标注创建完成,未指定放置位置时,按下空格键,可以在水平与垂直之间切换尺寸标注的位置。

> **提示**
> 对齐标注可以创建与图元平行的尺寸标注,图9-29所示为将对齐标注放置在斜墙的一侧,则与其水平对齐。

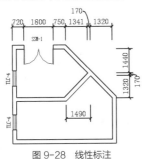

图 9-28　线性标注

图 9-29　对齐标注

9.2.4　角度标注

启用"角度"工具,可以放置尺寸标注,以方便测量共享公共交点的参照点之间的角度。可为尺寸标注选择多个参照点,每个图元都必须穿越一个公共点。假如要为四面墙创建一个多参照的角度尺寸标注,每面墙都必须经过一个公共点。

启用"角度"工具，在"修改|放置尺寸标注"选项栏中选择"参照方式"为"参照墙中心线"，如图 9-30 所示。在列表中系统提供了其他三种参照方式，分别是参照墙面、参照核心层中心、参照核心层表面。

修改 | 放置尺寸标注	参照墙中心线 ▼
	参照墙中心线
	参照墙面
	参照核心层中心
	参照核心层表面

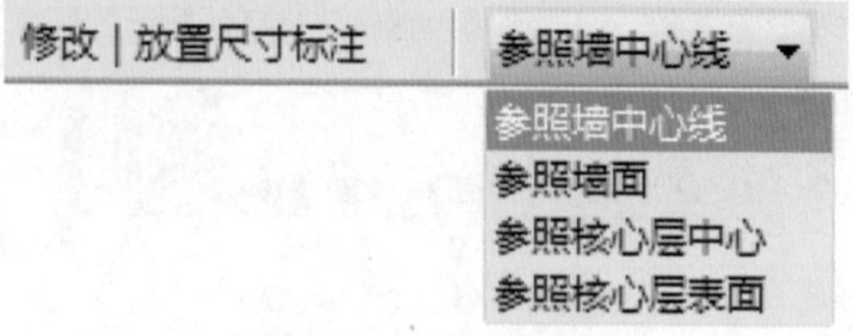

图 9-30　选择参照方式

在视图上点取墙体，墙中心线在墙体中间以虚线显示，如图 9-31 所示。单击鼠标左键，拾取另一墙体，显示该墙体的中心线，如图 9-32 所示，移动鼠标，在空白处单击鼠标左键，创建角度标注的结果如图 9-33 所示。

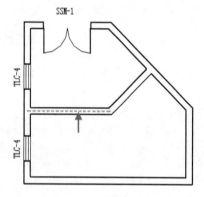

图 9-31　拾取墙中心线 1

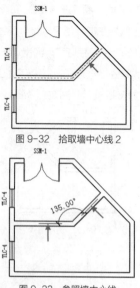

图 9-32　拾取墙中心线 2

图 9-33　参照墙中心线

选择"参照墙面"选项，通过拾取墙线类创建角度标注。在拾取墙线的过程中，可以选择是拾取内墙线或者是外墙线，但是所创建的角度标注值是相同的，如图 9-34 所示。

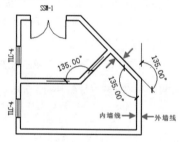

图 9-34　参照墙面

9.2.5　径向尺寸

启用"径向"工具，通过放置一个尺寸标注，用来测量内部曲线或者圆角的半径。确认在放置"径向尺寸标注"的状态下，选择一段弧墙，如图 9-35 所示，移动鼠标在空白处单击鼠标左键来完成放置尺寸标注的操作，如图 9-36 所示。

在拾取弧墙的过程中，按下 <Tab> 键，可以在墙面和墙面中心线之间切换尺寸标注的参照点。如图 9-37 所示为从墙面切换至墙面中心线，在弧墙中间显示中心线，单击鼠标左键以创建径向尺寸标注，如图 9-38 所示。

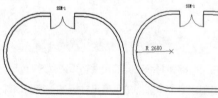

图 9-35　拾取墙面　　　　图 9-36　径向尺寸标注

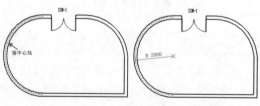

图 9-37　拾取墙中心线　　　图 9-38　放置标注

9.2.6　直径标注

　　启用"直径"工具，以放置一个尺寸标注来表示圆弧或者圆的直径。确认在放置"直径标注"的状态下，单击弧墙，移动鼠标，在空白处单击鼠标左键，放置直径标注的结果如图 9-39 所示。直径标注文字前自带了直径符号，以表示尺寸标注的种类。

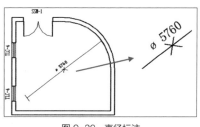

图 9-39　直径标注

9.2.7　弧长标注

　　启用"弧长"工具，通过放置尺寸标注来测量弯曲墙或其他图元的长度。确认当前为放置"弧长标注"的状态，单击选择圆弧的一个端点，选中的端点以蓝色实心圆点显示，如图 9-40 所示。移动鼠标，继续拾取另一圆弧端点，如图 9-41 所示。

　　向圆弧凸起的方向移动鼠标，单击鼠标左键在合适的位置方式圆弧标注，如图 9-42 所示。

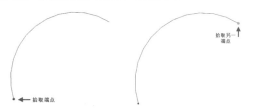

图 9-40　拾取端点 1　　　图 9-41　拾取端点 2

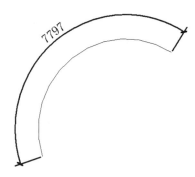

图 9-42　圆弧标注

9.3　高程点标注

　　高程点标记的类型有三种，第一种是标注选定点的高程，第二种是标注选定点的坐标，第三种是标注选定点的坡度。高程点标注与尺寸标注相同，都属于注释性图元，本节介绍创建高程点标记的方法。

9.3.1　创建高程点

　　启用"高程点"工具，可以显示选定点的高程，在平面视图、立面视图、三维视图中均可创建高程点。

　　选择"注释"选项卡，单击"尺寸标注"面板上的"高程点"按钮，如图 9-43 所示，启用"高程点"工具。

图 9-43　单击"高程点"按钮

　　在"修改 | 放置尺寸标注"选项栏上选择"引线"和"水平段"选项，如图 9-44 所示，在绘制高程点时，可以同步创建引线和水平段连接高程点符号。

图 9-44　"修改 | 放置尺寸标注"选项栏

　　确认当前为放置"高程点"状态，鼠标置于图形边缘上，边缘线亮显以显示被选中，如图 9-45 所示。单击鼠标左键，移动鼠标，引出引线段，如图 9-46 所示。

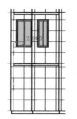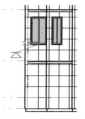

图 9-45　选择图形边缘　　　图 9-46　指定引线端点

再次单击鼠标左键，向左移动鼠标，绘制水平段，如图 9-47 所示。在合适的位置单击鼠标左键，创建高程点标注的结果如图 9-48 所示。按下两次 <Esc> 键退出命令。

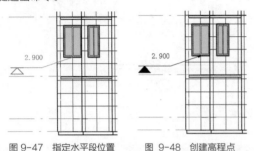

图 9-47 指定水平段位置　　图 9-48 创建高程点

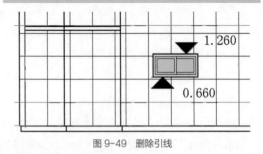

图 9-49 删除引线

9.3.2 创建高程点坐标

启用"高程点坐标"工具，通过标注高程点左边来显示项目点的"北／南"和"东／西"坐标。可以在楼板、墙、地形表面和边界线上放置高程点坐标，也可将高程点坐标放置在非水平表面和非平面边缘上。

确认当前为放置"高程点坐标"状态，在"修改 | 放置尺寸标注"选项栏中分别选择"引线"和"水平段"选项，为坐标标注添加引线及水平段。拾取立面边界线，同时预览坐标标注，如图 9-50 所示。单击鼠标左键，移动鼠标，指定引线的方向，如图 9-51 所示。

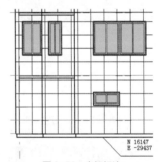

图 9-52 坐标标注

当坐标标注与填充图案相遇时，填充图案轮廓线会自动打断以适应坐标标注文字，防止重叠发生混淆不清的情况，如图 9-53 所示。

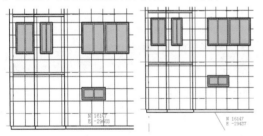

图 9-50 拾取边界线　　图 9-51 指定引线方向

再次单击鼠标左键，移动鼠标以指定水平段的位置，在合适的位置单击鼠标左键，完成创建坐标标注的操作，如图 9-52 所示。按下两次 <Esc> 键退出命令。在坐标标注文字中，"N"开头的字段表示项目点在北方的坐标，"E"开头的字段表示项目点在东方的坐标。

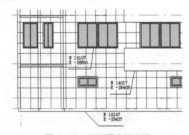

图 9-53 打断图案轮廓线

9.3.3 创建高程点坡度

启用"高程点坡度"工具，可以在模型图元的面或边上的特定点上绘制坡度标注，可以在平面视图、立面视图和剖面视图中放置高程点坡度。

确认当前为放置"高程点坡度"的状态，在"修改|放置尺寸标注"选项栏上设置"相对参照的偏移"为"1.5mm"，如图 9-54 所示。在三维视图中拾取屋顶轮廓线，同时预览坡度标注，如图 9-55 所示。

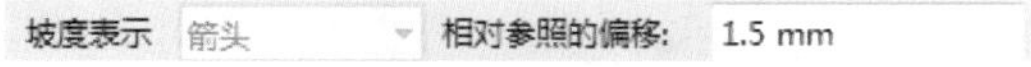

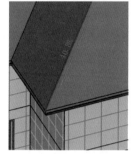

图 9-54　设置参数

图 9-55　拾取轮廓线

单击鼠标左键可完成创建坡度标注的操作，如图 9-56 所示。坡度标注由指示箭头与标注文字组合而成，由于背景为红色，坡度标注为清晰显示标注文字，因此启用了背景遮罩功能，在标注文字的区域创建白色背景，以方便显示文字。

图 9-56　坡度标注

选择坡度标注，在指示箭头的一侧显示了由不同方向的指示箭头组合而成的翻转符号，单击鼠标左键翻转符号，可以调整坡度标注的位置，如图 9-57 所示。

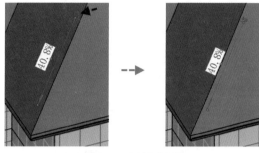

图 9-57　翻转坡度标注

在立面视图和剖面视图中，"修改|放置尺寸标注"选项栏中的"坡度表示"选项亮显，在其中可以更改坡度标注引线的样式。选择"三角形"选项，在为立面图屋顶标注坡度文字时，坡度文字由三角形和标注数字组成，如图 9-58 所示。

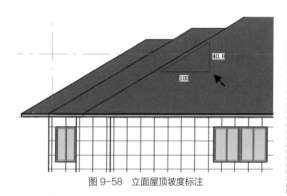

图 9-58　立面屋顶坡度标注

9.3.4　编辑高程点标注

选择创建完成的高程点标注，在"修改"选项栏中可以对其执行编辑修改操作，如图 9-59 所示。例如选择高程点坡度标注，在"修改|高程的坡度"选项栏中可以更改坡度的表示方式，选择是"三角形"样式或是"箭头"样式，"相对参照的偏移"值默认为"1.5mm"，通常使用默认值便可。在"首选"选项中设置参照点位置，在列表中提供了四种方式供选择。

在"属性"选项板中也可更改坡度表示的样式，以及修改"相对参照的偏移"值，如图 9-60 所示。不同类型的高程点标注，"属性"选项板所提供的选项不相同。如图 9-61 所示为高程点坐标标注的"属性"编辑选项板，在其中可以控制"引线"和"引线水平段"的显示与否，还可定义"顶部值前缀"和"顶部值后缀"等参数。

图 9-60　坡度标注
"属性"选项板

图 9-59　"修改"选项栏

图 9-61 坐标标注"属性"选项板

选择高程点标注，与其相对应的"属性"选项板如图 9-62所示。在其中除了可以选择/取消"引线"及"引线水平段"的显示外，还可在"单一值/上偏差前缀"和"单一值/上偏差后缀"选项中输入文字，定义标注文字。

图 9-62   "属性"选项板

在高程点标注的"属性"选项板中单击"编辑类型"按钮，调出【类型属性】对话框。单击"复制"按钮，可以新建一个高程点类型。

在"类型参数"列表中，提供了两个参数列表来控制高程点标注的显示样式。在"图形"参数列表中，可以控制"引线箭头"的类型及大小，通过设置数值来控制"引线线宽"和"引线箭头线宽"的大小。单击"颜色"选项后的"颜色"按钮，在【颜色】对话框中定义引线的颜色。在"符号"选项中提供了四种符号样式供选择，单击选择其中一种即可。

在"文字"参数列表中控制文字的宽度、大小、偏移量、字体、前缀等，如图 9-63 所示。

图 9-63 【类型属性】对话框

> **提示**
> 选择不同类型的高程点标注，如高程点坡度标注、高程点坐标标注，与其相对应的【类型属性】对话框中的选项内容都不相同。通过与高程点标注相对应的"属性"选项板来调出【类型属性】对话框。

9.4 详图

在 Revit 中，详图有与其相对应的编辑工具。如有仅在详图视图中才可见的详图线，在绘制填充区域轮廓线的同时也创建填充图案的"填充区域"工具等。本节介绍在绘制或者编辑详图时所使用到的工具的使用方式。

9.4.1 详图线

启用"详图线"工具，可以创建视图专有的线，即详图线仅在绘制它们的详图中可见。建筑项目不可能只有在详图视图中才使用到"线"工具，为了方便在其他视图中绘制图形，系统提供了"模型线"工具。启用该工具，可以绘制存在于三维空间（作为建筑模型的一部分）中并显示在所有视图中的线。

选择"注释"选项卡，单击"详图"面板上的"详图线"按钮，启用"详图线"工具，如图 9-64 所示。在"修改 | 放置详图线"选项栏中选择"链"选项，可以绘制多段连续的详图线，在"偏移量"选项中设置详图线与参照点的距离，如图 9-65 所示。

图 9-64 单击"详图线"按钮

图 9-65　"修改｜放置详图线"选项栏

选择详图线，进入"修改｜线"选项卡，如图 9-66 所示。单击"线样式"面板上的"线"选项，在调出的列表中显示各种类型的线样式，单击选择其中一种，可以修改选中的详图线的样式。单击"编辑"面板上的"转换线"按钮，系统调出如图 9-67 所示的警示对话框，提醒已成功转换一条线。即将详图线转换为

模型线，使其得以在各视图中可见。再次单击"转换线"按钮，又可将线转换为详图线。

图 9-66　线样式列表　　图 9-67　警示对话框

9.4.2　填充区域

启用"填充区域"工具，可以创建视图专有的二维图形，包含填充样式和边界线。其中，填充区域绘图填充样式（基于视图的比例）或者模型填充样式（基于建筑模型的实际尺寸标注）。

在"详图"面板上单击"区域"按钮，在列表中选择"填充区域"选项。进入"修改｜创建填充区域边界"选项卡，在"绘制"面板上单击"直线"按钮。选择"链"选项，设置"偏移量"为"0"。单击鼠标左键以输入线的起点，按下 <Enter> 键退出绘制。

假如希望以一段墙线作为填充区域的轮廓线之一，如图 9-68 所示，则系统会调出如图 9-69 所示的警示对话框，提醒用户线必须在闭合的环内。

图 9-68　绘制线　　　图 9-69　警示对话框

单击继续按钮，绘制线来闭合填充轮廓，如图 9-70 所示。单击"模式"面板上的"完成编辑模式"按钮，退出命令，同时系统执行图案填充操作。系统默认选择钢筋混凝土图案，填充效果如图 9-71 所示。

选择填充图案，打开"属性"选项板。单击"填充区域－钢筋混凝土"选项，在列表中可以更改填充图案的样式，如图 9-72 所示。单击"类型属性"按钮，调出【类型属性】对话框，如图 9-73 所示。在"填充样式"选项中可以修改图案样式，在"线宽"选项中设置数值控制图案线宽，单击"颜色"按钮，调出【颜色】对话框，设置颜色以更改图案颜色。

图 9-72 图 案样式列表　　图 9-73　【类型属性】对话框

单击"填充样式"选项后的矩形按钮，调出【填充样式】对话框，在其中选择图案样式，如图 9-74 所示。依次单击"确定"按钮，分别关闭【填充样式】对话框、【类型属性】对话框，完成修改填充图案样式的操作。

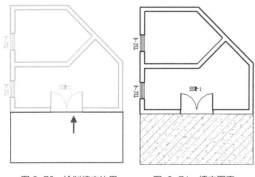

图 9-70　绘制填充边界　　图 9-71　填充图案

图 9-74　【填充样式】对话框

9.4.3 遮罩区域

启用"遮罩区域"工具，可以创建一个遮挡项目或族中的图元的图形。在创建二维族（注释、详图或者标题栏）时，可以在项目或族编辑器中创建二维遮罩区域。在创建模型族时，可以在族编辑器中创建三维遮罩区域。

在"区域"列表中选择"遮罩区域"选项，进入"修改 | 创建遮罩区域边界"选项卡，在"绘制"面板中单击"矩形"按钮，在填充图案中点取对角点，指定矩形的位置，如图 9-75 所示。单击鼠标左键，完成创建遮罩区域边界的操作，如图 9-76 所示。系统显示临时尺寸标注，以表示边界的尺寸及其与最近图元的关系。

单击"完成编辑模式"按钮，退出命令，遮罩区域内的填充图案被删除，显示为白色背景，如图 9-77 所示。单击鼠标左键选择遮罩边界，填充图案通过覆盖遮罩区域得以完整的显示，如图 9-78 所示。而遮罩区域则显示蓝色实体填充图案以示区别。此时按下 <Delete> 键，可以将遮罩区域删除，原来的填充图案不会遭到破坏，恢复本来的显示样式。

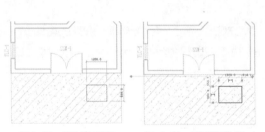
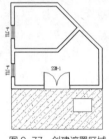
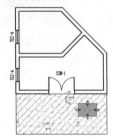

图 9-75　指定矩形位置　　图 9-76　绘制遮罩边界　　图 9-77　创建遮罩区域　　图 9-78　选择遮罩区域

9.4.4 详图构件

启用"详图构件"工具，可以将视图专有的详图构件添加到视图中去。假如没有将详图构件族载入项目中，需要从库中载入详图族，或者创建用户自己的详图族，可以将注释记号添加到详图构件中。

在"详图"面板中单击"构件"按钮，在列表中选择"详图构件"选项，如图 9-79 所示，启用"详图构件"工具。移动鼠标，单击鼠标左键以放置自由实例，按下空格键，可以循环放置基点。

图 9-79　选择"详图构件"选项

在"属性"选项板中单击构件名称以展开列表，在其中显示了各种类型的详图构件，如图 9-80 所示，选择可以将其插入到详图中去。

图 9-80　"属性"选项板

假如系统中没有适用的详图构件，则需要从外部文件中导入。在"修改 | 放置详图构件"选项中单击"模式"面板上的"载入族"按钮，如图 9-81 所示。调出【载入族】对话框，选择族文件，单击"打开"按钮，可完成载入操作。载入的文件可以在"属性"选项板中查看。

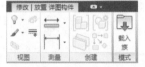

图 9-81　"模式"面板

9.4.5 重复详图构件

启用"重复详图构件"工具，可以沿着路径重复详图构件。该工具主要在平面视图和剖面视图中使用，可以指定重复详图的布局和间距。

在"构件"列表中选择"重复详图构件"选项，鼠标单击指定线的起点，移动鼠标，如图9-82所示，单击鼠标左键指定线的终点，按下两次 <Esc> 键，退出命令。

选择详图构件，在"属性"选项板中单击"类型属性"按钮，在【类型属性】对话框中可以修改详图构件的样式、布局以及间距，如图9-83所示。单击"确定"按钮，关闭对话框完成修改操作。

图9-82 移动鼠标　　图9-83 【类型属性】对话框

9.4.6 云线批注

启用"云线批注"工具，可以将云线批注添加到当前视图或者图纸中，以指明已经修改的设计面积。使用绘制工具（如线或者矩形）来绘制修订云线。在绘制草图时，按下空格键来翻转云线形状中的圆弧方向。在图纸发布／修订对话框内指定项目中修订云线的最小弧长。

在"详图"面板中单击"云线批注"按钮，进入"修改｜创建云线批注草图"选项卡，在"绘制"面板上单击"矩形"按钮，在图形上单击鼠标左键指定矩形的对角点，如图9-84所示，向右下角移动鼠标，单击鼠标左键，创建云线批注的结果如图9-85所示。单击"完成编辑模式"按钮，退出命令。

选择一段云线，在云线的两端显示蓝色夹点，如图9-87所示。移动夹点，调整夹点的位置以改变圆弧的形状，达到改变云线批注形状的目的，如图9-88所示。但是在调整了其中一段云线的端点位置后，应该调整另外一段云线的端点与其相接，使云线始终保持闭合状态。

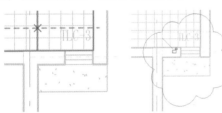

图9-84 指定起点　　图9-85 云线批注

选择云线批注，进入"修改｜云线批注"选项卡，单击"模式"面板上的"编辑草图"按钮，如图9-86所示，进入编辑云线批注的模式。

图9-86 "模式"面板

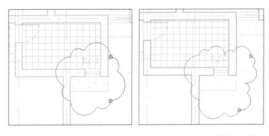

图9-87 显示蓝色夹点　　图9-88 改变云线批注形状

> **提示**
>
> 在"绘制"面板中单击"圆形"按钮，单击鼠标左键指定圆心，移动鼠标，将圆弧半径拖曳到合适的位置，再次单击鼠标左键，完成操作。这是除了使用"矩形"模式绘制云线批注之外的另一种常用方法。

9.4.7 创建组

启用"创建组"工具，可以创建一组图元以方便重复使用。当计划在一个项目或者族中多次重复布局时，可以使用组，来提供绘图效率。

在"详图"面板上单击"详图组"按钮，在调出的列表中选择"创建组"选项，如图 9-89 所示，启用"创建组"工具。在调出的【创建组】对话框中设置组的名称及其类型，如图 9-90 所示。

元以创建组。此时在"编辑组"面板上显示三个选项，分别是"多个""完成""取消"，选择"多个"选项，如图 9-92 所示，以将多个图元添加到组中。

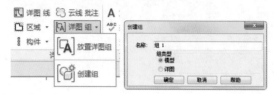

图 9-89 选择"创建组"选项　图 9-90 【创建组】对话框

图 9-91 "编辑组"面板　　图 9-92 选择"多个"选项

在绘图区的左上角显示如图 9-91 所示的"编辑组"面板，单击其中的"添加"按钮，单击选择图

添加图元完毕，单击"完成"按钮，退出命令，完成创建组的操作。

提示

执行相同的操作来创建"详图"组。

9.4.8　隔热层

启用"隔热层"工具，可在详图视图中放置衬垫隔热层图形。可以调整隔热层的宽度和长度，还可调整隔热层线之间的膨胀尺寸。

在"详图"面板上单击"隔热层"按钮，启用"隔热层"工具，进入"修改 | 放置隔热线"选项卡，在"宽度"选项中设置隔热层线的宽度，系统默认宽度值为"80"，选择"链"选项，可以使各段隔热层线相互连接，如图 9-93 所示。"偏移量"值为"0"，表示隔热层线的起点与参照点重合。"到中心"选项表示隔热层线的起点位于所选轮廓的中心，假如在宽度为"500"的矩形内创建隔热线，则隔热层线的起点位于"250"的位置，即在矩形的中心。

选择隔热层线，在"属性"选项板中可以修改"隔

热层宽度"以及"隔热层膨胀与宽度的比率（1/x）"选项的参数，如图 9-94 所示。

图 9-93 设置参数　　图 9-94 "属性"选项板

9.5　文字注释

在"文字"面板中包含了放置及编辑文字注释的工具，通过启用这些工具，可以放置及调整文字注释，以保证注释图元符合使用要求。本节介绍文字注释工具的使用方法。

9.5.1　放置文字注释

启用"文字"工具，可将文字注释添加到当前视图中去。文字注释图元根据视图自动调整大小，假如修改视图比例，文字将会自动调整尺寸。

选择"注释"选项卡，单击"文字"面板上的"文字"按钮，如图 9-95 所示。单击鼠标左键，移动鼠标，指定对角点以创建矩形在位编辑框，如图 9-96 所示。

图 9-95 "文字"面板

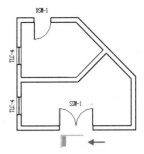

图 9-96　创建矩形编辑框

在在位编辑框中输入注释文字,如图 9-97 所示。在空白区域单击鼠标左键,完成输入文字的操作,如图 9-98 所示。由于所定义的在位编辑框范围较小,因此文字换行以适应字数。

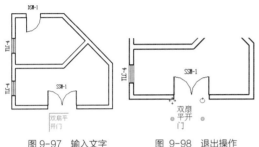

图 9-97　输入文字　　　图 9-98　退出操作

单击激活右侧的蓝色实心圆点,向右拖曳鼠标,调整编辑框的范围,如图 9-99 所示。在合适位置松开鼠标左键,调整后的编辑框适应文字字数,如图 9-100 所示。

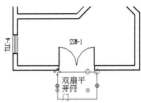

图 9-99　拖曳鼠标

图 9-100　调整编辑框的范围

> **提示**
>
> 在注释文字上双击鼠标左键,进入在位编辑框,可以修改注释文字。

9.5.2　编辑注释文字

选择注释文字,进入"修改 | 文字注释"选项卡。"格式"面板提供了各类编辑注释文字的工具,如添加、删除引线、对齐文字等,如图 9-101 所示。

单击"添加右直线引线"按钮 A,可为选中的注释文字添加引线,如图 9-102 所示。选中注释文字,引线已与文字成为一个整体,单击激活引线夹点,拖曳鼠标,可以调整引线的长度。

图 9-101　"格式"面板

图 9-102　创建引线

单击鼠标左键激活引线上的夹点,向左拖曳鼠标调整引线长度,以指向正确的图元,如图 9-103 所示。还可添加其他样式的引线。启用"添加右弧引线"工具 A,可以将弧引线添加到注释文字中,如图 9-104 所示。假如在此基础上再次单击鼠标左键,即可在创建一根引线,其起点与上一根引线相同。

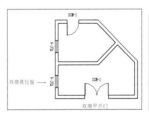　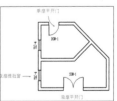

图 9-103　调整引线长度　　　图 9-104　添加引线

此外,还可以启用"左上引线""左中引线"及"左下引线"等工具,为图元添加各种不同类型的引线。

> **提示**
>
> 启用"删除最后一条引线"工具 A,可以将注释文字的引线删除。

如"弧引线""左侧附着""右侧附着""水平对齐"及"保持可读"，通过选择选项或者设置方向类型来设置参数，如图 9-105 所示。

图 9-105　"属性"选项板

单击"编辑类型"按钮，进入【类型属性】对话框，如图 9-106 所示。单击"类型"选项，在列表中选择字体类型，有"3.5mm 仿宋""3mm 仿宋"及"4.5mm仿宋"等样式供选择。

图 9-106　【类型属性】对话框

系统默认字体的颜色为绿色，单击"颜色"选项后的按钮，调出【颜色】对话框，修改字体颜色。在"线宽"选项中提供了 1-16 的线宽参数供选择。单击"背景"选项，在调出的列表中显示了两种背景样式，分别为"透明"和"不透明"。

选择"显示边框"选项，可以显示矩形边框来框选注释文字，如图 9-107 所示，系统默认隐藏文字

边框。"引线 / 边界偏移量"默认值为 2.0320mm，可以自定义其偏移值。

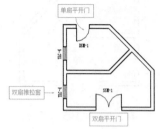

图 9-107　显示边框

单击"引线箭头"选项，在调出的列表中显示了各类箭头样式，如图 9-108 所示，单击选择其中的一种即可。

图 9-108　箭头样式列表

在"文字字体"和"文字大小"选项中分别设置字体样式及大小值。选择"粗体""斜体""下划线"选项，可以更改文字的显示样式，并为注释文字添加下划线，如图 9-109 所示

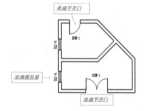

图 9-109　显示下划线

单击"确定"按钮关闭对话框，完成文字样式参数的设置。

提示

单击"文字"面板右下角的"文字类型"按钮，可以调出【类型属性】对话框。

9.6　标记

Revit 中的标记用来识别图纸中的图元注释，启用"标记"工具可以标记选中图元。有些标记可以跟随 Revit 样板自动载入，有些标记则需要手动载入，用户可在族编辑器中创建自己的标记。本节介绍放置标记的操作方法。

9.6.1　放置标记

选择"注释"选项卡，在"标记"面板中选择"按类别标记"按钮，如图 9-110 所示。在"修改 | 标记"

选项栏上选择标记方向为"水平"，选择"引线"选项，在右侧的复选框中可以为引线定义一个长度值，如图9-111所示。

图 9-110 "标记"面板

图 9-111 "修改 | 标记"选项栏

鼠标置于待标记的图元对象上，对象高亮显示，同时可以预览标记结果，如图9-112所示。单击鼠标左键，放置标记的结果如图9-113所示。

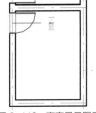 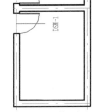

图 9-112 高亮显示图元　　图 9-113 放置标记

在启用"按类别标记"的过程中，在"修改/标记"选项栏中单击"引线"选项左侧的"标记"按钮，调出如图9-114所示的【载入的标记和符号】对话框。

图 9-114 【载入的标记和符号】对话框

在对话框中为每个列出的族类别选择可用的标记或者符号族。在"过滤器"选项中选择当前族类别（如"建筑"），可以在列表中显示类别及其与之相对应的载入标记。

9.6.2 标记未标记的图元

视图中有很多种类的图元，逐个放置标记不仅费时费力，还会发生有些图元不能被标记到的情况。在"标记"面板中单击"全部标记"按钮，调出如图9-115所示的【标记所有未标记的对象】对话框。

选择"当前视图中的所有对象"选项，在列表中显示了图元及其相对应的标记。选择"引线"选项，设置"引线长度"参数，在放置标记时会带引线。取消选择"引线"选项，则仅放置文字标记。单击"确定"按钮，关闭对话框，系统执行放置标记操作。

图 9-115 【标记所有未标记的对象】对话框

9.6.3 踏板数量

启用"踏板数量"工具，可以在平面视图、立面视图或者剖面视图中为梯段创建一系列踏板或者踢面编号。可指定与楼梯走向的偏移距离来显示踏板或者踢面编号，或者更改起始编号，序列号会自动更新。

确认当前为放置"踏板数量"的状态，在"修改 | 楼梯踏板 / 踢面数"选项栏中，设置"起始编号"为"1"，如图9-116所示。选择梯段，显示一斜线段，表示标注文字的放置位置，如图9-117所示。

修改 | 楼梯踏板/踢面数	起始编号: 1

图 9-116 "修改 | 楼梯踏板 / 踢面数"选项栏

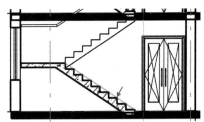

图 9-117 高亮显示斜线段

在"属性"选项板中设置标注参数，如图 9-118 所示。在"标记类型"选项中提供了两种标注类型，分别是"踢面"及"踏板"。在"相对于参照的偏移"选项中设置参数，控制标注数字与参照面的距离，即与踏板的距离。"对齐偏移"选项中的参数控制标注数字在对齐方向上的偏移距离。"标号尺寸"选项中的参数表示标注数字的大小。

图 9-118　"属性"选项板

在梯段亮显后单击鼠标左键，可以放置标记数字，如图 9-119 所示。

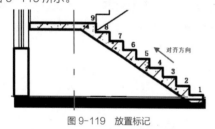

图 9-119　放置标记

转换至平面视图，可以为梯段的平面图形放置标号，如图 9-120 所示。

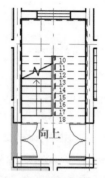

图 9-120　为平面图形放置标号

在"修改 | 楼梯踏板 / 踢面数"选项栏中修改起始编号的值，序列号会自动更新。如图 9-121 所示为将"起始编号"更改为"10"后，系统在"10"的基础上放置标记数字。

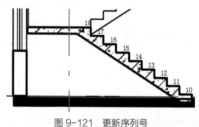

图 9-121　更新序列号

9.7　符号

在"符号"面板中提供了多种放置二维注释图形符号的工具，通过启用这些工具，可以放置各种类型的符号。符号也称为标记，本节介绍放置符号的操作方法。

放置符号

选择"注释"选项卡，在"符号"面板上单击"符号"按钮，如图 9-122 所示。在"修改 | 放置符号"选项栏中选择"放置后旋转"选项，如图 9-123 所示，可以在放置符号的同时定义它的旋转角度。

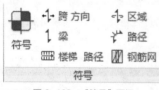

图 9-122　"符号"面板

修改 | 放置 符号　引线数：0　☑ 放置后旋转

图 9-123　"修改 | 放置符号"选项栏

单击拾取指北针的放置点，输入角度值，如图 9-124 所示。按下 <Enter> 键，可以按照所定义的

角度放置指北针符号，如图 9-125 所示。指北针通常放置在建筑首层平面图中的右上角位置。

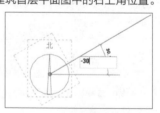

图 9-124　指定旋转角度

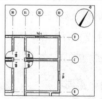

图 9-125　放置指北针

在启用"符号"工具的过程中，在"属性"选项板中可以实时更改所放置的符号类型，在符号类型类别中提供了多种类型的符号供调用，如图 9-126 所示。

图 9-126 "属性"选项板

提示

在"属性"选项板中选择其他符号，点取放置点，可以放置符号。在放置标高符号后，标高数值的标注位置显示为一个问号（？），此时选择符号，单击问号（？），输入标高值便可，如图 9-127 所示。

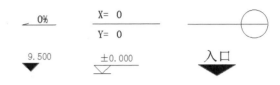

图 9-127 其他类型的符号

AUTODESK
REVIT

第10章

场地设计

在"体量和场地"选项卡中，提供了进行场地设计的工具。通过启用这些工具，可以创建场地的三维模型、绘制场地红线、创建建筑地坪，还可以在场地中添加植物及停车场等构件。本章将介绍启用这些工具的操作方法。

10.1　创建地形表面

在"场地建模"面板中，启用"地形表面""场地构件"等工具，可以定义地形表面并添加特定的图元。本节介绍创建及编辑地形表面工具的使用方法。

10.1.1　地形表面

选择"体量和场地"选项卡，单击"场地建模"面板上的"地形表面"按钮，如图 10-1 所示。进入"修改 | 编辑表面"选项卡，在"高程"选项中设置参数值为"-600"，如图 10-2 所示，表示放置的点高程的绝对标高为"-0.6m"。

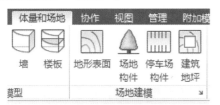

图 10-1　"场地建模"面板

图 10-2　"修改 | 编辑表面"选项卡

在"工作平面"面板上单击"参照平面"按钮，显示参照平面，如图 10-3 所示，在参照平面上放置点。

图 10-3　显示参照平面

在"工具"面板上单击"放置点"按钮，在参照平面网格交叉点上单击鼠标左键放置点，如图 10-4 所示。

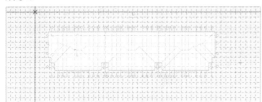

图 10-4　放置点 1

移动鼠标，依次在网格交叉点单击鼠标左键以放置点，如图 10-5 所示。

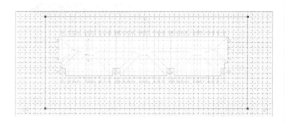

图 10-5　放置点 2

再次单击"参照平面"按钮，关闭参照平面显示。单击"表面"面板上的"完成表面"按钮，退出命令，创建地形表面如图 10-6 所示。

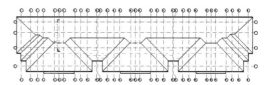

图 10-6　创建地形表面

选择地形表面，在"属性"选项板中单击"材质"选项后的矩形按钮，如图 10-7 所示，进入【材质浏览器】对话框。在对话框中选择"植物"类材质，在材质列表中选择"场地-草"。在材质名称上单击鼠标右键，在列表中选择"复制"选项，如图 10-8所示。

 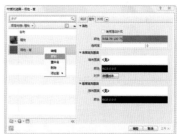

图 10-7　"属性"　图 10-8　【材质浏览器】对话框
选项板

在"场地 - 草"材质上复制一个材质副本，并设置材质名称为"住宅楼 - 场地 - 草"，如图 10-9 所示。单击"确定"按钮关闭对话框，完成设置材质的操作。

图 10-9　复制材质

转换至三维视图，查看地形表面的创建结果，如图 10-10 所示。

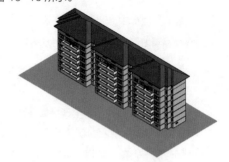

图 10-10　三维视图

10.1.2　导入 CAD 实例以创建地形表面

在 Revit 中通过导入 CAD 实例文件，可以在此基础上创建地形表面。本节介绍在导入 CAD 等高线文件后，启用"地形表面"工具创建地形表面的操作方法。

选择"插入"选项卡，单击"导入"面板上的"导入 CAD"按钮，如图 10-11 所示。

图 10-11　单击　"导入 CAD"按钮

调出【导入 CAD 格式】对话框，选择名称为"10 等高线"的 dwg 格式文件。在"颜色"选项中选择"反选"，设置"图层／标高"选项中的参数为"全部"。选择"导入单位"为"米"，勾选"纠正稍微偏离轴的线"。设置定位方式为"自动‑原点到原点"，在"放置于"选项中选择<F1>，选择"定向到视图"选项，如图 10-12 所示。打开"打开"按钮，系统将文件导入 Revit 中。

图 10-12　【导入 CAD 格式】对话框

在"项目浏览器"中单击"楼层平面"选项名称前的"+"，展开列表，双击其中的"场地"选项，如图 10-13 所示。

图 10-13　项目浏览器

进入"场地"视图，选择"体量和场地"选项卡，单击"场地建模"面板上的"地形表面"按钮，进入"修改 | 编辑视图"选项卡。在"工具"面板上单击"通过导入创建"按钮，在列表中选择"选择导入实例"选项，如图 10-14 所示。

图 10-14　选择"选择导入实例"选项

在视图中拾取已导入的 dwg 文件，系统调出如图 10-15 所示的【从所选图层添加点】对话框。在其中取消选择"0 图层"，维持"主等高线"与"次等高线"图层的选择状态不变。

图 10-15　【从所选图层添加点】对话框

单击"确定"按钮，创建地形表面的结果如图 10-16 所示。选择地形表面，进入"修改 | 地形"选项卡，单击"表面"面板上的"编辑表面"按钮，如图 10-17 所示，进入编辑地形表面的操作。

图 10-16 创建地形表面 图 10-17 "修改 | 地形"选项卡

单击"修改 | 编辑表面"选项卡中"工具"面板上的"简化表面"按钮，在调出的【简化表面】对话框中设置表面精度为"1000"，如图 10-18 所示，单击"确定"按钮关闭对话框。地形表面上点的数量被精简显示，如图 10-19 所示。

图 10-18 【简化表面】对话框 图 10-19 精简显示

单击"完成表面"按钮，退出编辑模式。转换至三维视图，查看地形表面模型的显示效果，如图 10-20 所示。

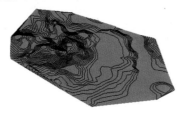

图 10-20 三维视图

单击"场地建模"面板右下角的"场地设置"按钮，如图 10-21 所示。调出【场地设置】对话框，如图 10-22 所示，在其中设置等高线的参数。

图 10-21 单击按钮 图 10-22 【场地设置】对话框

取消选择"间隔"选项，单击"删除"按钮，将列表中的等高线参数删除，如图 10-23 所示。单击"插入"按钮，在表格中插入新列，并分别设置"停止"、"增量"表列中的参数，如图 10-24 所示。

图 10-23 删除内容 图 10-24 设置参数

在编号为 1 的表行中，设置"停止"参数为100000（100m），"增量"为"2000"（即 2m），选择"范围类型"为"多值"，设置类别为"主等高线"。表行参数的设置含义可以描述为，在地形表面"0~100m"的高程范围内，按照间距为 2m 的距离，显示主等高线。

提示
插入新行后，在"范围类型"选项中选择"多值"选项，才可编辑"停止"与"增量"表列中的参数。

在编号为 2 的表行中，"停止"选项参数为100000（100m），"增量"选项参数为"1000（1m）"，"范围类型"为"多值"，设置子类别为"次等高线"。参数的含义为，在地形表面"0~100m"高程范围内，按照间距为 1m 的距离，显示次等高线。

在视图控制栏上单击"视图比例"按钮，在调出的列表中选择"1：500"的比例，如图 10-25 所示。在"修改场地"面板中单击"标记等高线"按钮，如图 10-26 所示。

图 10-25 选择比例 图 10-26 "修改场地"面板

在"属性"选项板中单击"类型属性"按钮，进入【类型属性】对话框。单击"复制"按钮，复制一个等高线标签副本，在【名称】对话框中设置样式名称，如图 10-27 所示。

图 10-27 【名称】对话框

单击"确定"按钮返回【类型属性】对话框。设置"文字字体"为"仿宋"，且"文字大小"为10，如图10-28所示。

图 10-28　【类型属性】对话框

单击"单位格式"选项后的按钮，进入【格式】对话框。在其中取消勾选"使用项目设置"选项，设置"单位"为"米"，选择"舍入"方式为"0个小数位"，如图10-29所示。单击"确定"按钮关闭对话框。

取消选择"链"选项，在等高线上指定等高线标签的起点与终点，如图10-30所示。

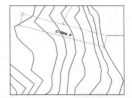

图 10-29　【格式】对话框　　图 10-30　指定线的起点与终点

单击鼠标左键，等高线标签经过的等高线被标注等高线高程，如图10-31所示。

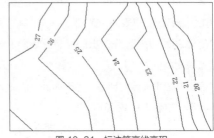

图 10-31　标注等高线高程

10.1.3　拆分表面

启用"拆分表面"工具，可以将地下表面拆分为两个不同的表面，方便独立编辑每个表面。在拆分表面之后，可以将不同的材质分配给这些表面，以表示道路和湖泊，也可删除地形表面的一部分。

在"修改场地"面板中单击"拆分表面"按钮，启用"拆分表面"工具，进入"修改|拆分表面"选项卡，如图10-32所示。单击选择待拆分的表面，进入拆分模式。在"绘制"面板中单击"矩形"按钮，在地形表面上指定矩形的对角点以创建矩形拆分区域，如图10-33所示。

图 10-32　"修改|拆分表面"选项卡

图 10-33　指定对角点

单击鼠标左键，完成创建拆分区域的操作，如图10-34所示，通过修改临时尺寸标注来调整拆分区域。拆分操作完成后，形成两个独立的地形表面，如图10-35所示。

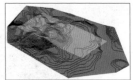

图 10-34　创建拆分轮廓　　图 10-35　拆分区域

选择拆分得到的表面，在"修改|地形"选项卡中单击"表面"面板上的"编辑表面"按钮，进入"修改|编辑表面"模式，如图10-36所示。在"属性"选项板中单击"材质"选项后的矩形按钮，进入【材质浏览器】对话框。选择"液体"类材质，在类别中选择名称为"液体－场地－水"的材质，如图10-37所示。

图 10-36　选择表面　　图 10-37　【材质浏览器】
对话框

单击"确定"按钮，可以将液体材质赋予选中的表面，如图 10-38 所示。选择其中一个表面，启用"移动"工具，可调整表面的位置，如图 10-39 所示。

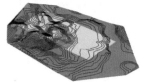 

图 10-38　分配材质　　　图 10-39　调整位置

10.1.4　合并表面

启用"合并表面"工具，可以将两个地形表面组合在一起，以创建一个地形表面，地形表面必须与公共边重叠或者共享公共边。使用"合并表面"工具，可以重新连接使用"拆分表面"工具拆分的表面。

在"修改场地"面板中单击"合并表面"按钮，启用"合并表面"工具。将鼠标置于需要合并的主表面上，高亮显示主表面轮廓线，如图 10-40 所示。

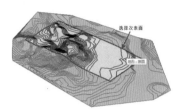

图 10-41　选择次表面

单击鼠标左键完成合并表面的操作，如图 10-42 所示。

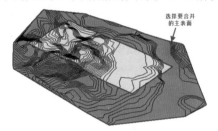

图 10-40　选择主表面

单击鼠标左键选中主表面，主表面以蓝色填充样式表现。将鼠标置于要合并到主表面的次表面上，高亮显示次表面轮廓线，如图 10-41 所示。

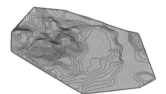

图 10-42　合并表面

10.1.5　子面域

启用"子面域"工具，可以在地形表面内定义一个面积。创建子面域后不会生成一个单独的表面，但是可以定义一个面积，并为该面积定义不同的属性，如材质。

启用"拆分表面"工具的结果是将表面分为两个，一个主表面一个次表面，而"子面域"工具的作用正好相反。

在"修改场地"面板上单击"子面域"按钮，进入"修改 | 创建子面域边界"选项卡，在"绘制"面板单击"圆形"按钮。在表面上单击鼠标左键指定圆心，拖曳鼠标，单击鼠标左键绘制圆形轮廓，如图 10-43 所示。单击临时尺寸标注，进入在位编辑状态，在其中输入半径值，如图 10-44 所示。

按下 <Enter> 键完成创建圆形子面域的操作，如图 10-45 所示，子面域与主面域为一个整体，未被拆分为两个表面。单击选择子面域，在"属性"选项板中单击"材质"选项按钮，在【材质浏览器】对话框选择名称为"场地 - 沙"的材质，如图 10-46 所示。

  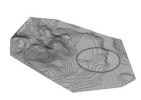 

图 10-43　创建圆形轮廓　　图 10-44　输入半径值　　　图 10-45　创建子面域　　　图 10-46　选择材质

单击"确定"按钮关闭对话框，完成赋予子面域材质的操作，如图 10-47 所示。在创建子面域后，主表面保持其完整性，还可对子面域的边界、轮廓等参数执行修改。

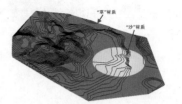

图 10-47 分配子面域材质

10.1.6 平整区域

启用"平整区域"工具，可用来修改地形表面，以指明构造过程中进行的修改。在创建平整区域之前，需要先定义地形表面。在平整区域中，可以添加或者删除点，修改点的高程或者简化表面。

选择"体量和场地"选项卡，单击"修改场地"面板上的"平整区域"按钮，如图 10-48 所示。调出如图 10-49 所示的【编辑平整区域】对话框，显示了两种平整地形表面的方式。一种为创建与现有地形表面完全相同的新地形表面，选择该项，可以在原地形表面的基础复制一个地形副本，并同时将原地形表面删除。

图 10-50 警示对话框

地形表面进入编辑模式，如图 10-51 所示，转换至"修改 | 编辑表面"选项卡。单击"放置点"按钮，可以在表面上放置点。在地形表面上单击激活点，调整点的位置以修改点的高程，进而改变地形表面的样式。单击"简化表面"按钮，可以剔除点，以清晰地显示地形表面。

图 10-48 "修改场地"面板

图 10-49 【编辑平整区域】对话框

另外一种是仅基于周界点新建地形表面，选择该项，在表面副本上对内部地形表面区域进行平滑处理，在创建表面副本时原表面也同步被删除。

选择第一项，进入平整区域状态。单击选择地形表面副本（与原地形表面位置一致），系统调出如图 10-50 所示的警示对话框，提醒用户将要平整的表面是在当前阶段中创建。在对其进行平整后将导致创建了该表面之后会在同一阶段中将其删除。单击右上角的关闭按钮，将警示对话框删除。

图 10-51 编辑地形表面

调整完毕后，单击"表面"面板上的"完成表面"按钮，退出命令。

在【编辑平整区域】对话框中选择"仅基于周界点新建地形表面"选项，地形表面内部的点被全部删除，地形表面起伏多变的地势轮廓线被删除，并显示对地形表面进行平滑处理后的直线，如图 10-52 所示。但是地形表面边界的点保留，通过激活点，并调整点的高程，可以对地形表面执行编辑操作。

图 10-52 平滑处理

10.2 建筑红线

通过在地形表面中绘制建筑红线，可以确定项目的范围，并可以建筑红线的绘制为依据，统计项目的用地面积。本节介绍绘制建筑红线的方法。

10.2.1 绘制建筑红线

启用"建筑红线"命令，可以在平面视图中创建建筑红线。系统提供两种方式来绘制建筑红线，一种是通过输入距离及指定方向角创建建筑红线，另外一种是单击指定各点来创建建筑红线。

转换到场地视图，在"修改场地"面板中单击"建筑红线"按钮，如图 10-53 所示，启用"建筑红线"工具。系统调出如图 10-54 所示的【创建建筑红线】对话框，询问用户希望以何种方式创建建筑红线，如选择"通过绘制来创建"选项，进入"修改 | 创建建筑红线草图"选项卡，在其中选择合适的绘制方式来创建建筑红线。

图 10-53 "修改场地"面板

图 10-54 【创建建筑红线】对话框

在"绘制"面板上选择"直线"按钮，如图 10-55 所示，通过单击指定各点确定直线的位置来创建建筑红线。

图 10-55 "绘制"面板

在场地上单击鼠标左键指定直线的起点，如图 10-56 所示。向下移动鼠标，单击指定另一点。在绘制矩形建筑红线的过程中，移动鼠标时可以引出辅助线（蓝色虚线），为对齐各点提供参照。在参照辅助线的情况下，可以绘制横平竖直的建筑红线。

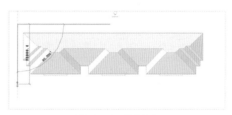

图 10-56 指定起点

绘制完毕后，单击"模式"面板中的"完成编辑模式"按钮，退出命令，创建建筑红线的结果如图 10-57 所示。

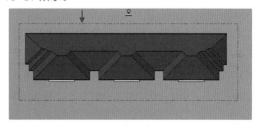

图 10-57 建筑红线

提示

假如所绘制的建筑红线未闭合，系统调出如图 10-58 所示的警告对话框，提醒用户未闭合的建筑红线不能计算面积。选择建筑红线，进入编辑模式，将其闭合即可。

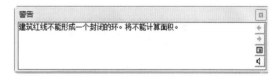

图 10-58 警告对话框

选择绘制完毕的建筑红线，进入如图 10-59 所示的"修改 | 建筑红线"选项卡，在"建筑红线"面板上单击"编辑表格"按钮，系统调出如图 10-60 所示的【限制条件丢失】对话框，提醒用户转换建筑红线样式后，数据将丢失。但是"是"按钮关闭对话框，调出【建筑红线】对话框，设置其中的参数来修改建筑红线。

图 10-59　"修改 | 建筑红线"选项卡

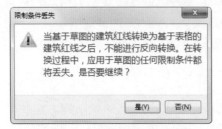

图 10-60　【限制条件丢失】对话框

单击"否"按钮，关闭对话框，返回"修改 | 建筑红线"选项卡。单击"编辑草图"按钮，进入"修改 | 建筑红线 > 编辑草图"选项卡，启用"绘制"面板上的工具来修改建筑红线。

在【创建建筑红线】对话框中选择"通过输入距离和方向角来创建"选项，调出如图 10-61所示的【建筑红线】对话框。在其中设置建筑红线各点的位置参数。在"距离"选项中，设置各点之间的距离。"北/南""东/西"选项中参数用来控制该段建筑红线的朝向。"承重"选项参数控制与该点连接的两段

建筑红线所成的角度，当为90°和0°时，线段成直角。"类型"选项中提供了"线""弧"两种样式供用户选择，通常选择"线"。

图 10-61　【建筑红线】对话框

单击"确定"按钮，在场地视图中点取建筑红线的插入点，可完成创建建筑红线的操作，如图 10-62所示。

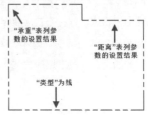

图 10-62　完成创建建筑红线

提示

选择经由"通过输入距离和方向角来创建"方式来创建的建筑红线，在"修改 / 建筑红线"选项卡中仅"编辑表格"工具可供用，不能使用"编辑草图"方式对建筑红线执行操作。

10.2.2　根据建筑红线统计用地面积

以建筑红线所定义的范围为基础，Revit 可以计算建筑红线范围内的面积大小。选择"视图"选项卡，单击"创建"面板上的"明细表"按钮，在弹出的列表中选择"明细表 / 数量"选项，如图 10-63 所示。

图 10-63　选择"明细表 / 数量"选项

在【新建明细表】对话框中左侧的列表内单击展开"场地"选项卡，在子菜单中选择"建筑红线"选项，在右侧的"名称"选项中设置明细表名称为"面积统计明细表"，如图 10-64 所示。

图 10-64　【新建明细表】对话框

单击"确定"按钮，进入【明细表属性】对话框。选择"字段"选项，在"可用字段"列表中选择"面积"选项，单击中间的"添加"按钮，将其添加到"明细表字段（按顺序排列）"列表中，如图 10-65 所示。

单击"排序 / 成组"选项卡，在"排序方式"选项中选择"面积"选项，取消选择"逐项列举每个实例"选项，如图 10-66 所示。

图 10-65　"字段"选项

图 10-66　"排序 / 成组"选项卡

选择"外观"选项卡，选择"轮廓"选项，设置轮廓线线型为"细线"。选择"显示标题""显示页眉"选项，"标题文本""标题""正文"选项的字体选择"明细表默认"类型，如图 10-67 所示。

单击"确定"按钮关闭对话框，系统打开创建完成的"面积统计明细表"，如图 10-68 所示。

图 10-67　"外观"选项卡

图 10-68　面积统计明细表

在"修改明细表 / 数量"选项卡中单击"列"面板上的"调整"按钮，如图 10-69 所示。调出【调整柱尺寸】对话框，在其中修改"尺寸"参数，如图 10-70 所示，单击"确定"按钮关闭对话框。

图 10-69　"修改明细表 / 数量"选项卡

图 10-70　【调整柱尺寸】对话框

查看明细表，调整列宽后，使得标题文本与列宽相适合，如图 10-71 所示。单击"属性"选项板中"格式"选项后的"编辑"按钮，如图 10-72 所示，进入【明细表属性】对话框。

图 10-71　调整列宽　　图 10-72　"属性"选项板

在"格式"选项卡中设置"对齐"方式为"中心线"，如图 10-73 所示，使得单元格内容居中对齐。单击"确定"按钮关闭对话框，面积标注文字居中对齐的结果如图 10-74 所示。

图 10-73　【明细表属性】对话框

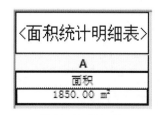

图 10-74　居中对齐

10.3 建筑地坪

Revit 提供的"建筑地坪"工具，不仅可以在地形表面上创建建筑轮廓创建建筑地坪，还可自定义建筑地坪的标高、位置、结构，本节介绍创建及编辑建筑地坪的操作方法。

10.3.1 建筑地坪

启用"建筑地坪"工具，可以根据在地形表面上绘制的闭合环来添加建筑地坪。在添加建筑地坪之前，需要先定义地形表面。在绘制地坪后，可以定义一个坡度并控制其距标高的高度偏移。可根据需要剪切或者填充地形表面，以适应建筑地坪。

在"场地建模"面板中单击"建筑地坪"按钮，启用"建筑地坪"工具。单击"属性"选项板上的"类似属性"按钮，进入如图 10-75 所示的【类型属性】对话框。单击"复制"按钮，复制一个新建筑地坪类型。在【名称】对话框中设置新类型名称为"建筑地坪-住宅楼-喷泉水池"，如图 10-76 所示。单击"确定"按钮关闭对话框。

图 10-75 【类型属性】 图 10-76 【名称】对话框
对话框

单击"结构"选项后的"编辑"按钮，进入如图 10-77 所示的【编辑部件】对话框，选择"面层 1[4]""衬底 [2]"选项，单击"删除"按钮将其删除。修改"结构 [1]"的厚度为"150"，材质类型保持不变，如图 10-78 所示。

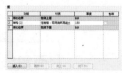

图 10-77 【编辑部件】对话框　图 10-78 修改参数

依次单击"确定"按钮关闭【编辑部件】对话框、【类型属性】对话框。在"属性"选项板中设置参数如图 10-79 所示，选择"标高"类型为

"室外地坪"，设置"自标高的高度偏移"参数为"-600"，意思为喷泉水池底标高在室外地坪标高之下"600m"的位置。

图 10-79 "属性"选项板

在"修改 | 创建建筑地坪边界"选项卡中单击"绘制"面板上的"圆形"按钮，如图 10-80 所示，创建圆形的喷泉水池轮廓。

图 10-80 单击"圆形"按钮

在场地上单击指定圆心的位置，输入半径值，例如"3500"，如图 10-81 所示。单击鼠标左键，可以完成创建圆形轮廓线的操作。单击"完成编辑模式"按钮，退出命令。转换至三维视图，查看喷泉水池轮廓的创建结果，如图 10-82 所示。系统按照所设定的标高值剪切场地。

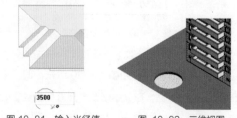

图 10-81 输入半径值　　图 10-82 三维视图

转换至场地视图。选择"建筑"选项卡,单击"构建"选项卡上的"墙"按钮,在"属性"选项板中设置"定位线"类型为"面层面:外部","底部限制条件"为"F1","底部偏移"值为"-600"。保持"顶部约束"方式为"未连接",设置"无法连接高度"为"500",如图 10-83 所示。

图 10-83　设置参数

在"修改 | 放置墙"选项卡中单击"绘制"面板上的"拾取"线按钮,如图 10-84 所示。拾取喷泉水池建筑地坪轮廓线来创建墙体。

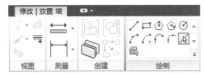

图 10-84　"修改 | 放置墙"选项卡

转换至三维视图,查看墙体的创建结果,如图 10-85 所示。

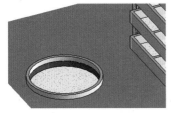

图 10-85　三维视图

转换至场地视图。选择"建筑"选项卡,单击"构建"面板上的"楼板"按钮,单击"属性"选项板中的"类型属性"按钮,进入【类型属性】对话框。单击"复制"按钮,复制一个新的楼板类型。在【名称】对话框中设置新类型名称为"住宅楼 - 喷泉水面",如图 10-86 所示,单击"确定"按钮关闭对话框。

图 10-86　【名称】对话框

单击【类型属性】对话框中"结构"选项后的"编辑"按钮,进入【编辑部件】对话框。单击"结构 [1]"选项中的"材质"矩形按钮,进入【材质浏览器】对话框。在其中选择名称为"液体 - 场地 - 水"的材质,如图 10-87 所示。

图 10-87　【材质浏览器】对话框

单击"确定"按钮关闭对话框,在【编辑部件】对话框中更改"结构 [1]"层的厚度为"400",如图 10-88 所示。单击"确定"按钮,返回【类型属性】对话框。

图 10-88　【编辑部件】对话框

在【类型属性】对话框中单击"确定"按钮将其关闭。在"属性"选项板中修改"标高"为"室外地坪",设置"自标高的高度偏移"值为"-200",如图 10-89 所示。在"修改 | 创建楼层边界"选项卡中单击"绘制"面板上的"拾取墙"按钮,设置"偏移"值为"0",取消勾选"延伸到墙中(至核心层)"选项,如图 10-90 所示。

图 10-89　设置参数　　图 10-90　单击"拾取墙"按钮

单击"完成编辑模式"按钮退出命令。转换至三维视图，查看喷泉水面的创建效果，如图 10-91 所示。

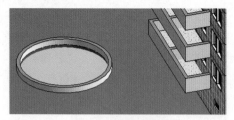

图 10-91　三维视图

10.3.2　修改建筑地坪

选择建筑地坪，进入"修改|建筑地坪"选项卡，单击"模式"面板上的"编辑边界"按钮，如图 10-92 所示。进入"修改|建筑地坪 > 编辑边界"选项卡，单击"绘制"面板上的"坡度箭头"按钮，如图 10-93 所示。

图 10-92　单击"编辑边界"按钮

图 10-93　单击"坡度箭头"按钮

进入放置坡度箭头模式，在建筑地坪边界上单击鼠标左键，拾取坡度箭头的起点，如图 10-94 所示。朝着某个方向移动鼠标，把该方向指定为坡度箭头的方向，待鼠标拖曳到合适位置，单击鼠标左键，创建坡度箭头如图 10-95 所示。

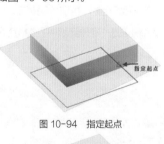

图 10-94　指定起点

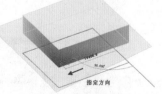

图 10-95　指定坡度方向

选择坡度箭头，在"属性"选项板中设置"标高"及"自标高的高度偏移"值，设置"坡度"值为"45.0000%"度，如图 10-96 所示。单击"应用"按钮，建筑地坪随着所定义的坡度调整方向，成一个倾斜面，如图 10-97 所示。

图 10-96　设置参数

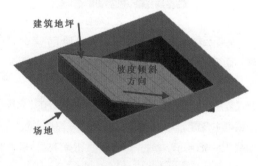

图 10-97　坡度的设置结果

10.4　场地构件

启用"场地构件"工具，可以用于添加站点特定的图元，例如树、停车场安全岛和消火栓等。使用类型选择器指定要放置的场地图元类型，或者将所需要的场地族载入项目中。

选择"体量和场地"选项卡，单击"场地建模"面板上的"场地构件"按钮，如图 10-98 所示，执行载入场地构件的操作。假如当前项目中不包含场地族，则系统调出如图 10-99 所示的警示对话框，提醒用户应载入场地族，以便操作继续下去。

图 10-98　"场地建模"面板

图 10-99　警示对话框

单击"是"按钮，调出【载入族】对话框，在其中选择待载入的场地族文件，如图 10-100 所示。单击"打开"按钮，可将所选构件载入当前项目视图中。在绘图区中单击鼠标左键以放置构件，如图 10-101 所示。选择场地构件，进入"修改"|"场地"选项卡，单击"主体"面板上的"拾取新主体"按钮，拾取其他的地形表面后，构件会随着主体高度的变化而自动调整高度。

图 10-100　【载入族】对话框

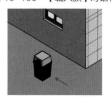

图 10-101　放置构件

10.5　停车场构件

启用"停车场构件"工具，可以将停车位添加到地形表面中去。要添加停车位，必须打开一个视图，并在其中显示地形表面，地形表面是停车位的主体。

单击"场地建模"面板上的"停车场构件"按钮，启用工具以便载入停车场构件族。在绘图区中单击以放置停车场构件，如图 10-102 所示。选择构件，单击"修改"面板上的"镜像－拾取轴"按钮，拾取停车场的长边为镜像轴，镜像复制停车场构件。

选择构件，单击"属性"选项板上的"类型属性"按钮，进入【类型属性】对话框。在"尺寸标注"选项组下，显示了停车场的宽度、长度及角度，如图 10-103 所示。可以修改参数，单击"确定"按钮关闭对话框，可将参数赋予构件。

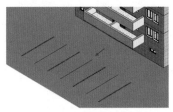

图 10-102　放置停车场构件

图 10-103　【类型属性】对话框

提示

假如项目中缺少停车场构件，系统会调出提示对话框，提醒用户载入构件族。

AUTODESK
REVIT

第11章

建筑表现

在 Revit Architecture 中可以为建筑模型添加材质，并实时地查看模型的透视效果、创建漫游动画、进行日光分析，也可以将模型导出为三维视图样式，并使用其他软件应用程序来执行渲染图像的操作。本章介绍进行建筑表现的操作方法。

11.1 渲染

渲染工作由一系列流程构成，如创建三维视图、定义材质、设置照明、渲染设置，最后渲染图像。本节介绍渲染工作的各流程。

11.1.1 创建三维视图

渲染工作流程的第一步是创建三维视图。选择"视图"选项卡，单击"创建"面板上的"三维视图"按钮，在列表中选择"相机"选项，如图 11-1 所示。

图 11-1 选择"相机"选项

在平面视图中单击指定相机的位置，向左上角拖曳鼠标，到合适位置松开鼠标左键，放置相机的结果如图 11-2 所示。

图 11-2 放置相机

放置相机后，系统自定义创建三维视图 1，在"项目浏览器"中单击展开"三维视图"名称前的"+"，在列表中查看"三维视图 1"，如图 11-3 所示。

图 11-3 创建三维视图 1

系统转换至"三维视图 1"，显示所创建的三维视图，如图 11-4 所示。

图 11-4 三维视图

在平面视图中假如想重新显示相机，可以在"项目浏览器"中选择视图名称，如"F1"，在名称上单击鼠标右键，在鼠标右键菜单中选择"显示相机"选项，如图 11-5所示，可以重新显示相机。

图 11-5 选择"显示相机"选项

在三维视图1中，选择透视视图边框，在边框轮廓线上显示四个圆形控制点，单击并激活控制点，然后拖曳鼠标，如图 11-6所示，可以调整视图的显示范围。

图 11-6 调整视图显示范围

11.1.2 定义材质

在 Revit 中对模型赋予材质或者编辑材质都在【材质浏览器】对话框中完成。选择"管理"选项卡,单击"设置"面板上的"材质"按钮,如图 11-7 所示,调出【材质浏览器】对话框。

图 11-7 单击 "材质"按钮

如图 11-8 所示为【材质浏览器】对话框的显示样式。在对话框在左侧以列表的形式显示材质的类型,单击"项目材质:所有"按钮,调出材质列表,如图 11-9 所示。在列表中显示了各种类型的材质,选择其中的一种,可以显示指定的材质。

在对话框右侧的各选项卡中,可以进一步设置材质属性参数,例如设置其"标识"参数、"图形"参数、"外观"参数等。

图 11-8 【材质浏览器】对话框

图 11-9 材质列表

单击对话框左下角的"创建并复制材质"按钮 ,在调出的列表中显示可以新建或者复制选定的材质,如图 11-10 所示。选择"新建材质"选项,执行新建材质操作。在材质列表中显示新建的材质,系统自定义将其命名为"默认为新材质"。在新材质名称上单击鼠标右键,在鼠标右键菜单中选择"重命名"选项,如图 11-11 所示,可以对材质执行重命名操作。

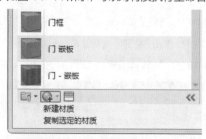

图 11-10 选择"新建材质"选项

图 11-11 右键菜单

选择"复制选定的材质"选项,可以得到所选材质的副本。同样可以对副本材质执行"重命名""删除"等操作。

输入新材质的名称,如 300mm×300mm 白色瓷砖,按下回车键,系统按照所设定的参数来显示新材质的名称,如图 11-12 所示。单击"打开/关闭资源浏览器"按钮 ,调出如图 11-13 所示的【资源浏览器】对话框。在其中显示了外观库中的所有资源,在左侧列表中选择资源名称,单击展开可显示资源所包含的子类别,在右侧的列表中显示各类材质的名称、特征、类型以及类别参数。

图 11-12 重命名材质

图 11-13　【资源浏览器】对话框

单击对话框右上角的"更改您的视图"按钮，在调出的列表中显示了视图显示的各种方式，如图 11-14 所示，单击选择其中的一项，可以按照指定的样式显示视图。

图 11-14　样式列表

在【材质浏览器】对话框的右侧单击选择"标识"选项卡，如图 11-15所示，可以设置材质的"说明信息""产品信息""Revit注释信息"。在"名称"选项中设置参数，可以方便查找材质。如将材质名称设置为"住宅楼-外墙-砖"，系统会以"住宅楼"为类别将材质归纳，在查找材质时，输入关键词"住宅楼"，可以显示与其相关的所有材质，节省搜索时间。

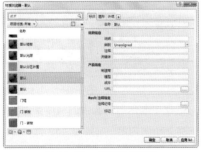

图 11-15　"标识"选项卡

选择"图形"选项卡，在"着色"选项卡中设置材质颜色，控制其在视图中的显示样式，如立面视图或三维视图。单击"颜色"按钮，调出【颜色】对话框，

在其中设置颜色的类型。"透明度"选项的参数一般默认将其设置为"0"，也可输入在"0"（完全不透明）与"100"（完全透明）之间的数值。

在"表面填充图案"中设置材质外表面在视图中的显示样式，还可设定材质的颜色。"截面填充图案"选项参数控制视图中材质截面的外观及颜色。

单击"填充图案"按钮，调出如图 11-16 所示的【填充样式】对话框。在对话框中显示了两类"填充图案类型"，一种是"绘图"，另一种是"模型"。选择不同的图案类型，在类别中显示该类型所包含填充图案的名称及样式。单击"无填充图案"按钮，即视图不显示填充图案。

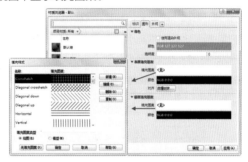

图 11-16　"图形"选项卡

选择"外观"选项卡，如图 11-17所示。"常规"选项卡下设置材质的颜色，单击"图像"按钮，调出【选择文件】对话框，可以载入外部图像。在"图像褪色""光泽度""高光"选项中分别设置材质的属性，参数值与渲染图像的质量有直接关系。

图 11-17　"外观"选项卡

单击展开其他选项，如"反射率""透明度""剪切""白发光"等，通过修改其中的参数，控制图像的渲染效果。

单击材质球右下角的向下实心三角形箭头，在列表中选择"场景"选项，如图 11-18 所示，在子菜单中显示了材质预览的样式，有"球体""立方体""圆柱"等样式。选择"渲染设置"选项,在子菜单中显示了渲染质量,其中"产品质量"样式需要花费较多的渲染资源与渲染时间,而图像的质量较高。"草图质量"样式所花费的渲染时间较少,但是图像较粗糙。一般选择"中等质量"样式进行图像渲染操作,既不会花费很长时间,也可得到相对清晰的图像。

单击"确定"按钮关闭对话框,完成设置材质的操作。

图 11-18　显示列表

11.1.3　应用材质

1. 按照类别或者子类别应用材质

选择"管理"选项卡,单击"设置"面板上的"对象样式"按钮,如图 11-19 所示,调出【对象样式】对话框,在其中设置对象的材质。

图 11-19　选择"对象样式"按钮

在【对象样式】对话框中选择"模型对象"选项卡,在其中显示了对象类别、对象线宽、线颜色以及线型图案,如图 11-20所示。在"材质"表列中显示了对象的材质,如在"地形"表行中显示材质的名称为"土壤-场地-植被",表示其为地形目前的材质。单击材质名称后的矩形按钮,调出【材质浏览器】对话框。在其中可以修改材质的参数,也可以重新选择其他类型的材质。

图 11-20　"模型对象"选项卡

编辑完成后,单击"确定"按钮关闭【材质浏览器】对话框。可以发现【对象样式】对话框中材质的名称已发生了变化,单击"确定"按钮关闭对话框,视图中对象的材质也发生了变化。

或者在【对象样式】对话框中选择"导入对象"

选项卡,如图 11-21 所示。通过单击"材质"表列中的矩形按钮,可以在【材质浏览器】对话框中更改导入对象的材质。

图 11-21　"导入对象"选项卡

2. 按材质类型用于材质

选择住宅楼中阳台墙体,如图 11-22 所示。单击"属性"选项板上的"类型属性"按钮,进入【类型属性】对话框,在其中修改墙体的材质。

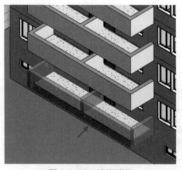

图 11-22　选择墙体

在对话框中显示当前选中的墙体类型为"住宅楼 -F1-240mm- 内墙",如图 11-23 所示,需要修改墙体的材质,使其与内墙有所区别。单击"复制"按钮,复制一个墙体类型副本。在【名称】对话框中设置新类型名称为"住宅楼 – 阳台 – 黄色漆",如图 11-24 所示,单击"确定"按钮关闭对话框。

图 11-23 【类型属性】对话框

图 11-24 【名称】对话框

提示

通常情况下，材质的名称方式为，项目名称－图元名称－材质名称，或者项目名称－图元名称－尺寸大小－材质名称，以此方式命名，可以将材质归类，也可一目了然材质的类型。

单击"结构"选项后的"编辑"按钮，进入【编辑部件】对话框，在其中显示"面层"的材质为"住宅楼-内墙粉刷"，如图 11-25所示。单击材质选项内的矩形按钮，进入【材质浏览器】对话框。在"项目材质"列表中选择"油漆"，在列表中选择"黄油漆"，如图 11-26所示。

图 11-25 【编辑部件】对话框

图 11-26 选择材质

在"黄油漆"材质上单击鼠标右键，在右键菜单中选择"复制"选项，设置材质副本的名称为"住宅楼-阳台-黄色漆"，如图 11-27所示。同时在对话框右侧的"着色"选项组下，显示"颜色"选项为黄色。

单击"确定"按钮返回【编辑部件】对话框，将编号为"5"的"面层"材质同样修改为"住宅楼-阳台-黄色漆"，如图 11-28所示。单击"确定"按钮，返回【类型属性】对话框。

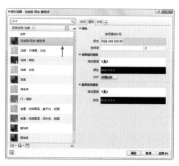

图 11-27 重命名材质

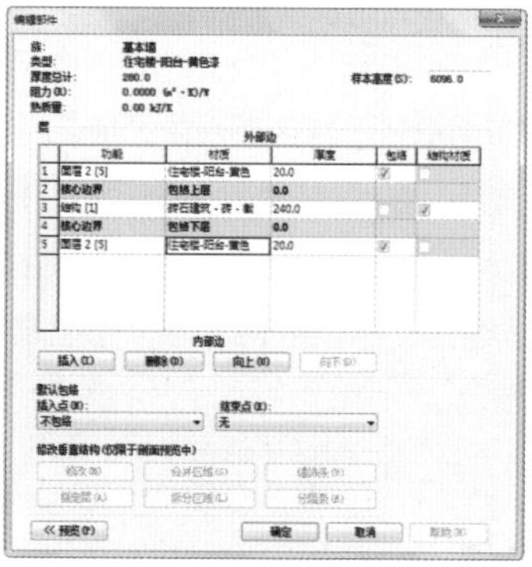

图 11-28 设置材质

单击"确定"按钮关闭【类型属性】对话框，在视图中显示阳台墙体的材质已显示为黄色漆，如图 11-29 所示。选择阳台地面，单击"属性"选项板上的"类型属性"按钮，进入【类型属性】对话框。在其中显示墙体类型为"住宅楼-100mm-阳台"，如图 11-30 所示。

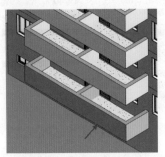

图 11-29　更改墙体材质

图 11-30　【类型属性】对话框

单击"结构"选项后的"编辑"按钮，进入【编辑部件】对话框。在对话框中显示有三个层，分别为"1.核心边界""2.结构[1]""3.核心边界"。单击"插入"按钮，插入两个新的结构层，将结构层的功能名称修改为"面层2[5]"。单击"向上"按钮，调整"面层2[5]"的位置。使层的排列顺序为，"1.面层2[5]""2.核心边界""3.结构[1]""4.核心边界""5.面层2[5]"。

单击"1.面层2[5]"中材质选项内的矩形按钮，进入【材质浏览器】对话框。在"项目材质"列表中选择"砖"，在材质列表中选择"砖石建筑-多孔砖"，如图 11-31 所示。复制一个该材质的副本，将副本名称命名为"住宅楼-阳台地面-多孔砖"，如图 11-32所示。

图 11-31　选择材质

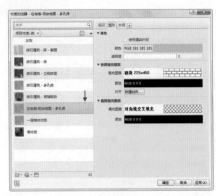

图 11-32　设置材质名称

在对话框右侧单击"表面填充图案"选项组下的"填充图案"按钮，进入【填充样式】对话框，选择"模型"填充图案，在列表中选择名称为"人字形100×200"的材质，如图 11-33 所示。

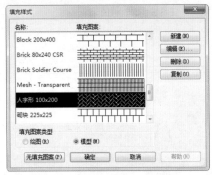

图 11-33　【填充样式】对话框

单击"确定"按钮返回【材质浏览器】对话框，此时"填充图案"中的图案样式已发生改变，显示为"人字形 100×200"，如图 11-34 所示。单击"确定"按钮关闭对话框。

图 11-34　更改图案样式

在【编辑部件】对话框中保持"5.面层2[5]"材质类型不变，如图 11-35所示。依次单击"确定"按钮，分别关闭【编辑部件】对话框以及【类型属性】对话框。阳台地面材质的更改结果如图 11-36所示。

图 11-35 【编辑部件】对话框

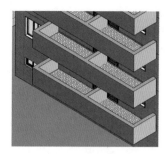

图 11-36 修改地面材质

11.1.4 添加人、植物、环境

在场景里添加环境对象，可以使得场景更趋近于与现实环境一致，渲染效果更逼真。现实环境里包含各种元素，如人、车、植物、各类标示等，Revit 的族库里包含了各种样式的环境族文件，例如植物、人等，还包括室内画面环境、家具等。

选择"插入"选项卡，在"从库中载入"面板上单击"载入族"按钮，如图 11-37 所示。调出【载入族】对话框，在其中选择植物，如图 11- 38 所示。

图 11-37 单击"载入族"按钮

图 11-38 【载入族】对话框

单击"打开"按钮，可以将植物图元载入当前视图中。选择"建筑"选项卡，在"构建"面板上单击"构件"按钮，在列表中选择"放置构件"选项，如图 11-39 所示。在绘图区域中单击鼠标左键，完成在视图中放置植物或者环境对象，如图 11-40 所示。

图 11-39 选择"放置构件"选项

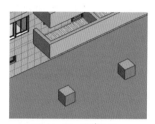

图 11-40 放置构件

> **提示**
>
> RPC 族为 Revit 中一个特殊构件类型族，其全称是"Rich Photorealistic Content"。通过指定不同的 RPC 渲染外观，可以得到不同的渲染效果。但是 RPC 族仅在渲染的时候才能显示真实的对象样式，在三维视图中，RPC 族都仅以简单的模型来替代，以提高系统的运算速度。

在"属性"选项板中显示了当前构件的信息，如标高、偏移量等，如图 11-41 所示。在"属性"选项板中单击名称按钮，调出类型列表，在其中显示各类植物对象，如图 11-42 所示。单击选择其中的一种，可以将其布置在视图中。

图 11-41 "属性"选项板

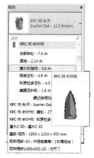

图 11-42 类型列表

11.1.5 贴花

通过创建贴花，可以使用它在建筑模型的表面上放置图像以进行渲染。每个在建筑模型中使用的图像，均需要独立创建一种贴花类型。贴花的样式可以是标志、绘画或者广告牌等，可将贴花放置在水平面或者柱形面上，设置其亮度、反射率、透明度、饰面类型等参数来控制其显示样式。

选择"插入"选项卡，单击"链接"面板上的"贴花"按钮，在列表中选择"贴花类型"选项，如图 11-43 所示。调出【贴花类型】对话框。在对话框的左下角单击"新建贴花"按钮，调出【新贴花】对话框，在其中输入贴花名称，单击"确定"按钮关闭对话框。

图 11-43 选择"贴花类型"选项

在"设置"选项组下单击"源"选项后的矩形按钮，调出【选择文件】对话框，在其中选择图像文件，单击"打开"按钮返回【贴花类型】对话框。在其中更改"亮度"及"反射率"等参数，如图 11-44 所示。单击"确定"按钮关闭对话框，完成设置贴花类型的操作。

图 11-44 【贴花类型】对话框

在"贴花"列表下选择"放置贴花"选项，在墙面上单击鼠标左键可以在该位置放置贴花。同时在"属性"选项板中显示贴花类型参数，在"尺寸标注"选项组下显示了贴花图像的大小，如图 11-45 所示。选择"固定宽高比"选项，则在修改"宽度"或者"高度"其中一个选项时，另一选项的参数也实时发生变化。取消选择该项，则可单独设置宽度或者高度的大小。

图 11-45 "属性"选项板

在未进行渲染操作前，贴花显示为一个矩形符号，并在矩形内显示了相互交叉的对角线，如图 11-46 所示。详细的贴花需要等到模型执行渲染操作后方能显示。

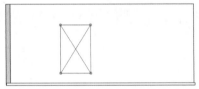

图 11-46 放置贴花

在"修改/贴花"选项栏中也可修改贴花的"宽度"值与"高度"值，单击"重设"按钮，可撤销之前的操作，重新设置贴花参数值。

> **提示**
> 取消选择"固定宽高比"选项后，激活轮廓线的某个夹点，拖曳鼠标，可以调整轮廓线的大小。

11.1.6 创建照明设备

渲染建筑模型时用到两种不同类型的光，一种是日光，另一种是人造灯光。使用人造灯光时，需要将照明设备载入当前视图中，通过设置参数来规划灯光的视觉效果。

Revit 准备了照明设备族，如天花板灯、壁灯、外部照明等，可以直接载入这些族文件，也可用这些族用作自定义照明设备的基础来创建或者编辑照明设备。

在软件界面上单击菜单浏览器按钮，在调出的列表中选择"新建"|"族"选项，如图 11-47 所示。调出【新族－选择样板文件】对话框，在其中为创建照明设备类型来选择合适的样板文件，如图 11-48 所示。

图 11-47　选项列表

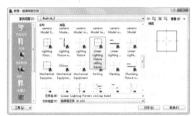

图 11-48　【新族－选择样板文件】对话框

单击"打开"按钮，Revit打开族编辑器。在样板中设定好了参照平面及光源。如在【新族－选择样板文件】对话框选择了基于天花板的照明设备，则在样板中包含了作为照明设备主体的天花板，如图 11-49所示。选择天花板中间的照明设备，在"修改|光源"选项卡中单击"照明"面板上的"光源定义"按钮，如图 11-50所示，进入编辑光源的模式。

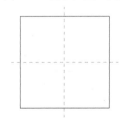

图 11-49　基于天花板的照明设备样板

11.1.7　编辑照明设备

创建并定义照明设备后，还可对其属性参数执行修改操作。在"项目浏览器"中单击展开"族"选项前的"+"，在列表中选择"照明设备"，在其列表中选择照明设备，如吸顶灯，单击鼠标右键，在弹出的菜单中选择"编辑"选项，如图 11-53 所示。

图 11-50　单击"光源定义"按钮

在【光源定义】对话框中，提供了光源发光形状的种类，如点、线、矩形、圆形。还可设置光线分布的填充图案，如球形、半球形、聚光灯、光域网，如图 11-51 所示。单击图标以完成设置，单击"确定"按钮关闭对话框。单击"族属性"面板中的"类型"按钮，调出【族类型】对话框，在其中可以设置照明设备的参数值，如图 11-52 所示。单击"确定"按钮关闭对话框。

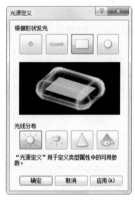

图 11-51　【光源定义】对话框

图 11-52　【族类型】对话框

执行"另存为"操作，将当前照明设置保存为族文件，方便以后调用。

图 11-53　项目浏览器

系统转换至照明设备三维视图，天花板及照明设备均以三维样式来显示，如图 11-54 所示。选择照明设备，转换至"修改 | 光源"选项卡，单击"光源定义"按钮，在【光源定义】对话框中重新定义光源的发光形状及光线分布样式。或者单击"族类型"按钮，在【族类型】对话框中光源参数，如照明、负荷、光域等参数。

选择天花板，单击"属性"选项板中的"类型属性"按钮，进入【类型属性】对话框，在其中可以编辑天花板的属性，如定义材质，设置粗糙度、吸收率的参数值等。

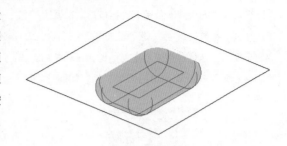

图 11-54 三维视图

提示

在"属性"选项板中单击"光源定义"选项后的"编辑"按钮，同样可以调出【光源定义】对话框。

11.1.8 添加照明设备

将照明设备添加到建筑模型中，在渲染模型时才能借助光源来显示模型的材质。选择"插入"选项卡，单击"从库中载入"面板上的"载入族"按钮，调出【载入族】对话框。在对话框中选择需要载入的照明设备文件，如图 11-55所示，单击"打开"按钮，可以将选中的设备载入至当前视图中。

图 11-55 【载入族】对话框

选择"建筑"选项卡，单击"构建"面板上的"构件"按钮，在列表中选择"放置构件"选项，在视图中点取照明设备的放置点，放置落地灯的结果如图 11-56所示。

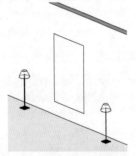

图 11-56 放置照明设备

选择落地灯，在"属性"选项板中该照明设备的基本信息，单击"编辑类型"按钮，进入【编辑类型】

对话框。在对话框中显示落地灯的属性参数，如"材质和装饰""电气""尺寸标注"以及"光域"参数，如图 11-57 所示，通过编辑参数，可以调整照明设备光线的显示样式。

图 11-57 【编辑类型】对话框

在"项目浏览器"中单击展开"照明设备"选项，在列表中显示了当前所有已载入的照明设备，如图 11-58所示。在类型名称（如古典壁灯）上单击鼠标右键，通过执行鼠标右键菜单中的命令可以编辑该族类型，在设备名称（如"40瓦白炽灯"）上单击鼠标右键，可以对该设备执行编辑操作。

图 11-58 项目浏览器

提示

假如要放置天花板的照明设备，必须首先创建天花板。

11.1.9　渲染设置

Revit 可以对三维图像执行渲染操作，在渲染操作前，应设置渲染参数，如灯光、图像质量、分辨率等。了解各类渲染参数的作用，可以得到较好的渲染效果。

在视图栏上单击"显示渲染对话框"按钮 ，如图 11-59 所示，调出如图 11-60 所示的【渲染】对话框。选择"区域"选项，在视图上会显示红色的区域边界。单击选中边界，可显示蓝色的圆形夹点，激活夹点，拖曳鼠标，调整渲染范围。渲染范围的大小影响渲染速度，范围越大，速度越慢。

图 11-59　视图栏

图 11-60　【渲染】对话框

在"引擎"选项里选择渲染引擎，系统默认选择"NVIDIA mental ray"，可以在列表中选择"Autodesk 光线跟踪器"。在"质量"选项内设置图像的渲染质量，有：绘图、低、中、高、最佳、自定义（视图专用）几类可供选择。往下图像等级越高，需要的 CPU 数量和频率越高。用户应该根据不同的阶段选择不同的图像质量，可以提高渲染速度。

在质量"设置"选项中选择"编辑"选项，调出如图 11-61 所示的【渲染质量设置】对话框。在其中可以设置图像的精确度、反射及折射数目值。数值越大，图像越精致，越趋于真实，但是相应的也需要占用较大的计算机内存及较长的渲染时间。

图 11-61　【渲染质量设置】对话框

在"输出设置"选项组中设置图像的分辨率。系统默认选择"屏幕"方式，选择"打印机"方式，可以得到更高的分辨率，图像更清晰。

照明"方案"选项提供了多种照明方案，分为室内与室外两类。

选择照明方案为"日光"，需要为渲染图像设置新的日光和阴影设置。单击"日光设置"选项后的矩形按钮，调出如图 11-62 所示的【日光设置】对话框，在其中设置日光的方位角、仰角以及地平面的标高等参数。

图 11-62　【日光设置】对话框

选择照明方案为人造光，单击"人造灯光"按钮，调出如图 11-63 所示的【人造灯光】对话框。在其中可以创建灯组并且将照明设备添加到灯光组中去，还可以打开或关闭灯光组，或者打开或者关闭照明设备。

图 11-63　【人造灯光】对话框

背景"样式"选项列表中提供了渲染模型的背景图片或者颜色，分为三类：天空、颜色、图像。其中天空有可细分为几种情况，如无云、非常少的云、少云、多云、非常多的云。选择"颜色"选项，在"样式"选项下显示颜色按钮，显示当前的颜色种类，单击按钮，调出【选择颜色】对话框，在其中更改颜色种类。

选择"图像"按钮，调出【背景图像】对话框。从电脑中导入图像，在对话框中调整尺寸后，将其应用于模型背景。在选择背景为天空的情况下，可以通过调整"模糊度"选项上的滑块位置来设置天空的样式。

单击"调整曝光"按钮，调出如图 11-64 所示的【曝光控制】对话框，调整滑块的位置，或者在文本框中输入参数来改善渲染后图像的质量。

单击【渲染】对话框左上角的"渲染"按钮开始渲染图像的操作。单击"保存到项目中"按钮，调出【保存到项目中】对话框，设置文件名称及存储路径，单击"确定"按钮完成保存操作。

单击"导出"按钮，可将渲染后得到的图像保存

到项目浏览器或者导出到电脑中保存。选择一种文件格式对图像执行保存操作，最常见的是使用 JPG 格式。

单击"显示渲染"按钮，可以在渲染出来的图片和模型视图之间切换。

图 11-64 【曝光控制】对话框

11.2 漫游

为视图创建漫游，可以沿着漫游路径动态地显示建筑物的整体或者细节。漫游路径经用户自定义，可以沿着指定的路径来观察建筑物。本节介绍使用漫游工具观察建筑物的方式。

11.2.1 创建漫游路径

启用"漫游"工具，可以用来创建模型的动画三维漫游。可将漫游导出为"AVI"文件或者图像文件。将漫游导出为图像文件时，漫游的每个帧都会保存为单个文件，可以导出所有帧或者一定范围的帧。

选择"视图"选项卡，单击"创建"面板上的"三维视图"按钮，在列表中选择"漫游"选项，启用"漫游"工具。在如图 11-65所示的"修改|漫游"选项栏上选择"透视图"选项，漫游可创建为三维透视图。在"偏移"选项中设置高度值，并在"自"选项中选择标高，可以控制相机的高度。通过设置漫游路径上不同帧的相机高度，可以得到相机上升或者下降的漫游图像。

图 11-65 "修改|漫游"选项栏

在绘图区中单击鼠标左键以放置关键帧，移动鼠标，继续单击鼠标左键，可再放置另一个关键帧。在绘制路径的过程中不能对关键帧执行修改操作，必须等到绘制完毕后，进入编辑模式，方可对关键帧执行编辑修改操作。

在"漫游"面板上单击"完成漫游"按钮或者按下两次 <Esc> 键，退出命令，创建路径的结果如图 11-66 所示。同时，系统在"项目浏览器"中创建了漫游视图，并自命名为"漫游 1"，如图 11-67 所示。

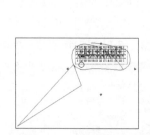

图 11-66 创建漫游路径　图 11-67 创建漫游视图

在"漫游 1"视图名称上双击鼠标左键，转换至漫游视图，如图 11-68所示。选择视图边框，显示蓝色圆形夹点，激活夹点并拖曳鼠标，可以调整视图范

围。单击"漫游"面板上的"编辑漫游"按钮，转换至"编辑漫游"选项卡，如图 11-69 所示，单击其中的"播放"按钮，可以沿着放置的漫游路径来观察建筑物。

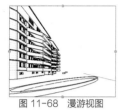

图 11-68　漫游视图

图 11-69　"漫游"面板

在视口边框内，镜头按照所设定的路径，一帧一帧的播放，如图 11-70 所示，同时"修改 | 相机"选项栏中的"帧"选项栏中的数值同步发生变化，与当前帧相对应。

图 11-70　播放帧

转换至平面视图中，在"项目浏览器"中选择"漫游 1"视图，在视图名称上单击鼠标右键，在菜单中选择"显示相机"选项，可以在平面视图中显示相机及漫游路径以及关键帧的位置，如图 11-71 所示。在"修改 | 相机"选项栏上单击"控制"选项，选择"控制"选项，可以使关键帧显示为路径上的控制点，通过调整关键帧的位置来调整路径。选择"添加关键帧"选项或者"删除关键帧"选项，可以添加或者删除关键帧。

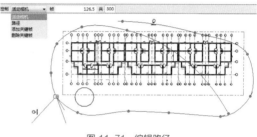

图 11-71　编辑路径

11.2.2　编辑漫游帧

转换至漫游视图，单击"修改 | 相机"选项栏上按钮共 300，调出如图 11-72 所示的【漫游帧】对话框。

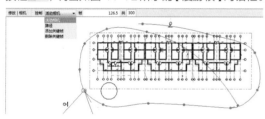

图 11-72　【漫游帧】对话框

"关键帧"表列：显示了漫游路径中关键帧的总数，从上到下递增显示关键帧的编号。

"帧"表列：显示了关键帧的帧，在播放漫游路径时，帧的数目在"控制"栏中递增，一直递增与总帧数（如 300）数目相同，漫游播放停止。

"加速器"表列：显示控制数字，通过修改数字，可以控制特定关键帧漫游播放的速度。

"已用时间"表列：显示了从第一个关键帧开始的已用时间。

通常情况下，漫游播放的速度是匀速的，通过增加帧总数或者减少帧总数来调节播放速度。取消选择"匀速"选项，"加速器"表列亮显，这时可以在列表中为所需的关键帧输入值，有效值在"0.1~10"之间。

11.2.3　控制漫游播放

在播放漫游路径时，通过使用"编辑漫游"面板上的工具，如图 11-73 所示，可以控制漫游播放的节奏。

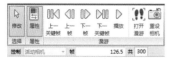

图 11-73　"编辑漫游"面板

"上一关键帧"工具：在播放的过程中，启用该工具，可以将相机的位置往回移动一关键帧。

"上一帧"工具：启用该工具，可以将相机的位置往回移动一帧。

"下一帧"工具：启用该工具，可将相机的位置往前移动一帧。

"下一关键帧"工具▷|：启用该工具，可将相机的位置往前移动一关键帧。

"播放"工具▷：启用该工具，可将相机从当前帧移动至最后一帧。

在播放的过程中要停止播放，按下 <Esc> 键，系统调出如图 11-74 所示的提示对话框，单击"是"按钮，关闭对话框并退出播放。

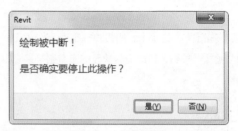

图 11-74 提示对话框

11.3 日光研究

通过创建日光研究，可以计算自然光或者阴影对建筑和场地的影响。创建室外日光研究，可以显示来自地形和周围建筑的阴影是如何影响场地的。创建室内日光研究，可以显示在一天中的特定时间或者一年中的特定时间里自然光进入建筑的位置。

11.3.1 创建日光研究视图

在研究日光、灯光或者阴影对项目产生的影响之前，需要创建模型的三维视图，在二维视图上是无法表现项目在日光下的阴影效果的。

因此，为了更好地进行日光研究，可以在三维平面视图、剖面视图作为研究基础。

在"项目浏览器"上选择三维视图，单击鼠标右键，选择"复制视图"|"带细节复制"选项，此时可以在目标三维视图下方显示该视图的副本。在视图副本名称上单击鼠标右键，在鼠标右键菜单中选择"重命名"选项，调出【重命名视图】对话框，输入视图名称，如"日光研究视图"，单击"确定"按钮，关闭对话框，完成创建及重命名日光视图的操作，如图 11-75所示。

图 11-76 "属性"选项板

"项目北"的含义被描述为，指绘图时视图的顶部，相对应的绘图的底部就是项目南。在绘图区中所定义的南北朝向与实际的项目方向没有联系，仅是提供一个制图方向而已，不要误以为制图中的方位即是实际的项目方位。

"正北"的含义被描述为，项目的实际方向，即真实的地理方向。

图 11-75 项目浏览器

在视图栏上单击"视觉样式"按钮，在列表中选择"隐藏线"选项，修改视图的显示样式，方便进行日光研究。

转换至任一平面视图，在"属性"选项板中选择"方向"选项，可以发现在选项列表中提供了两种视图方向，一种是"项目北"，另一种是"正北"，如图 11-76 所示。

选择"管理"选项卡，单击"项目位置"面板上的"位置"按，在调出的列表中选择"旋转正北"选项，如图 11-77所示。同时在如图 11-78所示的"从项目到正北方向的角度"选项中输入一个角度值，如"30"，模型可以在视图中旋转到指定的角度。

图 11-77　选择"旋转正北"选项　　　　　图 11-78　设置旋转角度

提示

单击"地点"按钮，可以重新定义旋转中心点。

11.3.2　创建静止日光研究

静止日光指某个项目地点在某一时刻的阴影样式，如项目地点为"武汉，中国"、日期为"7 月 13 日"、时间为"12：26"的阴影样式。

转换至日光研究视图，选择"视图"选项卡，单击"图形"面板右下角的"图形显示选项"按钮，如图 11-79 所示，调出【图形显示选项】对话框。在对话框中单击展开"阴影"选项卡、"照明"选项卡、"背景"选项卡，如图 11-80 所示。

图 11-79　"图形"面板

图 11-80　【图形显示选项】对话框

调整"日光"选项、"环境光"选项上滑块的位置，调节日光及环境光的数量。向左/向右滑动"阴影"选项上的滑块，可以调整阴影的暗度。也可以直接在选项后输入数值来进行精确控制。

在"背景"选项中提供了三种背景样式。选择"天空"选项，显示"地面颜色"选项，通过单击选项调出【选择颜色】对话框来设置地面颜色。

勾选"投射阴影"及"显示环境光阴影"选项，与单击视图栏上"打开阴影"工具按钮的效果一致，还可以在设置参数的同时测试阴影效果。

选择"渐变"选项，需要设置"天空颜色""地

平线颜色"以及"地面颜色"。选择"图像"选项，单击"自定义图像"按钮，在【背景图像】对话框中选择背景图片。

单击"日光设置"选项后的按钮，调出【日光设置】对话框。在"日光研究"选项组下选择"静止"选项，以设置静止日光研究。在"预设"列表中选择默认的日光设置，如"夏至"，单击列表下方的"复制"按钮，调出【名称】对话框，输入新的设置名称，单击"确定"按钮返回对话框，创建新的日光和阴影设置方案如图 11-81 所示。

图 11-81　【日光设置】对话框

单击"地点"选项后的矩形按钮，调出【位置、气候和场地】对话框，在"项目"选项中设置当前项目的位置，如图 11-82 所示。单击"日期"选项后的按钮，调出日期列表，在其中设置年月日，单击列表底部的"今天"选项，可以将日期设置为当前时间，如图 11-83 所示。

图 11-82　【位置、气候和场地】对话框

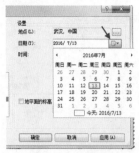

图 11-83　日期列表

选择“地面标高”选项，在列表中选择标高后，Revit 可以在二维和三维着色视图中指定的标高上投射阴影。取消选择该项，Revit 会在地形表面上投射阴影。

单击“应用”按钮，可以将日光及阴影设置应用到当前视图中去，如图 11-84 所示。

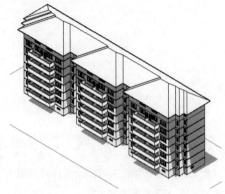

图 11-84　显示阴影

提示

在视图栏上将“打开阴影”选项设置为开启状态时，会影响软件的运行速度，因此在不需要显示阴影时可以将“打开阴影”选项关闭。

11.3.3　创建一天日光研究

一天日光研究可以显示在某一天内已定义的时间范围内项目位置处阴影的移动。例如，可以追踪 7 月 13 日 12：00~17：00 的阴影。可以设置不同的地理位置，以观察项目在不同位置的阴影情况。

在【日光设置】对话框中的“日光研究”选项组下选择“一天”选项，在“预设”列表中选择“一天日光研究 - 武汉，中国”选项，单击“复制”按钮，在【名称】对话框中设置新名称，如“一天 日光研究 - 上海，中国”，单击“确定”按钮，创建新的日光和阴影设置方案，如图 11-85 所示。

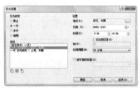

图 11-85　日光及阴影设置方案

在“地点”与“日期”选项中更改地点及日期。选择“日出到日落”选项，系统自定义在“时间”选项中设置时间范围。取消选择该项，可以手动设置开始时间及停止时间。

设置“时间间隔”类型，范围从“15分钟~一个小时”，表示动画中每幅图像之间的间隔时间。系统会根据不同的时间间隔类型，更改“帧”选项中的数值，该数值显示日光研究动画将包含的单独图像的数量。

单击“确定”按钮，关闭对话框完成参数设置。

单击视图栏上的“关闭日光路径”按钮，在调出的列表中选择“打开日光路径”选项，如图 11-86 所示，可以预览项目的日光路径。选择“日光研究预览”选项，调出如图 11-87所示的选项栏，单击最后的播放按钮，可以播放动画，如图 11-88所示。

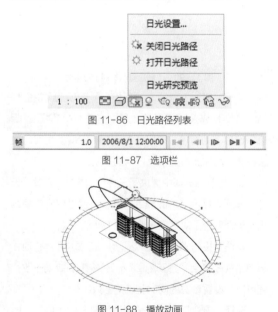

图 11-86　日光路径列表

图 11-87　选项栏

图 11-88　播放动画

11.3.4　创建多天日光研究

创建多天日光研究，可以显示在已定义的天数范围内某个特定时间内项目位置的阴影效果，如可以观察武汉从 8 月 1 日~8 月 31 日期间每天 12：00~13：00 的阴影样式。

在【日光设置】对话框中的"日光研究"选项组下选择"多天"选项，在"预设"列表中显示了当前的日光及阴影设置方案。在"日期"和"时间"选项中设置参数，设置"时间间隔"为一天，在"帧"选项中显示单独图像数量为"31"，如图 11-89 所示。

单击"确定"按钮关闭对话框，完成创建多天日光研究的操作。调出"日光研究预览"选项栏，单击"播放"按钮，播放动画以观察阴影的移动变化效果。

图 11-89　设置方案

单击软件界面左上角的应用程序按钮，在列表中选择"导出" | "图像和动画" | "日光研究"选项，如图 11-90 所示，调出【长度 / 格式】对话框。在"输出长度"选项组下选择"全部帧"选项，设置"视觉样式"为"带边框着色"，也可在列表中选择其他类型的视觉样式，选择"包含时间和日期戳"选项，如图 11-91 所示。单击"确定"按钮，在【导出动画日光研究】对话框中设置文件名称及保存路径，单击"保存"按钮，可以导出日光研究动画。

图 11-90　选项列表

图 11-91　【长度 / 格式】对话框

第12章
族的概述与协同设计

　　Revit 为用户提供了种类丰富的族文件，通过将这些族文件载入到视图中，能满足各类设计需要。在族编辑器中可编辑修改各族的属性，本章将介绍族的相关知识。

12.1　什么是族

族是 Revit 中的一个概念，每个族图元能够在其内定义多种类型，每种类型可以具有不同的尺寸、形状、材质设置或者其他参数设置。用于构成建筑模型的结构构件、墙、屋顶、门窗，以及用来记录模型的详图索引、装置、标记和详图构件都是使用族来创建的。

族是一个图元组，由包含通用属性（或称为参数）集和相关的图形表示组成。同属一个族的不同图元可能有不同的参数值，但是参数（指名称和含义）的集合是相同的。族的这些变体称为族类型或者类型。如族名称为"基本墙"，在其中又包含不同类型的图元，如内墙、外墙、砖墙等，如图 12-1所示。各类型的属性不同，但是都有一个共同的族名称，即"基本墙"。

宅楼 -F1-240mm- 内墙"的参数时，仅影响到"内墙"本身。但是修改族类型参数的话，使用该类型创建的所有图元实例都会被影响。

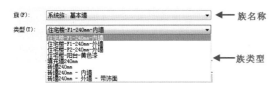

图 12-1　"族"与"族类型"

在使用特定族或者族类型创建图元时，可创建该图元的一个实例。每个类型图元都有自己的属性，如图 12-2 所示，修改属性参数时，仅影响图元本身，不会影响族类型参数。如在"属性"选项板修改"住

图 12-2　"属性"选项板

12.2　族的种类

族有三种类型，即：系统族、标准构件（构件）族、内建族，本节介绍族的种类。

12.2.1　系统族

墙、屋顶、天花板、楼板和其他要在施工场地使用的图元属于系统族，系统族可以用来创建基本的建筑图元。此外，包含标高、轴网、图纸和视口类型，并能影响项目环境的系统设置也属于系统族。

系统族在 Revit 中预定义，不从外部载入，也不能将其另存到项目之外的位置。通过复制现有的族类型，并修改族类型的属性参数，可以创建一个新的族类型。

若要在项目中添加阳台墙体，但是基本墙族类型没有符合条件的墙类型，此时可以复制一个墙类型，修改其名称，更改其属性参数，可以得到有新的尺寸或材质的墙类型。

系统族不需要对新几何图形执行建模操作。因为系统族是预定义的，因此自定义内容很少，但是却包含了很多智能行为。如在绘制墙体时，系统会弹出对话框，显示当前处理墙体的最佳方式，当用户选择处理方式后，系统会自动按照所选的方式修改墙体，不需要用户再手动更改。

在墙体上插入门窗图元时，墙体会根据门窗的宽度来自动开剪切洞口，以适应放置门窗的大小。

12.2.2 标准构件（构件）族

标准构件族包括建筑构件以及注释图元。其中，建筑构件包括可以提供在建筑内和建筑周围安装的建筑构件，例如门窗、装置、家具、植物等。注释图元包括符号和标题栏。

构件族具有大量可以自定义的参数，所以被频繁的创建与修改。构建族在外部.rfa文件中创建，可以导入或者载入到项目中去。在构件族包含多种类型的情况下，可以创建和使用类型目录，方便载入项目所需要的类型。

以下介绍创建标准构件族的步骤：

（1）使用族样板文件创建一个新族文件，文件格式为.rfa。

（2）定义族的子类别，以方便控制族几何图形的可见性。

（3）创建族的构架或者框架，方式如下：

  1）定义族的插入点。

  2）设置参照平面和参照线的布局，以方便绘制构件几何图形。

  3）添加尺寸标注以指定参数化关系。

  4）标记尺寸标注，以创建类型/实例参数。

  5）测试或者调整框架。

（4）指定不同的参数，以定义族类型的变化。

（5）在实心或者空心中添加单标高几何图形，并且将该几何图形约束到参照平面。

（6）调整新模型（指类型和主体），以方便确认构件的行为是否正确。

（7）重复上述步骤，直到完成族几何图形的创建。

包含许多类型的大型族，应该创建类型目录，以方便查找。在 Revit 中包含内容库，通过该库来访问软件提供的构件族和保存创建的构件族。还可以在其他构件族中载入构件族实例以创建新的族，形成嵌套构件族。

12.2.3 内建族

内建族指专门为当前项目所创建的专有的族，仅能在当前项目中创建，以方便它可以参照项目的其他几何图形，并且使其在所参照的几何图形发生变化时进行相应的大小调整或其他调整。常见的内建族类型有斜墙，不常见的几何图形，例如非标准屋顶、特殊家具等。

内建族既不能从外部文件载入，也不能保存到外部文件，是在当前项目的环境中创建，不能在其他项目中使用。内建族可以是二维或者三维对象，也可将它们包含在明细表中。因为仅在一个项目中使用，因此不能创建多种类型的内建系统族。

内建族的创建方法请参考构件族的创建方法。假如在一个项目中创建了过多的内建族，会加大项目文件容量，并相应地降低系统的性能。

12.3 系统族

系统族的类型多样，在"项目浏览器"中显示了各类系统族的名称及其子类别，单击展开族类型列表，可以查看并编辑其中的图元。

12.3.1 查看项目或样板中的系统族

首先打开项目或者样板文件，在"项目浏览器"中选择"族"，单击名称前的"+"展开列表，显示了各种样式的族类型，如"卫浴装置""场地""坡道"等，如图 12-3 所示。单击族类型名称前的"+"，在展开的列表中显示了族类型中所包含的图元。如在"卫浴装置"族类型下包含了厕所隔断、台盆、坐式大便器等图元，如图 12-4 所示。

在图元名称上单击鼠标右键，调出鼠标右键菜单，选择菜单上的选项，可以对图元执行复制、重命名、删除等操作。

图 12-3　系统族　　　　图 12-4　系统族类型

12.3.2　查看项目中使用系统族类型的图元

打开项目视图，在"项目浏览器"中单击展开"族"列表。在列表中的任一族类型名称上单击鼠标右键，如在"住宅楼-F1-240mm-内墙"上单击鼠标右键，在菜单中选择"选择全部实例"|"在视图中可见"选项，如图 12-5所示，那么在当前视图中使用该族类型的图元会高亮显示。选择了"住宅楼-F1-240mm-内墙"图元后，内墙以蓝色的填充样式显示，如图 12-6所示。

图 12-5　右键菜单　　　　图 12-6　高亮显示

> 提示
>
> 在当前项目视图中不包含任何使用该系统族类型的图元时，鼠标右键菜单中的"选择全部实例"选项不可用。

12.3.3　修改图元的系统族类型

在视图中选择图元，在"属性"选项板上单击"类型属性"按钮，进入【类型属性】对话框。在"族"选项中选择新的系统族，或者在"类型"选项中选择新的系统族类型，如图 12-7 所示，单击"确定"按钮关闭对话框，完成修改图元的操作。

图 12-7　【类型属性】对话框

选择图元，在"属性"选项板上单击图元名称选项，在弹出的列表中选择新的系统族类型，如图 12-8所示。可以更改选中图元的系统族类型。

图 12-8　选择【类型属性】对话框

在"项目浏览器"中单击展开包含要复制的系统族类型的类别和族，在族类型名称上单击鼠标右键，选择"复制"选项，如图 12-9所示。系统可以复制选中族类型的副本，并在名称后添加"2"以示区别，如图 12-10所示。

图 12-9　选择"复制"选项　　图 12-10　复制结果

转换至"项目浏览器"中，展开族，在族类型上单击鼠标右键，在菜单中选择"匹配"选项。此时光标右下角显示一个毛刷，在视图中单击需要与选定族类型相匹配的图元，可以更改图元的系统族类型，使其与匹配源相同。

12.3.4　复制系统族类型以创建新类型

选择复制得到在族类型，单击鼠标右键，选择"重命名"选项，在在位编辑框中输入新名称，按下回车键，完成重命名的操作。

在族类型上单击鼠标右键，选择"类型属性"选项，进入【类型属性】对话框。

在对话框中显示了该系统图的类型和族，在"类型参数"选项列表中显示了族类型的属性参数，如图12-11所示，修改参数，单击"确定"按钮关闭对话框，完成修改系统族类型的操作。

图 12-11　【类型属性】对话框

12.4　标准构件族

构件族是 Revit 中最长使用的族，常用于创建建筑构件和注释图元的族，具有高度的可自定义的特征。构建族在外部 .rfa 文件中创建，可以载入到项目中。

12.4.1　创建标准构件族的步骤

在创建标准构件族时，首先绘制族的几何图形，然后使用参数建立族构件之间的关系，再创建其包含的变体或者族类型，并确定在不同视图中的可见性和详细程度。创建族后，首先在示例项目中测试，然后再使用它在项目中创建图元。

Revit包含多种类型的标准构件族，如卫浴装置、场地、坡道等，如图 12-12所示。

创建标准构件族的步骤如下所述。

（1）使用相应的族样板文件创建一个新族文件，文件格式为 .rfa。

（2）定义族的子类别，这样有助于控制族几何图形的可见性。

（3）创建族的构架或者框架：

　　1）设置族的插入点。

　　2）设置参照平面和参照线的布局，有助于绘制构件几何图形。

图 12-12　标准构建组类型

3）添加尺寸标注以指定参数化关系。

4）标注尺寸标注，以创建类型 / 实例参数。

5）测试或调整构架。

（4）通过指定不同的参数来定义族类型的变化。

（5）在实心或者空心中添加单标高几何图形，并且将该几何图形约束到参照平面。

（6）调整新模型（类型和主体），以确认构件的行为是否正确。

重复执行上述操作，以完成族几何图形的创建。使用子类别和实体可见性设置指定二维和三维几何图形的显示特征。最后保存新定义的族，并将其载入到项目中进行测试。

在包含许多类型的大型族中，需要创建类型目录，以方便管理。

12.4.2　在视图中查看使用构件族类型的图元

在"项目浏览器"中单击展开构件族，如窗，在类型族名称上单击鼠标右键，选择"选择全部实例"|"在视图中可见"选项，视图中所有使用该族类型的图元都显示为蓝色，并且在屏幕的右下角显示选中的图元个数，如图 12-13 所示。

图 12-13　显示个数

转换至其他视图，使用该族类型的图元也都显示为蓝色。按下 <Esc> 键，退出选择状态。

12.4.3　Revit Web 内容库

在连接网络的情况下，可以到 Revit Web 内容库中去下载不同类型的构件族，在快速启动工具栏上单击"帮助"按钮右侧的向下箭头，在调出的列表中选择"其他资源"|"Revit Web 内容库"选项，如图 12-14 所示。

不仅如此，还可下载不同版本的 Revit Architecture 中的族。在载入这些族时，系统调出【模型升级】对话框，显示所载入的模型正在升级到当前的软件版本，提醒用户保存升级后的模型，如图 12-15 所示。

图 12-14　选项列表

图 12-15　【模型升级】对话框

提示

系统默认族库的位置为"C（默认盘符）:\Documents and Settings\AllUsers\Application Data\Autodesk\RAC2009\Imperial"或者"Metric Library"。

12.4.4 在项目间复制族类型

在 Revit 中可以将族类型从一个项目复制到另外一个项目中去。有两种在项目间复制族类型的方法，一种是在"项目浏览器"中复制族类型，另外一种是在绘图区域中复制图元。

每个族类型在项目中需要有唯一的名称，假如在执行复制族类型操作时，目标项目中有族类型名称与所复制的族类型名称相同，需要重命名项目中的族类型，才能执行复制操作。

在"项目浏览器"中选择需要复制的族类型，单击鼠标右键，选择"复制到剪切板"选项，如图12-16所示。接着打开目标项目，选择"修改"选项卡，单击"剪切板"面板上的"粘贴"按钮，如图12-17所示，可以将族类型粘贴至目标项目中。

在绘图区域中选择要复制的族类型，按下<Ctrl>+<C>组合键，将其复制到剪切板。打开目标项目，在绘图区域单击鼠标左键，按下<Ctrl>+<V>组合键，单击鼠标左键指定图元的位置，按下<Esc>键退出操作。

> **提示**
>
> 需要选择多个图元时，需要按住<Ctrl>键不放，依次单击图元。此外，单击"修改"选项中"剪切板"面板上的"粘贴"按钮，也可粘贴图元，与使用<Ctrl>+<V>组合键的效果相同。

图 12-16 右键菜单

图 12-17 "剪切板"面板

12.5 内建族

内建族是项目中创建的自定义族，不能通过复制类型来创建多种类型，这是其与系统族和标准构件族最大的不同之处。在项目中可以创建多个内建族，还可将同一内建族图元的多个副本放置在项目中。可复制到其他项目中，还可作为族载入到其他项目中。

12.5.1 创建内建族

选择"建筑"选项卡，单击"构建"面板上的"构件"按钮，在列表中选择"内建模型"选项，如图 12-18所示，调出【族类别和族参数】对话框。在"过滤器列表"选项中显示了建筑、结构、电气、机械等类型，选择不同的类型，则在下方列表中显示的族类别不同，如图 12-19 所示。

图 12-18 "构建"面板

图 12-19 【族类别和族参数】对话框

选择族类型，单击"确定"按钮，在【名称】对话框中设置族类型名称，如图 12-20 所示。单击"确定"按钮，进入编辑器选项卡，通过启用选项卡面板上的工具来创建内建族。单击"完成模型"按钮退出编辑，同时在"项目浏览器"中显示，如图 12-21 所示，并添加到该类别的明细表中，可以在该类别中控制该内建族的可见性。

图 12-20　【名称】对话框

图 12-21　项目浏览器

提示

虽然可以在项目中创建、复制及放置无限多个内建族，但是项目中包含多个内建族，会使得系统的运行速度降低，因此应慎重创建内建族。

12.5.2　复制内建族

打开包含将复制内建族的项目文件，在"项目浏览器"中选择待复制的内建族，单击鼠标右键，在菜单中选择"复制到剪切板"选项。打开目标视图，选择"修改"选项看，单击"剪切板"面板上的"粘贴"按钮，将图元粘贴到目标图元中。

执行粘贴操作后的图元处于选中状态，启用"修改"面板上的"复制""偏移""移动"等工具，可以对图元执行一系列编辑操作。在绘图区域中远离粘贴图元的位置单击鼠标左键，可以完成粘贴操作并退出操作。

12.5.3　将内建族作为组载入到项目中

在项目视图中选择内建族，进入"修改 | 墙（内建族名称）"选项卡，单击"创建"面板上的"创建组"按钮，如图 12-22 所示。调出【创建模型组】对话框，在其中设置内建族的名称，单击"确定"按钮，保存项目。打开目标项目视图，选择"插入"选项卡，单击"从库中载入"面板上的"作为组载入"按钮，如图 12-23 所示。

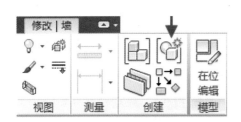

图 12-22　"创建"面板

图 12-23　"从库中载入"面板

打开【将文件作为组载入】对话框，在对话框中找到包含组的项目位置，在文件夹中选择项目文件，如图 12-24 所示，单击"打开"按钮，执行载入操作。

图 12-24 【将文件作为组载入】对话框

完成载入组后，在"项目浏览器"中单击展开"组"，在列表中单击展开"模型"，在列表中显示内建族文件，如图 12-25 所示。在内建族名称上单击鼠标右键，在右键菜单中选择"创建实例"选项，如图 12-26 所示。在绘图区域中单击鼠标左键以指定组的位置。

图 12-25 展开"组"列表

图 12-26 右键菜单

12.6 协同设计与互操作性

在 Revit 中通过使用中心文件、工作共享，允许用户同时访问与共享模型，通过工作共享或者使用链接模型能以团队的形式开展工作。

12.6.1 以团队的形式工作

使用工作共享项目的一般工作流程如下所述。

（1）选择要共享的项目。

工作共享项目是多个团队成员需要同时对其进行处理的项目。按照项目的不同布局，可以指定不同成员处理特定功能领域，如内部布局、家具布局等。

（2）启用工作共享

当启用工作共享时，Revit 可为项目创建中心文件。中心文件与项目数据库相类似，存储对项目所做的所有更改，并保存所有当前工作集和图元所有权信息。可以在创建中心文件之后，在中心文件的本地副本中开展所有的工作。所有用户都将需要在本地网络或者硬盘驱动器上保存中心文件的副本。

（3）设置工作集。

工作集是图元的集合，如墙、门、楼板或者楼梯。启用工作共享时，Revit 会创建几个默认的工作及，还可根据功能区域，如内部、外部或场地来创建工作集。

（4）开始工作共享。

团队成员将在本地网络或者硬盘驱动器上创建中心文件的副本，以方便开始使用工作共享。

> **提示**
> 工作集指图元的集合，例如墙、门、楼板或者楼梯。在一定的时间里，仅有一个用户可以编辑每个工作集。但是所有的小组成员都可以查看其他小组成员所拥有的工作集，但是不能执行修改操作。

12.6.2 启用工作共享

在启用工作共享之前，需要从现有模型创建主项目文件，又称为中心文件。打开要作为中心文件使用的 Revit 项目文件，选择"协作"选项卡，单击"管理协作"面板上的"工作集"按钮，如图 12-27 所示。调出如图 12-28 所示的【工作共享】对话框，单击"确定"按钮。

图 12-27 "管理协作"面板

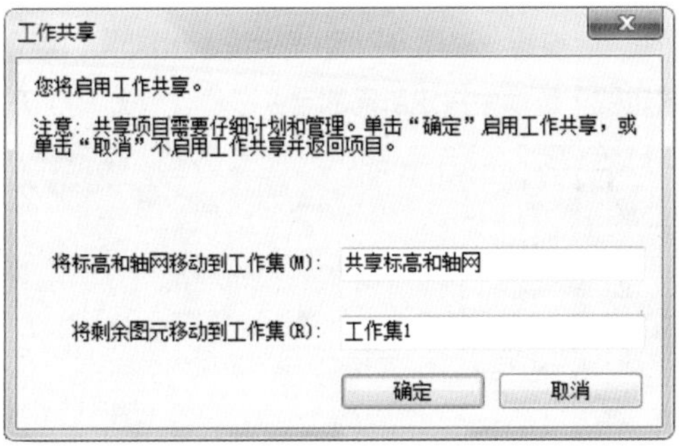

图 12-28 【工作共享】对话框

调出如图 12-29 所示的【工作集】对话框，单击"确定"按钮，创建工作集。单击软件界面左上角的"菜单浏览器"按钮，在列表中选择"另存为"|"项目"选项，如图 12-30 所示，将文件以项目形式保存。

图 12-30 菜单列表

在【另存为】对话框中设置文件名称以及保存路径，如图 12-31 所示，单击对话框右下角的"选项"按钮。调出【文件保存选项】对话框，选择"保存后将此作为中心模型"（系统默认选择，不可更改），在"打开默认工作集"选项中设置工作集属性，如图 12-32 所示，单击"确定"按钮关闭对话框。返回【另存为】对话框，单击"保存"按钮关闭对话框，完成启用工作共享的操作。

图 12-31 【另存为】对话框

图 12-32 【文件保存选项】对话框

图 12-29 【工作集】对话框

12.6.3　启用工作流程

启用工作共享后，可以让每一位小组成员同时对主项目文件（即中心文件）的本地副本执行修改操作。启用工作流程的步骤如下所述。

（1）创建中心文件的本地副本。

一般情况下，每天创建一个中心文件本地副本。创建中心文件的本地副本后，副本就是用户在其中工作的文件。

（2）打开并且编辑中心文件的本地副本，通过借用图元或者使用工作集可以执行编辑操作。

（3）将修改发布至中心文件，或者从中心文件获取最新的修改。

发布修改与中心文件同步，通过重新载入来自中心文件的上次执行的更新，不必与中心文件同步便可以更新中心文件的本地副本。在与中心文件同步时，中心文件本地副本也将随着其他小组成员保存到中心文件的最新修改而更新。

（4）非现场或者脱机操作。不需要连接到网络便可以进行修改操作，为非现场工作与远程访问中心文件的小组成员提供了便利。

12.6.4　链接 Revit 模型

可以在 Revit 中链接其他不同格式的文件，如其他类型的 Revit 文件（Revit Architecture、Revit Structure、Revit MEP），CAD 格式文件（如 DWG、DXF、DGN、SAT、SKP）以及 DWF 文件。

选择"插入"选项卡，单击"链接"面板上的"链接 Revit"按钮，如图 12-33 所示。调出如图 12-34 所示的【导入 / 链接 RVT】对话框，在其中选择模型，在"定位"选项中指定所需的定位选项，单击"打开"按钮即可。

图 12-33　"链接"面板　　　　　　　图 12-34　【导入 / 链接 RVT】对话框

使用链接模型的情况如下所述。

（1）场地或者校园上的独立建筑。

（2）由不同设计小组设计或者针对不同图纸集设计的建筑的若干部分。

（3）不同的规程，如建筑模型与结构模型之间的协调。

（4）城市住宅设计，在城市住宅之间的几何相互作用较小时。

（5）设计早期阶段的建筑重复层，其中增强的 Revit 模型性能（如快速修改传播）比完全的几何相互作用或完成细节更为重要。

12.6.5　导出

单击"菜单浏览器"按钮，在列表中选择"导出"|"CAD 格式"选项，在子菜单中显示了多种 CAD 格式，如图 12-35 所示。

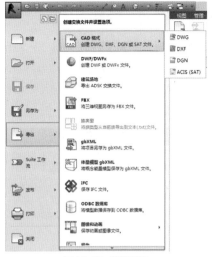

图 12-35　菜单列表

DWG（绘图格式）：DWG 是 AutoCAD 和其他 CAD 应用程序所支持的格式。在子菜单中选择"DWG"选项，调出如图 12-36 所示的【DWG 导出】对话框，显示将当前视图导出为 DWG 格式。

图 12-36　【DWG 导出】对话框

DXF（数据传输）：DXF 是一种许多 CAD 应用程序都支持的开放格式。DXF 文件是描述二维图形的文本文件。因为文本没有经过编码或者压缩，所以 DXF 文件通常很大。

DGN：受 Bentley Systems，Inc. 的 MicroStation 支持的文件格式。

ACIS（SAT）：是一种受许多 CAD 应用程序支持的实体建模技术。

在三维视图中执行"导出"操作，Revit 会导出实际的三维模型。在三维视图中导出将会忽略所有的视图设置，例如隐藏线模式。要导出三维模型的二维样式，可将三维视图添加到图纸并导出图纸视图。接着可以在 AutoCAD 中打开该视图的二维版本。

在 Revit 中完成项目的初步设计、布局和建模后，可以使用相关软件生成高端渲染效果并且添加最后的细节。

将 Revit 项目的三维视图导出为 FBX 文件，如图 12-37 所示，并将该文件导入到 3ds Max 中。接着在 3ds Max 中，可以为设计创建复杂的渲染效果。FBX 文件格式可以将渲染参数传递到 3ds Max 中，如三维视图的光、渲染外观、天空设置以及材质指定信息。在导出过程中保留上述信息，Revit Architecture 可以保持高保真度，并且可以减少 3ds Max 中的工作量。

图 12-37　【导出 3ds　Max（FBX）】对话框

Revit Architecture 可以将每个视图直接导出到光栅图像文件中，简化了软件由图纸生成找平的过程，这些图像可以用来打印或者布置在图纸中用来表现建筑设计。在"菜单浏览器"列表中选择"导出"|"图像和动画"|"图像"选项，调出如图 12-38 所示的【导出图像】对话框，设置参数，单击"确定"按钮，可以将视图导出。

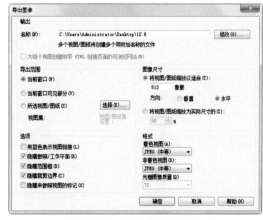

图 12-38　【导出图像】对话框

12.6.6 导入

选择"插入"选项卡，"链接"面板与"导入"面板提供了链接与导入图像的工具，如图 12-39 所示。打开项目，启用"链接 CAD"工具或者"导入 CAD"工具，支持导入文件的格式有 AutoCAD（DWG 和 DXF）、MicroStation（DGN）、SketchUp（SKP 和 DWG）和 ACIS（SAT）。Revit Architecture 支持导入圆锥体、B 样条曲面和 SmartSolid 以外的大多数 DGN 表面和实体。

图 12-39　"插入"选项卡

假如要对初始设计意图建模，或者对单个图元快速建模，可以先使用 SketchUp 开始创建，接着在 Revit Architecture 开进行细化设计。

假如要设计整个建筑体量，接着将真实的建筑图元与之相连，则可以在设计阶段使用 SketchUp，在细节计划阶段使用 Revit Architecture。

在 Revit Architecture 中适应 SketchUp 设计，可以直接将 SketchUp 文件导入到 Revit Architecture 中。使用 Revit Architecture 在项目外创建族或者在项目内创建内建族。将 SketchUp 文件导入到该族中。假如在项目外创建了族，需要将该族载入到项目中。

将光栅图像载入到 Revit 项目中，可以用作背景图像或者用作创建模型时所需的视觉辅助。在"导入"面板上单击"管理图像"按钮，调出【管理图像】对话框。单击"添加"按钮，在电脑中选择图片，接着单击"确定"按钮，关闭对话框，单击放置图像，完成导入操作。

AUTODESK
REVIT

第四篇   实战篇

第13章
办公楼建筑应用案例

　　本章以办公楼建筑为例，介绍在 Revit Architecture 中创建建筑项目的基本流程。通过前面章节的学习可以得知，创建流程大致是首先放置标高与轴网，然后创建墙体、门窗、楼板、屋顶等基本建筑构件。依建筑物种类的不同，所需要创建的图元样式也不相同。本章仅介绍一般的创建流程，希望用户在此基础上融会贯通，将方法应用到创建其他类型建筑项目上。

13.1 标高和轴网

在标高的基础上放置轴网,是 Revit 的制图特点,读者需要了解这一软件特性,免得在创建项目的过程中沿用 AutoCAD 中的操作流程。

本节介绍创建标高与放置轴网的操作方法。

13.1.1 放置标高

标高必须在立面面或者剖面图中放置,在打开 Revit Architecture 后,转换至南立面视图,在该视图中放置标高。

⭐01 在南立面视图中选择"建筑"选项卡,单击"基准"面板上的"标高"按钮,在绘图区域中单击鼠标左键,拾取标高点,向左移动鼠标,单击鼠标左键,可以完成放置标高的操作。

⭐02 确认此时仍为放置标高的状态,输入标高距离,指定标高点,放置标高的结果如图 13-1 所示。

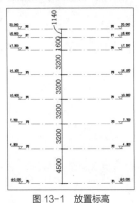

图 13-1 放置标高

⭐03 设定标高距离值为"900",在"F1"的下方创建"F9"标高。单击标高名称"F9",进入在位编辑模式,输入新名称为"室外地坪",按下回车键,系统调出 Revit 提示对话框,提醒用户是否希望重命名相应视图,选择"是"选项,修改视图名称的结果如图 13-2 所示。

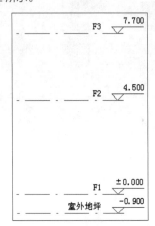

图 13-2 修改视图名称

提示

系统在设置标高值时是递增模式,但是可以根据需要修改标高名称。标高名称必须具有唯一性,否则在软件界面的右下角将会调出警示对话框,提醒用户所输入的名称已经在使用,必须要输入一个"唯一"的名称。

13.1.2 创建轴网

需要在平面视图中创建轴网,转换至 F1 视图,在其中放置轴网。

⭐01 选择"建筑"选项卡,单击"基准"面板上的"轴网"按钮,启用"轴网"工具。在绘图区域中单击鼠标左键,向上移动鼠标,再次单击鼠标左键以创建轴线。向右移动鼠标,输入轴线间距,单击鼠标左键指定轴线标号的位置,可以完成另一轴线的创建。

⭐02 还可以启用"修改"选项卡中的"复制"工具,指定复制距离来复制轴线。轴网的绘制结果如图 13-3 所示。

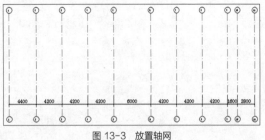

图 13-3 放置轴网

⭐03 继续启用"轴网"工具,放置水平方向上的轴网。

系统默认轴线标头以数字表示，在放置第一根水平方向上的轴线后，需要将其标头更改为字母，以方便后续创建的轴线在此基础上命名轴线标头。双击轴线标头，进入在位编辑模式，输入新编号"A"，按下回车键，修改结果如图 13-4 所示。

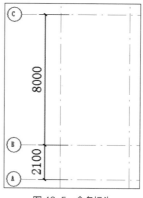

图 13-5　命名标头

⭐05　按成轴网的放置结果如图 13-6 所示。

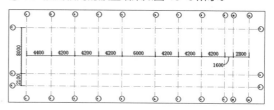

图 13-6　创建轴网

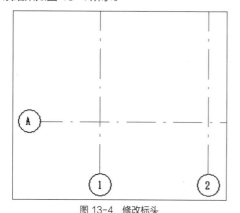

图 13-4　修改标头

⭐04　继续放置轴线，系统在 A 轴的基础上命名轴线标头，结果如图 13-5 所示。

13.2　创建墙体

启用"墙"工具，可以选择创建何种类型的墙体，例如建筑墙、结构墙、面墙等，这里选择"建筑墙"。首先定义墙体的属性，再执行放置墙体的操作，本节介绍创建墙体的操作流程。

13.2.1　绘制一层外墙

首先绘制外墙，再在外墙的基础上创建内部隔墙。

⭐01　选择"建筑"选项卡，单击"构建"面板上的"墙"按钮，在列表中选择"墙"选项，启用"墙"工具。在"属性"选项板中单击"类型属性"按钮，进入【类型属性】对话框。

⭐02　单击"复制"按钮，在【名称】对话框中设置新类型名称为"办公楼－外墙-240mm"，单击"确定"按钮关闭对话框，复制新类型如图 13-7 所示。

图 13-7　【类型属性】对话框

⭐03　单击"结构"选项后的"编辑"按钮，进入【编辑部件】对话框。在对话框中单击"插入"按钮，插入三个新的结构层。并分别将结构层的功能名称设置为"面层2[5]""衬底[2]""面层2[5]"。

⭐04　选择新创建的层，单击"向上"按钮调整其位置。分别将"面层2[5]"调整至第1行，将"衬底[2]"调整至第2行，将另一"面层2[5]"调整至第6行。

⭐05　单击第一行"面层2[5]"中的材质按钮，进入【材质浏览器】对话框。单击左上角的"项目材质"按钮，在弹出的材质列表中选择"灰泥"类材质，在材质列表中选择"粉刷-米色　平滑"，单击鼠标右键，在菜单中选择"复制"选项，复制一个材质副本。

⭐06 修改材质副本的名称为"办公楼-F1-外墙粉刷",按下回车键,完成修改名称的操作。单击"确定"按钮返回【编辑部件】对话框。

⭐07 单击第二行"衬底[2]"中的材质按钮,进入【材质浏览器】对话框。复制"办公楼-F1-外墙粉刷"材质,更改名称为"办公楼-F1-外墙衬底"。在右侧的列表中设置"着色颜色"为白色。单击"表面填充图案"按钮,在【填充样式】对话框中单击"无填充图案"按钮,设置"表面填充图案"为"无"。单击"剖面填充图案"按钮,在【填充样式】对话框中选择名称为"对角线交叉填充"的图案,设置"剖面填充图案"的样式。单击"确定"按钮,返回【编辑部件】对话框。

⭐08 单击第六行的"面层2[5]"中的材质按钮,进入【材质编辑器】对话框。复制"办公楼-F1-外墙粉刷"材质,修改名称为"办公楼-F1-内墙粉刷",设置着色颜色为白色,"表面填充图案"为"无",设置"剖面填充"样式为"沙-密实",单击"确定"按钮返回【编辑部件】对话框。

⭐09 在"厚度"表列中设置各层厚度,如图13-8所示。单击"确定"按钮,依次关闭【编辑部件】对话框、【类型属性】对话框。在"属性"选项板中,"基本墙:办公楼-外墙-240mm"被设置为当前的墙体类型。

图 13-8 【编辑部件】对话框

⭐10 在"属性"选项板中选择"定位线"类型为"墙中心线",设置"底部限制条件"为"F1","顶部约束"为"直到标高F2",表示所绘墙体位于"F1"与"F2"之间,不超过"F2",也不低于"F1"。根据所设定的标高范围,在"无法连接高度"选项中显示标高之间的距离为"4500",即"F1"到"F2"的距离。该项参数为系统自动设定,用户不可修改。选择"房间边界"选项,在绘制墙体时,自动创建房间边界,如图13-9所示。

图 13-9 "属性"选项板

⭐11 拾取轴线交点为墙线起点,移动鼠标,单击轴线交点作为墙线的终点,绘制外墙体的结果如图13-10所示。

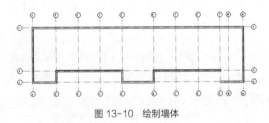

图 13-10 绘制墙体

13.2.2 绘制一层内墙

内墙的宽度可以与外墙一致,也可以不一致,主要看所创建的建筑对象的实际情况。

⭐01 启用"墙"工具,单击"属性"选项板上的"类型属性"按钮,进入【类型属性】对话框。选择当前墙体类型为"办公楼-外墙-240mm",单击"复制"按钮,在【名称】对话框中设置新名称为

"办公楼-内墙-240mm"，如图 13-11所示，单击"确定"按钮返回【类型属性】对话框。

图 13-11　【名称】对话框

⭐02　单击"结构"选项后的"编辑"按钮，进入【编辑部件】对话框。选择第2层"衬底[2]"，单击"删除"按钮将其删除。单击第1层"面层2[5]"中的材质按钮，在【材质浏览器】对话框中选择"办公楼-F1-内墙粉刷"材质，并修改厚度，如图 13-12所示。单击"确定"按钮返回【类型属性】对话框。在"功能"选项中选择"内部"选项，单击"确定"按钮关闭对话框。

⭐03　在"修改 | 放置 墙"选项栏中设置"高度"为

"F2"，"定位线"为"墙中心线"，选择"链"选项，设置"偏移量"为"0"，拾取轴线交点以创建内墙的结果如图 13-13 所示。

图 13-12　【编辑部件】对话框

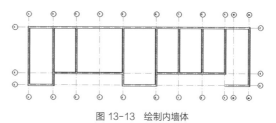

图 13-13　绘制内墙体

13.2.3　绘制一层卫生间墙体

卫生间墙体为隔墙，参考内墙结构参数，经修改后得到卫生间墙体的结构参数。

⭐01　选择"建筑"选项卡，单击"工作平面"面板上的"参照平面"按钮，在"B"轴与"C"轴之间创建参照平面，以为绘制卫生间隔墙提供参照，如图 13-14 所示。

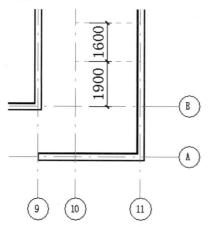

图 13-14　创建参照平面

⭐02　启用"墙"工具，单击"属性"选项板上的"类型属性"按钮，进入【类型属性】对话框。选择当前

的墙体类型为"办公楼-内墙-240mm"，单击"复制"按钮，在【名称】对话框中设置类型名称为"办公楼-卫生间隔墙-160mm"，单击"确定"按钮返回【类型属性】对话框。

⭐03　单击"结构"选项后的"编辑"按钮，进入【编辑部件】对话框。在其中修改各层厚度，如图 13-15所示。依次单击"确定"按钮，分别关闭【编辑部件】对话框以及【类型属性】对话框。

图 13-15　【编辑部件】对话框

⭐04 点取参照平面与轴线的交点，绘制卫生间隔墙的结果如图 13-16 所示。

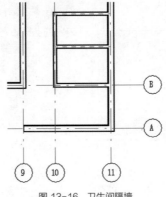

图 13-16　卫生间隔墙

13.2.4　创建其他各层墙体

通过以上两个小节的操作已完成一层外墙体与内墙体的创建，在复制一层墙体的基础上，创建其他各层墙体。

由于"F1"至"F2"之间的层高（4500mm）与"F2"至"F3"之间的层高（3200mm）不一致，因此不能在将墙体向上复制到"F3"后，需要修改墙体的高度。

⭐01 在 F1 视图中全选墙体，进入"修改"|"选择多个"选项卡，单击"剪切板"面板上的"复制到剪切板"按钮，复制选中的图元。单击"粘贴"按钮，在列表中选择"与选定的标高对齐"选项，调出【选择标高】对话框，在其中选择"F2"选项，如图 13-17 所示，表示将墙体向上复制至"F2"。单击"确定"按钮关闭对话框，系统执行复制操作。

图 13-18　"属性"选项板

图 13-17　【选择标高】对话框

⭐02 转换至"F2"视图，选择墙体，在"属性"选项板上修改"顶部偏移"选项中的参数为"0"，如图 13-18 所示。意味着墙体的顶部被约束在"F2"与"F3"之间的楼层空间内，如图 13-19 所示。

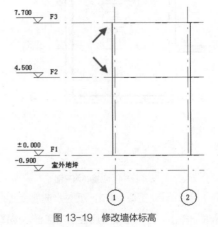

图 13-19　修改墙体标高

⭐ 03 在"F2"视图中选择内外墙体，单击"复制到剪切板上"按钮。接着在"粘贴"列表中选择"与选定的标高对齐"选项，在【选择标高】对话框中选择"F3""F4""F5"，如图 13-20 所示，表示将"F2"层的墙体复制到所选的各层上。单击"确定"按钮，对话框关闭后即执行复制操作。转换至南立面视图，查看墙体的复制结果，如图 13-21 所示。

图 13-20 【选择标高】对话框

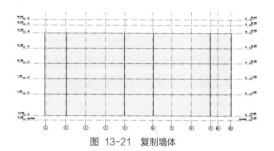

图 13-21 复制墙体

13.3 门窗

房间功能分区不同，门窗的样式也不同。例如入口大门双扇地弹玻璃门，而卫生间则为单扇木门。在创建门窗时需要了解门窗的高度、宽度、材质，Revit允许在放置门窗后再调整其位置。本节介绍放置门窗的操作方法。

⭐ 01 选择"建筑"选项卡，单击"构建"面板上的"窗"按钮，进入"修改"|"放置 窗"选项卡。单击"模式"面板上的"载入族"按钮，打开【载入族】对话框。在其中选择名称为"三层四列"的族文件，如图 13-22 所示，单击"打开"按钮，将其载入当前项目中。

图 13-23 【类型属性】对话框

⭐ 03 在"属性"选项板中设置"标高"类型为"F1"，修改"底高度"为"920"，如图 13-24 所示。在"1"轴与"2"轴之间的墙体单击鼠标左键，放置"C1"的结果如图 13-25 所示。

图 13-22 【载入族】对话框

⭐ 02 在"属性"选项板中单击"编辑类型"按钮，进入【类型属性】对话框。单击"重命名"按钮，在【重命名】对话框中更改窗类型的名称为"C1"。在"尺寸标注"选项组中修改窗的宽度以及高度参数，如图 13-23所示。单击"确定"按钮关闭对话框。

图 13-24 设置参数

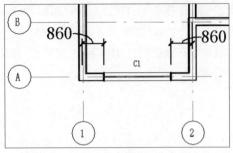

图 13-25 放置 C1

⭐04 重复上述操作，通过载入族文件、修改窗属性参数、指定插入点等操作，放置窗的结果如图 13-26 所示。

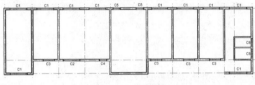

图 13-26 放置窗

⭐05 在"构建"面板上单击"门"按钮，启用"门"工具。在"模式"面板上单击"载入族"按钮，在【载入族】对话框中选择"双扇地弹玻璃门"族文件，单击"打开"按钮，将选中的文件载入当前项目视图中。

⭐06 在"属性"选项板中单击"编辑类型"按钮，进入【类型属性】对话框。单击"重命名"按钮，在【重命名】对话框中将名称设置为"M1"，单击"确定"按钮，完成设置。在"尺寸标注"选项组下更改门的宽度及高度参数，如图 13-27 所示。单击"确定"按钮关闭对话框。

图 13-27 【类型属性】对话框

⭐07 在墙体上单击鼠标左键拾取插入点，放置 M1 的结果如图 13-28 所示。

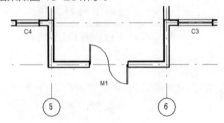

图 13-28 放置 M1

⭐08 沿用上述所介绍的操作方法，继续放置其他门图元，结果如图 13-29 所示。门的属性参数请到第 13 章网络文件中查看。

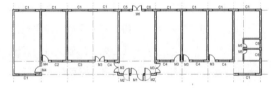

图 13-29 放置其他门图元

以上为"F1"门窗的布置结果，其他楼层，如"F2""F3""F4""F5"门窗的放置方法可以参考本节的介绍。各楼层的功能分区不同，因此门窗的位置、样式也不一定完全相同，在布置楼层门窗时应该多加注意。限于篇幅，其他楼层门窗的布置结果就不再展示，请读者到本书提供的网络文件中去查看图形的布置结果。

13.4 创建幕墙

幕墙可以减轻建筑物的自重，安装、维护简单，可以为建筑物提供良好的采光，大型的公共建筑都设置不同面积的幕墙。幕墙的创建流程是，首先创建幕墙的基本轮廓线，接着在幕墙范围内放置网格、生成竖梃，最后完成创建幕墙的操作。

13.4.1 创建幕墙

本节介绍创建办公楼幕墙的操作方法。

⭐01 转换至"F2"视图。删除"5"轴与"6"轴之间的墙体，如图 13-30 所示。删除墙体后还显示

淡灰色的墙体轮廓线，是"F1"视图中墙体的轮廓线，在"F2"视图中可见，以灰色显示来与"F2"视图中

的墙线相区别。仅提供参考作用，不能被选择及编辑。

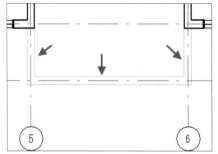

图 13-30　删除墙体

⭐02　选择"建筑"选项卡，单击"工作平面"面板上的"参照平面"按钮，在距离"5"轴右侧"300mm"处、距离"6"轴左侧"300mm"处绘制参照平面，如图 13-31 所示。

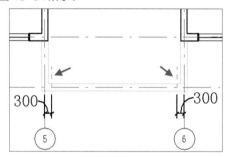

图 13-31　创建参照平面

⭐03　启用"墙"工具，设置当前的墙体类型为"办公楼 - 外墙 -240mm"，以参照平面与轴线为参考，绘制如图 13-32 所示的墙体。

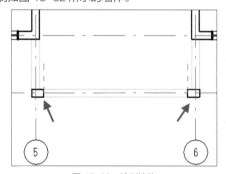

图 13-32　绘制墙体

⭐04　启用"墙"工具，在"属性"选项板类型选择器中选择名称为"幕墙"的墙类型。单击"编辑类型"按钮，进入【类型属性】对话框。单击"复制"按钮，在【名称】对话框中输入名称"办公楼-外部幕墙"，单击"确定"按钮关闭对话框。勾选"自动嵌入"选项，如图 13-33所示，单击"确定"按钮关闭【类型属性】对话框。

图 13-33　【类型属性】对话框

提示

在【类型属性】对话框中选择"自动嵌入"选项，在幕墙与其他基本墙体重合时，可以自动使用幕墙来剪切其他图元。

⭐05　在"属性"选项板中选择"底部限制条件"为"F2"，"顶部约束"为"F6"，"顶部偏移"为"-1550"，表示幕墙顶部到"F6"标高之下"1550mm"的位置，如图 13-34所示。以参照平面与轴线的交点为起点和终点，绘制幕墙的结果如图13-35所示。

图 13-34　"属性"选项板

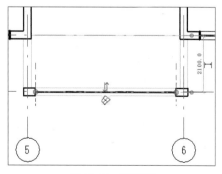

图 13-35　绘制幕墙

⭐06 按下两次 <Esc> 键，退出幕墙的绘制状态。转换至南立面视图，观察幕墙的创建效果，如图 13-36 所示。

图 13-36 幕墙的立面效果

13.4.2 编辑幕墙

网格用来划分幕墙，网格之间的间距可以自定义。在放置网格线后，单击临时尺寸标注数字，输入新的间距值，按下回车键可以完成修改网格间距的操作。

⭐01 转换至南立面视图。选择幕墙，单击"视图"控制栏上的"临时/隐藏"按钮，在弹出的列表中选择"隐藏图元"选项，如图 13-37 所示。将除幕墙之外的所有立面图形隐藏，如图 13-38 所示。

图 13-37 选项列表

图 13-38 隐藏图元

⭐02 选择"建筑"选项板，在"构建"面板上单击"幕墙网格"按钮，进入"修改" |"放置 幕墙网格"选项卡，单击"放置"面板上的"全部分段"按钮，如图 13-39 所示。将鼠标移至幕墙的上方水平轮廓线，可以虚线显示垂直于水平轮廓线的幕墙网格预览。单击鼠标左键，创建垂直网格轮廓线，如图 13-40 所示。单击轮廓线，显示其与边界线的距离。

图 13-39 "放置"面板

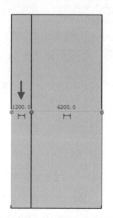

图 13-40 创建垂直网格线

⭐03 单击临时尺寸标注文字，输入距离参数文字"900"，调整垂直网格线与幕墙边界线的距离，如图 13-41 所示。单击"修改"面板中的"复制"按钮，选择"约束"选项与"多个"选项，设置复制偏移距离为"900"，选择垂直网格线向右偏移，如图 13-42 所示。

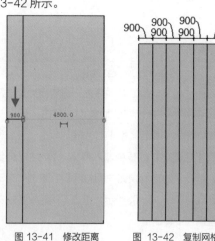

图 13-41 修改距离　　图 13-42 复制网格线

04 重复启用"全部分段"工具，单击幕墙左侧的轮廓线，创建水平网格线与其相接。设置距离为"1200"，按住 <Ctrl> 键向下复制水平网格线，如图 13-43 所示。

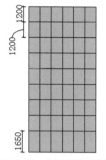

图 13-43　创建水平网格线

13.4.3　添加幕墙竖梃

在幕墙网格的基础上，启用"竖梃"工具，选择网格，可以在网格的基础上生成竖梃。竖梃的属性参数在【类型属性】对话框中设置。

01 选择"建筑"选项卡，单击"构建"面板上的"竖梃"按钮，进入"修改"|"放置 竖梃"选项卡。在"属性"选项板中选择竖梃的类型为"矩形竖梃：50mm×150mm"，单击"编辑类型"按钮，进入【类型属性】对话框。在"尺寸标注"选项中修改"边 2 上的宽度"为"50"，"边 1 上的宽度"为"0"，如图 13-44 所示，单击"确定"按钮关闭对话框。

图 13-44　【类型属性】对话框

02 在"放置"面板上单击"全部网格线"按钮，如图 13-45 所示。鼠标置于网格线上，此时幕墙上的所有网格线蓝色虚线亮显，如图 13-46 所示，表示将在所有网格线上创建竖梃。

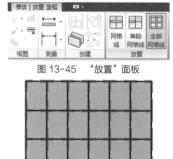

图 13-45　"放置"面板

图 13-46　高亮显示网格线

03 单击鼠标左键，创建竖梃的结果如图 13-47 所示。单击"视图"控制栏上的"临时/隐藏"按钮，在列表中选择"重设临时隐藏/隔离"选项，恢复立面图元的显示。放大幕墙网格竖梃，查看竖梃的连接方式，垂直方向上的竖梃被水平方向上的竖梃打断，此样式为系统默认的竖梃连接方式，如图 13-48 所示。

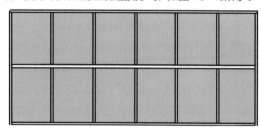

图 13-47　创建竖梃

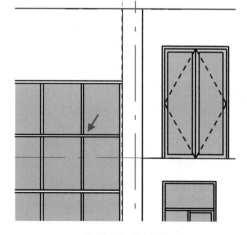

图 13-48　放大视图

> **提示**
>
> 选择垂直竖梃，在竖梃的两端显示打断符号，单击打断符号，可以切换竖梃的连接方式。

13.5 创建楼板

楼板用来分隔层空间，创建方法比较简单。在设置楼板结构参数后，选择绘制方式，单击墙线，创建闭合轮廓线区域，系统可在该区域上生成楼板。

⭐01 选择"建筑"选项卡，在"构建"面板上单击"楼板"按钮，在调出的列表中选择"楼板"选项，进入"修改"|"创建楼层边界"选项卡。在"属性"选项板中单击类型选择器按钮，在列表中选择名称为"混凝土120mm"的楼板类型，单击"编辑类型"按钮，进入【类型属性】对话框。

⭐02 在对话框中单击"复制"按钮，在【名称】对话框中设置楼板名称为"办公楼-150mm-室内"，单击"确定"按钮关闭对话框。单击"结构"选项后的"编辑"按钮，进入【编辑部件】对话框。

⭐03 在对话框中单击两次"插入"按钮，插入两个新层。选择新层，单击"向上"按钮，向上调整新层的位置。修改第1层新层的功能为"面层2[5]"，单击材质设置按钮，进入【材质编辑器】对话框。在其中选择名称为"混凝土-沙/水泥找平"材质，单击鼠标右键，选择"复制"选项，复制一个材质副本。将材质副本重命名为"办公楼-沙/水泥找平"，保持材质参数不变，单击"确定"按钮返回【编辑部件】对话框。修改"厚度"值为"10"，勾选"可变"选项。

⭐04 修改第2层新层的功能为"衬底[2]"，单击材质按钮，在【材质编辑器】对话框中选择名称为"混凝土-沙/水泥砂浆面层"的材质，复制一个材质副本，并将其重命名为"办公楼-沙/水泥砂浆面层"，不修改材质参数，单击"确定"按钮返回【编辑部件】对话框，修改其"厚度"值为"20"。

⭐05 单击第4层"结构[1]"中的材质按钮，在【材质浏览器】对话框中选择名称为"混凝土-现场浇注混凝土"的材质，复制材质副本，修改材质副本名称为"办公楼-现场浇注混凝土"，单击"确定"按钮返回【编辑部件】对话框，如图13-49所示。

图 13-49 【编辑部件】对话框

⭐06 依次单击"确定"按钮，分别关闭【编辑部件】对话框及【类型属性】对话框。

⭐07 在"绘制"面板中选择"边界线"绘制状态，单击"拾取墙"按钮，指定其为绘制方式，在"偏移值"选项中设置参数值为"0"，选择"延伸至墙中（至核心层）"选项。

⭐08 在"属性"选项板中设置"标高"为"F1"，设置"自标高的高度偏移"值为"0"，选择"房间边界"选项，如图13-50所示。

图 13-50 "属性"选项板

⭐09 鼠标左键单击办公楼外墙位置，在墙体表面生成洋红色的楼板线，如图13-51所示。

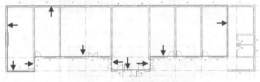

图 13-51 创建楼板轮廓线

> **提示**
> 楼板必须首尾相连，否则系统会调出警示对话框，提醒用户闭合楼板线。此时可以启用"修改"面板上的"修剪/延伸为角"工具，修剪楼板线使其闭合。

⭐10　单击"模式"面板上的"完成编辑模式"按钮，退出命令。此时系统调出警示对话框，提醒用户"楼板/屋顶与高亮显示的墙重叠，是否希望连接几何图形并从墙中剪切重叠的体积"，单击"是"按钮关闭对话框。

⭐11　在视图中楼板以蓝色的填充样式来表示，如图13-52 所示。A、B 区域为走廊区域，在以下的步骤中再为其创建楼板。C 区域包含了卫生间区域，因为卫生间楼板的标高与室内楼板不同（沉降设置），因此需要单独绘制。

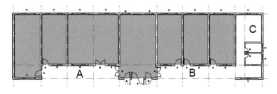

图 13-52　创建结果

⭐12　启用"楼板"工具，在"属性"选项板中单击"编辑类型"按钮进入【类型属性】对话框。以"办公楼 -150mm- 室内"为基础，单击"复制"按钮，复制一个名称为"办公楼 -150mm- 卫生间"的楼板类型。单击"编辑"选项中的"结构"按钮，进入【编辑部件】对话框。

⭐13　保持结构层的设置不变，单击第 1 层"面层 2[5]"中的材质按钮，在【材质浏览器】对话框中选择名称为"瓷砖-墙体饰面-灰色"材质，复制该材质，并将材质副本命名为"办公楼-墙体饰面-灰色"，保持材质参数不变，单击"确定"按钮返回【编辑部件】对话框，如图 13-53 所示。

图 13-53　【编辑部件】对话框

⭐14　依次单击"确定"按钮，关闭【编辑部件】对话框及【类型属性】对话框。

⭐15　在选项栏中设置"偏移"值为"0"，选择"延伸到墙中（至核心层）"选项，在"属性"选项板中设置"标高"为"1"，"自标高的高度偏移"值为"-40.0"，表示卫生间楼板低于室内楼板"40mm"，如图 13-54 所示。

图 13-54　"属性"选项板

⭐16　卫生间内墙表面上单击鼠标左键以创建楼板线轮廓线，启用"修改/延伸为角"工具修剪楼板轮廓线，单击"完成编辑模式"按钮退出命令，当系统调出警示对话框提醒用户是否连接几何图形时，单击"是"按钮。创建卫生间楼板的结果如图 13-55 所示。

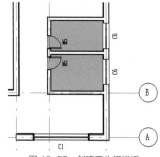

图 13-55　创建卫生间楼板

⭐17　启用"楼板"工具，在"绘制"面板上选择"边界线"选项，单击"矩形"按钮。在选项栏中设置"偏移"值为"0"，选择"延伸到墙中（至核心层）"选项。在"属性"选项板中选择名称为"办公楼-150mm-室内"的类型楼板，设置"标高"为"F1"，"自标高的高度偏移"为"0"。分别单击"A"点与"B"点为矩形的对角点，单击"完成编辑模式"按钮，在"2"轴与"5"轴之间创建楼板的结果如图 13-56 所示。

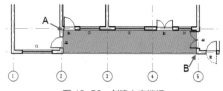

图 13-56　创建走廊楼板

⭐18 通过在"绘制"面板上选择"矩形""直
线"绘制方式,继续创建办公楼楼板,操作结果如图
13-57 所示。

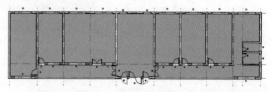

图 13-57　创建办公楼楼板

选择办公楼的所有楼板,在"剪切板"面板上单击"复制到剪切板"按钮,使用"与选定的标高对齐"粘
贴方式,将楼板对齐粘贴至标高"F2""F3""F4""F5""F6",完成办公楼楼板的创建。

13.6　创建屋顶

Revit 提供了生成迹线屋顶、拉伸屋顶、面屋顶等的工具,这里选择"迹线屋顶"工具,为办公楼生成坡屋顶。
在创建屋顶时,若不选择"定义坡度"选项,可以生成平屋顶。本节介绍为办公楼生成坡屋顶的操作方法。

⭐01 转换至F6视图。选择"建筑"选项卡,单击"构
建"面板上的"屋顶"按钮,在列表中选择"迹线屋
顶"工具,进入"修改"|"创建屋顶迹线"选项卡。在
"属性"选项板上单击"编辑类型"按钮,进入【类型
属性】对话框。在"族"选项中选择"系统族:基本屋
顶",在"类型"选项中选择"混凝土120mm"。单
击"复制"按钮复制一个新的屋顶类型,在【名称】对
话框中设置名称为"办公楼-150mm-坡屋顶"。

⭐02 单击"结构"选项后的"编辑"按钮,进入【编
辑部件】对话框。单击两次"插入"按钮,插入两个
新层。

⭐03 选择新层,单击"向上"按钮,向上调整新层
的位置。分别修改新层的功能属性,单击第 1 层"面
层 2[5]"中的材质按钮,在【材质浏览器】对话框中
选择名称为"办公楼 - 沙 / 水泥砂浆面层"的材质,
修改"厚度"值为"30"。单击第 4 层"结构 [1]"
中的材质按钮,在【材质浏览器】对话框中选择名称
为"办公楼 - 现场浇注混凝土"的材质,单击"确定"
按钮返回【编辑部件】对话框,如图 13-58 所示。

图 13-58　【编辑部件】对话框

⭐04 依次单击"确定"按钮关闭【编辑部件】对话
框及【类型属性】对话框。

⭐05 在"绘制"面板上单击"边界线"按钮,选择
"矩形"绘制方式。选择"定义坡度"选项,设置
"偏移量"为"1200",即屋顶线与外墙线的距离
为"1200",如图 13-59 所示。

图 13-59　"绘制"面板

⭐06 在"属性"选项板中选择"底部标高"为"F6",
设置"自标高的底部偏移"值为"-300",即屋顶
位于标高"F6"之下"300mm"。设置"坡度"值
为"45.0000%",即坡度角为 45°,如图 13-60
所示。依次单击办公楼左上角的外墙角点、右下角的
外墙角点,创建屋顶迹线如图 13-61 所示。

图 13-60　"属性"选项板

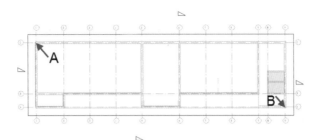

图 13-61　创建屋顶迹线

✪07　单击"模式"面板上的"完成编辑模式"按钮，退出命令，创建坡度顶的结果如图 13-62 所示。

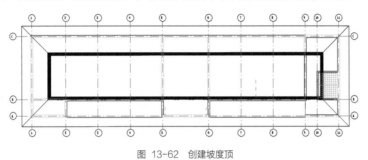

图 13-62　创建坡度顶

✪08　转换至三维视图，查看屋顶的创建结果，如图 13 -63 所示。

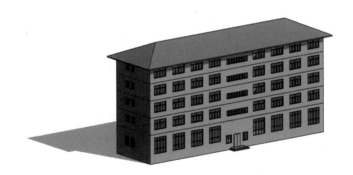

图 13-63　三维视图

附录　常用命令快捷键

命令	快捷命令	命令	快捷命令
墙	WA	旋转	RO
门	DR	定义旋转中心	R3/ 空格键
窗	WN	阵列	AR
放置构件	CM	镜像－拾取轴	MM
房间	RM	创建组	GP
房间标记	RT	锁定位置	PP
轴线	GR	解锁位置	UP
文字	TX	匹配对象类型	MA
对齐标注	DI	线处理	LW
标高	LL	填色	PT
高程点标注	EL	拆分区域	SF
绘制参照平面	RP	对齐	AL
模型线	LI	拆分图元	SL
按类别标记	TG	修剪 / 延伸	TR
详图线	DL	偏移	OF
图元属性	PP/Ctrl+1	选择整个项目中的所有实例	SA
删除	DE	重复上上个命令	RC/Enter
移动	MV	恢复上一次选择集	Ctrl+ ←（左方向键）
复制	CO	捕捉远距离对象	SR

命令	快捷命令	命令	快捷命令
象限点	SQ	隐藏线框显示模式	HL
垂足	SP	带边框着色显示模式	SD
最近点	SN	细线显示模式	TL
中点	SM	视图图元属性	VP
交点	SI	可见性图形	VV/VG
端点	SE	临时隐藏图元	HH
中心	SC	临时隔离图元	HI
捕捉到云点	PC	临时隐藏类别	HC
点	SX	临时隔离类别	IC
工作平面网格	SW	重设临时隐藏	HR
切点	ST	隐藏图元	EH
关闭替换	SS	隐藏类别	VH
形状闭合	SZ	取消隐藏图元	EU
关闭捕捉	SO	取消隐藏类别	VU
区域放大	ZR	切换显示隐藏图元模式	RH
缩放配置	ZF	渲染	RR
上一次缩放	ZP	快捷键定义窗口	KS
动态视图	F8/<Shift>+W	视图窗口平铺	WT
线框显示模式	WF	视图窗口重叠	WC